新城有机生长规划论

工业开发先导型新城规划实践的理论分析

XINCHENG YOUJI SHENGZHANG GUIHUALUN

邢海峰／著

吉林出版集团股份有限公司

图书在版编目（CIP）数据

新城有机生长规划论 ：工业开发先导型新城规划实践的理论分析 / 邢海峰著. -- 长春 ：吉林出版集团股份有限公司，2015.12（2024.1重印）

ISBN 978-7-5534-9833-1

Ⅰ. ①新… Ⅱ. ①邢… Ⅲ. ①工业区—城市规划—研究—中国 Ⅳ. ①TU984.2

中国版本图书馆 CIP 数据核字(2016)第 006666 号

新城有机生长规划论——工业开发先导型新城规划实践的理论分析

XINCHENG YOUJI SHENGZHANG GUIHUALUN——GONGYE KAIFA XIANDAOXING XINCHENG GUIHUA SHIJIAN DE LILUN FENXI

著　　者：邢海峰
责任编辑：杨晓天　张兆金
封面设计：韩枫工作室
出　　版：吉林出版集团股份有限公司
发　　行：吉林出版集团社科图书有限公司
电　　话：0431-86012746
印　　刷：三河市佳星印装有限公司
开　　本：710mm×1000mm　1/16
字　　数：260 千字
印　　张：15
版　　次：2016 年 4 月第 1 版
印　　次：2024 年 1 月第 2 次印刷
书　　号：ISBN 978-7-5534-9833-1
定　　价：63.00 元

序

我国新城的规划建设从一定意义上讲是始于20世纪80年代，真正出现大量开发活动则是自20世纪90年代开始的。改革开放以来，随着经济的飞速发展，我国城市化进程不断加快，城市规模急剧膨胀。伴随着城市空间向外拓展，在许多大城市地区涌现出了一批以工业开发为先导，以发展地方经济为目的的新城，其中相当一部分是从经济开发区逐步发展而来。我国自20世纪80年代初期在沿海开放城市建立第一批经济技术开发区以来，至今已经走过20年的发展历程，作为城市经济新的增长点和城市空间扩展的重要地区，我国经济开发区的建设经历了由早期单一功能出口加工区型的起步发展阶段，逐步走向具有新城特征的综合发展阶段。我国经济开发区的规划建设，作为一个特定历史时期的产物，对发展我国经济，引进先进技术等方面起到了重要的推动作用。目前在许多地区已成为带动城市化发展的重要力量，形成了具有中国特色的城市化模式之一。

回望开发区的规划建设历史，它是一个不断摸索、创新的过程，其中有许多成功的经验值得总结，也更有不少教训需要我们吸取。进入21世纪后，面对更加迅猛的全球化、信息化浪潮，我国的新城将会被赋予更丰富的内涵，承担起更高的历史使命，在成为新产业、新经济发展基地的基础上，进而成长为区域经济发展新的增长极和推动城市化的持续动力。因此，对我国新城发展规律开展研究，探讨科学制定新城规划的理论、方法，对引导新城高起点的合理开发，实现其可持续发展是十分重要的。从我国有关新城的规划理论与实践研究现况来看，目前还比较滞后，对于新城我们至今还没有一个统一、准确的界定，没有专门规范新城规划与开发的法规、标准，这些都急待去研究、去创新。本书的选题具有较高的社会意义和实际价值，研究适时，是当前城市规划学科急待解决和发展的理论问题之一。

本书是邢海峰博士在其博士研究生论文的基础上修改完成的，我作为他的博士论文评阅者之一，此文给我留下了深刻印象。作者广泛阅读收集了国内外大量文献和资料，并且把理论探索和实践结合起来，研究解决问题的思路和对策，使得研究成果更具实用性。

作者基于对我国新城发展历史、发展过程、发展阶段和发展趋势的深入分析，以及对现代城市发展潮流的准确把握，提出新城有机生长的理念和模式，认为新城有机生长的基本特征主要表现为城市功能的自立化、空间环境的生态化、外部地域空间的一体化。作者把经济开发区作为新城来界定，并对这类新城的城市功能在不同发展时期的构成状况进行了全面评价，进而在与国内外新城案例的比较基础上，提出了“工业开发先导型新城”的概念，颇有新意。通过比较分析，本书揭示了中国新城发展的独特性，其中工业开发先导型新城建设最具特色，与欧洲和日本的新城建设有明显的区别，为展开具有中国特色的新城研究作了很好的基础性工作。

本书的实证研究部分选取了发展比较成功和具有典型性的天津经济开发区（泰达）作为主要案例，运用全面翔实的资料进行了深入剖析。作者通过对1984—2002年天津泰达开发过程、内外部地域功能与空间的演变过程的分析，研究其发展的特征，并通过与国内外其他新城案例的比较分析，总结出我国当代工业开发先导型新城从诞生至今，其城市功能与空间的演化经历了具有明显异质和不同特征的三个阶段：第一阶段，城市功能单一的缓慢起步发展阶段；第二阶段，城市功能与空间快速扩张阶段；第三阶段，城市功能综合化的优化调整阶段。作者还从城市功能自立化和外部地域空间一体化发展的角度，在借鉴国外相关理论与实践研究成果的基础上，提出了中国当代新城有机生长状态下的理想外部地域空间结构——有机互补连合城市圈，以及由多个有机互补连合城市圈构建起的大城市均衡地域空间结构构想，并就该理想地域空间结构的特征、所具有的含义作了有说服力的阐释，在研究内容与研究方法方面都有所创新。

作者以开阔的研究视野，综合城市规划、城市生态学、城市地理学等多个学科，从宏观和微观两个层面展开新城有机生长的规划理论与实践研究，突破了以往相关研究中的局限性，是一项具有开拓性的工作，为推动我国的新城规划研究做了有益的尝试。作者在理论与实证分析的基础上，进一步针对我国新城规划建设中存在的一些具体问题，提出了相应的解决对策。如书中提出新城规划应从区域整体观出发，统筹安排，加强政府区域协调职能，以改变以往由于新城封闭管理、孤立发展而带来的种种弊端；提出新城也存在老化问题，表现为局部的结构性老化和功能性老化两个大的方面，新城在其发展过程中也需要不断改造、更新和优化，其观点很有前瞻性，对优化新城规划建设，促进新城可持续发展具有很好的参考价值。

当然，由于我国关于新城的研究还仅仅处于起步阶段，对于我国新城的发展规律、成长机制及其规划方法还在不断摸索研究中，缺乏系统、全面的统计数据和相关研究成果，虽然作者作了很大努力，查阅了国内外大量资料，也进行了相当艰苦的思考，但毕竟限于时间、资料和经验，书中还有不少地方需要进一步深化和拓展，有些观点也值得商榷。另外，新城的生长过程是一个快速变化的动态过程，它涉及国家、地区和大城市的社会、经济、政治等方面的众多因素，对它的研究需要长期不懈的努力，在实践中不断提高，作者虽然就城市规划实践方面提出了对策建议，但距离指导实际的新城规划建设还需要更加全面深入的思考和研究。本书在目前我国新城规划研究领域是一本具有开拓性和探索性的学术著作，作为新城规划理论与实践的研究成果，这本书的出版为我国新城的规划研究迈出了良好的一步，对于相关研究的开展将起到有益的推动作用。

中国城市规划协会常务副会长　教授级高级规划师

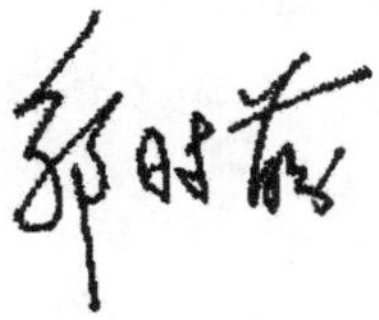

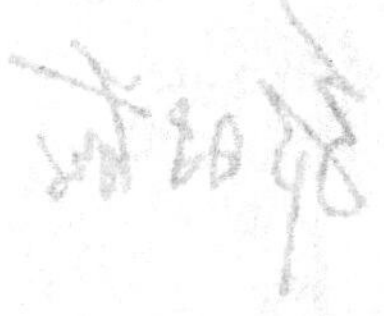

前言

改革开放以来，随着国民经济的持续快速增长，中国工业化、城市化进程不断加快，大城市正在经历着城市功能的重大调整，城市空间在郊区急剧扩张，随之伴生了大量的新城（一般以新区的概念出现）开发活动，其中又以工业开发为先导的新城数量最多，对于大城市经济发展及推动城市化发展影响巨大，目前已成为当代中国卓有成效而又极富特色的城市化模式之一。

本研究以工业开发先导型新城——天津泰达为主要实证案例，重点以城市功能和空间为主要研究内容，从微观层次（新城内部地域功能与空间）和宏观层次（新城外部地域功能与空间）两个方面，通过借鉴国外新城规划及城市有机生长的相关理论与实践经验，全面总结了中国当代大城市地区以工业开发为先导新城的规划和发展状况，探讨了这类新城向有机生长方向演进的趋势、成因及其模式，并从有机生长的理念出发，以促进新城有机可持续发展为目的，提出了相应的规划优化策略。

通过对实证案例大量翔实的资料分析，跟踪研究了中国20世纪80年代中期以来工业开发先导型新城的生长过程及其特征，并通过国内外新城案例的比较分析，提出这类新城多是以吸收外资为初始目的，在大量外资涌入的情况下迅速成长，并由工业出口加工区转化而来，其开发目的不同于主要出于疏解大城市人口或截流新增人口的一般新城，而是呈现明显的投资导向，从其功能组成看是属于“生活功能外置型”的新城。这类以工业开发为先导的新城的发展具有显著的阶段特征，从诞生至今大体经历了三个具有明显不同特征的阶段，即：缓慢的起步开发阶段，城市功能与空间快速扩张阶段，城市功能综合化的优化发展阶段。

本研究依据城市有机生长的规划理论和城市有机生长的内涵，明确了新城有机生长的基本特征：一、新城内部地域功能的自立化和空间环境的生态化；二、新城外部地域功能与空间的一体化。以此为参照标准，选取相关评价因素，在对泰达实证分析的基础上得出中国当代以工业开发为先导的新城总体呈有机生长的发展趋向的结论。从内部地域功能与空间的演进过程看，新城发展趋势是城市功能的综合化。从外部地域功能与空间的演进过程看，发展的趋势是空间的一体化。引起这种变化趋势的动力来自于政治、经济、环境及个人等层面的因素，各种动力因素交织在一起，共同作用，推动中国当代以工业开发为先导的新城向有机生长方向发展。据此，提出了新城有机生长的模式。

在理论与实证研究的基础上，提出了促进新城有机生长的规划优化策略，从规划方法、用地功能组织、交通网络系统、人居环境、新城外部地域空间等几个方面探讨了优化新城规划的策略；并就中国当代新城在城市规划与开发过程中普遍存在的诸如有关新城规模、新城特色、新城规划管理、新城老化等方面的一些影响新城有机生长的问题进行了分析，并提出了相应的规划对策。

著者

目 录

第1章 绪 论

1.1 研究背景

本研究选择当代中国大城市地区新城其中又以工业开发先导型新城作为主要研究对象，探讨其有机生长的规划理论、方法和优化策略，主要出于以下原因。

1.1.1 伴随城市化的快速发展，中国大城市地区出现了大量的新城开发活动

改革开放以来，随着国民经济的持续快速增长，中国工业化、城市化进程不断加快，特别是大城市地区的整体城市化水平在近20年的时间里得到大幅度的提升，大城市正在经历着城市功能的重大调整。这种转型的特点就反映在就业结构、居住环境、新经济活动和城市中心区的演化等方面（张尚武等，2000）。城市产业结构的调整需要转移或转产原来的工业企业，同时需要引进高新技术产业发展新兴经济和提高居民的居住水平，因此，就需要寻求新的拓展空间，从而推动了大城市空间在郊区的急剧扩张，伴生了大量的新城（一般以新区的概念出现）开发活动。新城开发对大城市总体结构的合理化调整及其社会、经济的可持续发展起着巨大的推动作用。事实上也是如此，以新城开发为契机成长起来的大城市边缘区已成为中国城市化和工业化发展最为迅速的地区。在大量开发建设的新城当中又以工业开发为先导的新城数量最多，对于大城市经济发展及推动中国城市化发展影响巨大，目前已成为当代中国卓有成效而又极富特色的城市化模式之一（张弘，2001）。

1.1.2 经过近20年的开发，中国工业开发先导型新城进入一个新的转型发展时期

中国当代以工业开发为先导的新城是在实行改革开放以来，经济对外开放和城市化快速发展共同作用的产物，其标志是中国于20世纪80年代初在深圳建设蛇口工业区和在沿海开放城市设立的十四个国家级经济开发区（1984年）。之后，类似的经济开发区和工业园区在许多城市相继开发建设，对于促进经济发展和引导城市空间扩展起到了重要作用。尤其是在沿海大城市地区设立的一批经济开发区、工业园区，它们通过引进大量外资、先进技术和管理经验，在近二十年的时间里迅速发展起来，成为城市中经济发展和城市建设最为活跃的地区之一。

以工业开发为先导的新城就是在上述开发区或工业园区的基础上演变而来的。随着这些开发区（工业园区）规模的不断扩大和产业结构的升级换代，它们很快从一般意义上的出口加工区中脱出，其“跳板”和“示范”功能走向了更高层次（皮黔生，2001）。特别是进入新世纪后，其中相当一部分新城的发展方向出现了转折性的变化，信息、金融、高科技产业逐步取代传统产业而成为发展重点，并在国民经济中占据了重要的地位，从而引起了新城中人们的工作空间、工作方式和生活方式的改变，促使城市功能日益复杂化，功能日趋完善，再加上以高质量的空间环境为目标的规划设计的引导，使之逐步发展成为中国当代城市中最有生机的一种。这种新城除保留工业特色外，许多新的经济活动，如研发、展示、娱乐、金融、办公、居住等都成为其重要的功能组成部分。

这类新城在成长方式、过程、特征及其发展趋势等很多方面都具有鲜明的中国特色，已有的西方新城规划理论没有也不可能包括中国的新城实践。因此，研究中国当代新城的生长特征、发展趋势及其规划理论和方法，对丰富和发展具有中国特色的新城规划理论和指导新城建设具有重要的价值。

1.1.3 当代新城的规划与开发迫切需要加强对中国新城生长机制及其规划理论与方法的研究

随着国外有关城市化、郊区化、新城等方面的规划理论和实践成果被大量

介绍到国内，中国新城规划的理论和方法不断得以充实。但是，在中国向市场经济转换、对外开放程度不断加大的背景下，当代新城所具有的功能与担负的角色与过去已经发生了很大变化，加之中国新城的规划与开发还处于边进行边总结的摸索阶段，对于新城的发展方向、功能定位、开发策略及步骤还未能深入开展研究，没有建立起符合中国国情的规划理论体系，导致中国当代新城的规划目标、开发方式等经常处于变动之中，使之难以担当起抑制大城市过度膨胀和建成区在郊区无序蔓延并引导大城市空间合理扩展的重任。因此，开展有关新城的规划理论与实践研究，建立起中国新城规划与开发活动的理论与方法体系，引导新城的合理开发，促进新城的有机可持续发展，已成为当前新城规划工作中急需解决的重要课题。

1.2 研究对象与案例选择

本研究以中国当代大城市地区的新城作为研究对象，其中又以工业开发为先导的新城作为主要分析对象，以天津大城市地区的新城发展轨迹及其具体的新城开发活动为主要实证案例，同时兼以京、沪、大连等大城市地区及国外的有关新城作为比较案例。为了更为深入进行实证研究，重点对以工业开发为先导发展较为成功的新城——天津泰达（天津经济技术开发区简称，以下同）为研究案例，对其发展轨迹、生长特征，以及有机生长状况做深入的剖析。

1.2.1 中国当代工业开发先导型新城的开发现状及其特点

中国工业开发先导型新城是在改革开放以来开发建设的一批发展比较成功的经济开发区、工业园区的基础上转化而来的。自20世纪80年代初第一批创立开始，至今已走过了近20年的时间，其发展的历程基本上可概括为三个阶段：

第一阶段，创立起步阶段。这一阶段大多数的开发区（工业园区）主要通过国家和地方赋予的政策优势，包括税收政策、土地政策、外汇政策及一定的独立行政权限，以灵活务实的发展策略，逐步发展为外向型的工业化新区。

第二阶段，快速超常规发展阶段。上述工业化新区在前一阶段发展的基础上逐步形成和保持了在资金、技术、体制、管理方面的优势，使经济充满活力，主要表现为：外资投入迅猛，经济总量持续高速增长，城市用地规模迅速扩大。

第三阶段，进入优化调整期，城市功能综合化阶段。由于各开放地带政策不断趋同，加之经济总量基数不断变大，其发展速度较上一阶段有所回落，各开发区（工业园区）需要创造新的优势，拉动经济迅速攀升。这一阶段是这类工业化新区向现代化新城转变的上质量、上层次的关键阶段。具体表现为：在工业开发依然占据重要地位的同时，第三产业发展迅速，多样化城市功能得到全面开发，逐步实现了多种形式的经济发展，进而达到了经济增长方式的转变与创新。未来在可以预见的发展阶段，这类新城将从区域的视点出发，寻找在大区域环境中所担负的角色，通过持续的空间扩张和大规模、高水平的建设，使之成为辐射周边地区、促进地域城市化发展的新动力源，并通过协调与母城的关系使之在行政、产业、文化、空间等方面实现与大城市的协同发展。（张弘，2001；邢海峰，2003）

经过20年的发展，以工业开发为先导的新城已经成为带动区域城市化发展的重要力量，形成了具有中国特色的城市化模式之一。它们作为大城市地区新的经济增长点，有力地促进了周边地域的城市化发展，表现出不同于国内外其他类型新城的特点，主要表现在：

（1）以吸收外资为初始目的，在大量外资涌入的情况下迅速成长，并由工业出口加工区转化而来。

（2）多选址于与母城有一定距离的城市外围地区，有较大的拓展空间和独立发展的潜力。同时，由于中国人口密度大（特别是在沿海发达地区），在新城的周边邻近地区往往有旧有城镇或独立的卫星城存在，这为其未来联合，促进地域城市一体化发展创造了条件。在大规模基础设施建设和高水平城市环境质量以及雄厚经济实力支持的前提下，新城成为新的城市化动力，对周边地域的发展有着巨大的带动作用。

（3）此类新城不同于一般城市建设新区主要出于疏解大城市人口或截流新增人口的目的，而是呈现明显的投资导向，在其快速发展中创造了大量就业机会，吸引了大城市中心区的部分人口。同时，还吸收了大量市外、省外的自发性迁移人口（主要是农村人口），促进了中国城市化的发展。

（4）这些新城的发展呈现明显的工业经济先导的特点，社会生活功能相对滞后，城市功能发展不均衡。

1.2.2 案例选择

本研究选择的主要案例——天津泰达，是作为中国改革开放后以工业开发为先导发展起来的新城，它的开发方式、功能与空间演变的过程基本反映了这一时期中国以工业开发为先导而规划建设起来的一批新城的发展规律和特征，在中国 20 世纪 80 年代以来新开发建设的新城中具有典型的意义，其典型性主要表现在以下几个方面。

1. 区位

天津泰达位于天津大城市地区。天津市作为中国沿海特大城市，其空间扩展的过程和特征在中国大城市中具有较为典型的意义，基本上反映了改革开放以来中国沿海大城市功能与产业结构调整、空间向外扩展的内外部动因、过程与主要特点，其新城的开发建设即是这种结构调整与空间扩展的主要结果，因而它的新城也具有代表性。

2. 开发目的与功能

天津泰达的建设是中国改革开放的产物，作为中国设立的第一批国家级经济技术开发区之一，其建设的目的是通过优惠的开放政策以吸引外部资金，引进先进管理经验，以全新的市场化运作方式发展现代新兴产业，并配合天津市“工业东移战略”调整的需要而开发建设的。它所承担的功能是作为大城市新兴产业与新经济的创新基地。它的开发是通过利用优越的区位和大城市的人才与技术资源，引进外资和先进的工业生产技术进行工业生产与开发，形成新兴产业优势，进而发展成为地区新兴产业与新经济的发源地。因此，从其诞生的背景、建设的目的和承担的功能看，具有典型性，代表了一批改革开放后以发展新兴产业和振兴地方经济为主要目的的新城（如大型经济开发区、高新区、工业园区等）。

3. 生长的阶段性

天津泰达从其诞生至今已走过了近 20 年的发展历程，这期间它的功能与空间生长可以划分为很清晰的三个阶段，即：1992 年以前的起步发展阶段。这一时期以单纯地发展工业为主，生活等其他城市功能很少甚至没有，完全依赖于母城及周边地区；1992—1996 年的快速发展阶段。这一时期依然以发展工业为主，但生活设施及其他城市功能逐步增加，完全依赖于母城的局面开始改观；1997 年至今为优化调整和城市功能综合化阶段。城市功能趋向综合化，已经摆脱单纯的工业生产区的形象。与周边城区的联系也日益密切，有逐步走向联合发展的趋势。天津泰达的功能与空间演化的阶段性是与整个国家对外开放、经济改革与发展的步伐相一致的，因此它也代表了一批改革开放后以工业开发为先导规划建设起来的新城的发展轨迹。

1.3 研究目的和方法

1.3.1 研究目的

在中国向市场经济转换、对外开放程度不断加大的背景下，新城所具有的功能、担负的角色及其发展轨迹与过去已经发生了很大变化。一方面，新城继续承接传统新城的职能，成为大城市空间扩散、人口疏散、产业与城市功能转移的理想地域；另一方面，成为新兴产业与新经济发展基地和区域发展的新增长极已成为其最主要的建设目的与发展方向。21 世纪是全球化、信息化的时代，数字城市、信息社区、智能空间、新技术孵化器成为新的城市功能特征，这对于以传统产业与城市功能为主的大城市而言，不通过高起点的新城建设往往难以实现质的飞跃，故而，当代的新城将担负起更多的时代使命。新城的生长是一个快速变化的动态过程，不同的发展阶段，其人口、经济、社会、资源和环境等条件及其相互关系有着很大的差异，这就要求新城的用地功能和空间布局也要不断地进行调整。因此，开展对中国当代新城发展规律的研究，探讨科学制定新城规划的理念与方法，对于引导新城合理开发，实现可持续发展，具有重要的现实意义。

本研究拟从理论与实践相结合的方法，力图通过对新城案例发展过程及其特征的深入分析，从新城内部地域的微观层次（内部城市功能与空间）和外部地域的宏观层次（外部地域功能与空间）两个方面，通过借鉴国外新城规划及城市有机生长的相关理论与实践经验和教训，对中国当代大城市地区以工业开发为先导的新城规划和发展状况进行全面的总结，针对目前存在的问题力求深刻的理论反思，并在此基础上对当代中国新城有机生长的理念、规划方法进行一些有益的理论探讨，从解决问题出发，提出相应的规划优化策略，以期对新城的规划与建设有一定的应用价值。

1.3.2　研究方法

1. 多视角的理论分析

本研究是以服务于城市规划为目的，并以城市规划中相关的城市有机生长的理论研究成果为基础，融入城市地理学、城市形态学、城市社会学、城市生态学、城市设计等多个领域的相关理论与实践成果，来开展新城有机生长的规划理论与实践研究，遵循由概念到理论、深层机制与显像形态相结合、宏观与微观相结合的逻辑思路进行论述，意图改变以往城市规划领域中相关研究多限于“空间规划”甚至是从城市美学为主导的狭隘视角出发来进行规划研究的局限性，以较开阔的视野和多层次的知识背景来分析新城有机生长的内外部机制，进而总结出中国当代大城市地区新城的生长特征和成因，提出可持续有机生长的新城规划的理念、方法和规划优化策略。

2. 实证研究

以理论上对大城市地区新城规划研究的总结、验证为目的，选择适宜的研究区域（天津大城市地区及天津泰达）进行实证分析，从中总结提炼出中国大城市地区工业开发先导型新城的发展规律和特征，验证本论文研究成果的指导价值和正确性，为新城规划优化提供具体的指导性建议。

1.4　研究内容与主要创新

1.4.1　研究内容

图 1-1 是本研究开展有关新城有机生长规划理论与实践研究的基本框架。

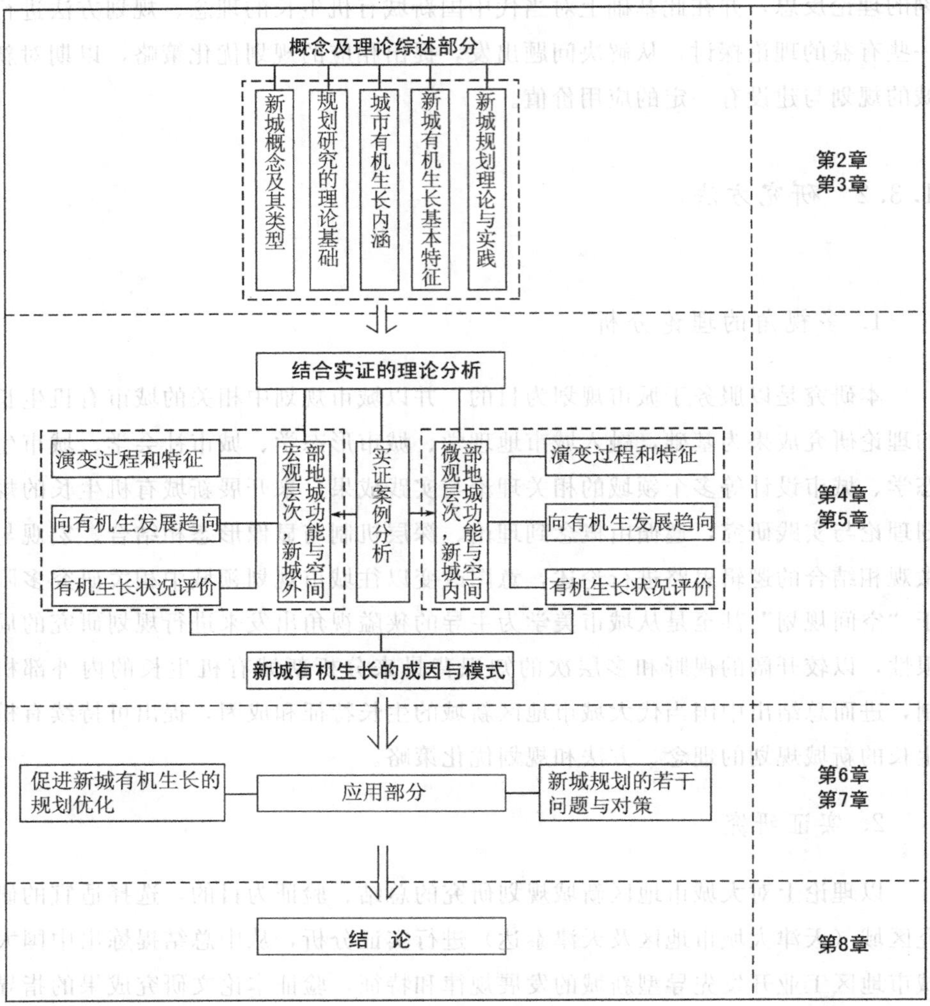

图 1-1　研究框架结构示意

全书共分 8 章，内容由三个部分组成。第 1 章为绪论；第 2 章和第 3 章，为概念和理论综述部分。首先对当代新城的概念、类型和城市有机生长的概念、内涵及其基本特征进行了界定，简要介绍了新城有机生长规划研究的理论基础，进而综合论述近代以来西方新城规划理论与实践成果，并重点回顾分析了中国 20 世纪 80 年代经济改革以来大城市地区的新城规划与建设的历史过程与特点；第 4 章和第 5 章为结合实证的理论分析部分。首先结合案例分析，总结了中国大城市地区工业开发先导型新城内、外部地域功能与空间演变过程和特征。其次，分别从微观的内部城市功能与空间和宏观的外部地域功能与空间两个层次评价分析了新城有机生长的实际状况、发展趋向和成因，并在此基础上提出了工业开发先导型新城有机生长的模式；第 6 章和第 7 章为应用部分。是根据以上部分的理论和实证结果，融入有机生长的规划理念和方法，提出促进新城有机生长的规划优化策略，并针对中国新城规划建设中普遍存在的一些具体问题进行分析讨论，提出解决这些问题所采取的相应对策；最后一章为结论部分。

1.4.2　主要创新点

1. 在研究内容方面

（1）通过对实证案例大量翔实的资料分析，跟踪研究了中国 20 世纪 80 年代中期以来工业开发先导型新城的发展轨迹，总结出了新城内外部地域功能与空间的生长过程、特征及其发展趋势，并运用城市有机生长的相关理论对这类新城的有机生长状况进行了评价。发现中国工业开发先导型新城从诞生至今的 20 年经历了具有明显差异性且表现出显著不同特征的三个发展阶段，即：缓慢的起步开发阶段，城市功能与空间快速扩张阶段，城市功能综合化的优化调整阶段。伴随规模（用地、人口）的增长、功能的多样化、空间的拓展以及区域交通条件的改善，其发展的总趋势是由非有机生长向有机生长状态演进，具体表现为城市功能综合化和外部地域空间一体化发展的趋向。

（2）借鉴国外有关新城规划理论研究方法，对中国当代工业开发先导型新城的城市功能在不同发展时期的构成状况进行了全面评价，进而在与国内外新城案例的比较基础上，提出这类新城从其功能组成看是属于“生活功能外置型”的概念。总结出这类新城多是以吸收外资为初始目的，在大量外资涌入的情况下迅速成长，并由工业出口加工区转化而来，选址于与母城有一定距离的城市外围地区，有较大的拓展空间和独立发展的潜力，并呈现明显的投资导向和工业经济先导的特点，社会生活功能相对滞后，城市功能发展不均衡。

（3）本研究依据城市有机生长的规划理论，在借鉴国外相关理论与实践研究成果的基础上，提出了中国当代新城有机生长状态下的理想外部地域空间结构——有机互补连合城市圈。它是以新城开发为契机，在新城强大的经济活动和高等级的城市功能辐射周边地域的相邻城市（区、镇）情况下，形成的以新城为核心的建立在各城市（区）功能互补合作基础之上的新型地域空间结构。

提出了该理想地域空间结构的规划构想图以及由多个有机互补连合城市圈构建起的大城市均衡地域空间结构构想图。并就该理想地域空间结构的特征、所具有的含义作了系统阐明。

2. 在研究方法方面

(1) 采用了综合的研究方法。作为一个城市，新城有机生长的规划研究涉及内容广泛，问题复杂，而中国以往研究多局限于单一学科，研究视野不够开阔。本研究从多个视角，重点对城市规划、城市生态学、城市地理学等多个学科进行综合，并和新城有机生长的定义、基本特征结合起来，形成新城有机生长的规划理论研究方法。

(2) 通过引鉴国外有关城市有机生长的理论与实践研究成果，从宏观和微观两个层次系统地探讨了中国当代大城市地区新城向有机生长演进的趋向、有机生长状况、成因及模式，并提出了相应的规划优化策略，突破了以往相关研究中宏观与微观割裂的状况，将宏观的区域与微观的个体作为一个整体来探讨新城发展的规律及其规划优化策略。

第2章 新城有机生长的概念与理论基础

2.1 基本概念

2.1.1 新城的概念与类型

1. 新城的概念

新城从字面上理解就是指新建的城市，现代新城除此之外还包含有多种含义，而且不同时期其含义也有所变化。当代新城是在旧有概念的基础上，不断充实调整而发展形成的。

早期的新城规划思想来源于霍华德（Ebenezer Howard，1898）的“花园城市”理论。花园城市（Garden City）建设的目的是为了有效疏散大城市工业和人口，改善城市的工作环境，提高城市的生活标准。其特征可以概括为：城市的空间规划结构基本为同心圆地向外扩展的形式；城市内的土地为股份制；人口强调各阶层的混合居住。但在现实中，从已完成的花园城市来看，其真正理想并未实现，仅表现出“低密度、环境优美、具有田园风光”的特征。

第二次世界大战后，以英国阿伯克隆比（Patrick Aberrombie，1944）的大伦敦规划为代表，提出了在大城市建成区以外发展新居住地区的卫星城思想。1946年在英国制定的“新城法”中第一次使用了“新城（New Town）”这个名称。这一时期建设新城的目的主要是为了分散中心城市的人口，解决大城市居住和就业问题，它的特征是距离母城有一定距离（一般在20～50km），强调自给自足，人口规模较“花园城市”有较大的增加。

进入20世纪70年代以来，随着西方发达国家逐步进入后工业化时代，社会经济较以前发生了巨大变化，大城市的人口增长趋于平缓，甚至停滞，其所面临的问题也不同于前一时期，加之由于现代科学技术的进步，城市交通方式的改变，运营管理效率的大大提高，新城的含义也被赋予了新的内容。当代新城在西方发达国家主要表现出的特征为：

（1）更加注重人的精神生活，追求城市空间的意义，以提高人居环境质量和环境的适宜性为主要追求目标。

（2）在城市规划依然处于现代传统新城模式的影响下，由于受现代信息技术发展越来越深刻的影响而注入了新的元素，如：城市规模不再过于严格控制，有较大的增长弹性；新城多选址于更能适应现代社会需求的地点，有可能在较短时期内迅速发展成为与现有城市相抗衡的反磁力中心城市，并成为带动地区经济增长，振兴地区经济发展的新的增长据点；城市功能在力求职住平衡的同时，不再过分强调综合化和自足性，而是更为重视个性与特色。

（3）更加注重城市的生态环境，着眼于可持续发展的层面。

新城内涵在不同的时期、不同的国家和地区也有所不同，但这些新城都具有一定的共性，表现出一些共同特征：

（1）从新城的性质来看，新城都是经过全面规划和设计的新的城市（区）。

（2）各国对新城规模的标准各不相同，但多在5万人口以上，具有城市的规模与密度。

（3）功能上强调生产、居住与生活服务等方面职能活动的综合平衡。

（4）从建设目的看，新城多是以疏导大城市人口和产业，并为大城市的进一步发展提供新的拓展空间。

（5）从地域空间组成看，新城是大城市地域空间的有机组成部分，是现代化城市系统内部的功能区域，许多当代新城与母城及周边已有城市共同形成了多极化的组合城市群。

综上所述，本书对所研究的当代新城定义为：在城市化的过程中，随着大城市空间的扩张，而有计划地在距大城市中心市区一定距离，依托一定资源（交通设施、风景、大学等），经过全面规划而新建的具有城市规模和密度的相对独立的城市[1]。

2. 新城的类型

新城作为适应不同国家社会经济发展的产物，它的类型可以说是多种多样，很难以单纯的某一个要素来进行划分，而且从不同的视角也有不同的分类方法。这里主要是从城市规划的角度出发，通过对新城的开发过程、区位、规模等方面特点的考察，在参考国内外相关学者对新城类型研究成果的基础上进行划分。概括起来大致可以分别从新城的功能和作用、新城的自立性、新城的空间位置等 3 方面来进行其类型的划分。

（1）以功能及作用分类

① 在特定区域以集中开发产业为目的的新产业城市。

② 以解决大城市问题为目的的新城市（具体包括迁调大城市人口、转移大城市功能等）。

③ 为发展某类功能而开发特定区域的新城（如大学城、旅游城等）。

④ 重点开发落后地区的新城，以平衡地区发展。

日本学者高桥贤一（1998）从新城在大城市地域空间结构变化过程中的作用进行新城的类型划分。他将新城划分为两大类：第一类是作为大城市圈发展的一环来进行规划建设的新城；第二类是处于大城市圈以外的地方城市圈中，以振兴地方经济为目的而建设的新城。其中第一类又可划分为两小类：一是位于大城市圈内，但与大城市中心区联系不紧密的完全独立的新城。这种类型以英国的新城为代表，主要是为了抑制人口和产业在大城市的过度集中，新城距离大城市中心较远，多在 30km 以上。二是作为大城市空间扩展的有机组成部分而以卫星城的方式建设的新城。如瑞典斯德哥尔摩大城市圈规划（Regional Plan for Stockholm，1952）中规划的新城，主要是为了引导大城市空间的扩展方向而规划建设的。这种新城距离母城较近，且与母城有快捷的交通联系。第二类也可分为两小类：一是国家为了平衡地区发展，在落后或出现衰退的地区建设的新城；二是通过资源（如石油、煤炭、矿产等）开发建设的工矿业新城。

以功能及其作用进行分类的方式，概念界定较为模糊，有的类型的范围相互重叠，或仅是一种现象的罗列，而难以作为分析的结论。

(2) 以新城的自立性为判断标准进行分类

这类方式以美国戴维斯（J. M. Davis）的新城市分类为代表，他根据新城市自立化的程度划分为 6 种类型：

① 具备多种多样的经济条件，职住接近平衡，成为完全自立性的新城。

② 依存于一种主力产业的半自立性新城。

③ 居住者的工作与生活服务几乎全依赖于母城的非自立性新城，即所谓的“卧城”。

④ 扩张大城市外围原有小城镇开发而成的新城。

⑤ 在现有大城市郊区开发的大规模的住宅区。

⑥ 在原有大城市内部，经过大规模的再开发而建设的新城（韩佑燮，1998）。

（3）以新城的空间位置分类

根据新城的空间位置可以分为：

① 依托大城市外围郊区原有城镇，对其进行重新规划和开发，而成为大城市产业转移和人口疏散基地的新城。

② 作为协调和促进大城市地域经济发展的新据点，而在大城市郊区选择新地点，预先做好规划，进行全新开发的新城。

③ 以改善和提高城市生活质量与环境为出发点，在原有大城市内部，通过合理规划和功能调整而开发的功能相对齐全的新社区，相当于一个"新城"，即城中之城。

美国的"住宅和城市开发法"（Housing & Urban Development Act，1986）对于城市的划分也属于这种类型，它把新城市开发的类型分为：扩张城市（Expanded Town）、独立城市（Self-contained Town）、卫星城市（Satellite Town）和城市内的新城（New Town in Town）4种。

另外还有一些其他的分类方法，如中国学者韩佑燮（1998）从新城生成的主要原因出发将新城划分为两大类：

第一类是用于解决大城市问题的新城，其中又分为再配置人口型、分散人口型、分散行政型、分散学院研究型和分散环境污染型。

第二类是发展战略据点型的新城，其中又分为特殊产业型和工业型两类。

还有日本学者根据新城的城市功能形成过程及其开发方式，以新城企业的密集度和居住人口增长状况为判断标准，将新城分为3个类型：政策引导型、企业先导型和居住先导型（高桥贤一，1998）。

新城并不能简单地划分为某一个类型，以上只是从不同视角和侧面，从新城自身显在的一些特征去进行判断的。一个新城可以是某一类型，也可能同时兼有几种类型的特征，这就应根据具体的需要和具体的情况来进行判断，从有助于科学合理地开展新城的规划及其研究来界定新城的类型。

3. 中国大城市地区的新城类型

不同的国家和地区，由于社会、经济、政治等条件的差异，其新城开发的目的与所承担的作用也不完全相同，这些新城在具有一定共性的同时，也表现出各自不同的特点。中国当代大城市地区的新城建设是随着中国对外改革开放政策的实施和社会经济的全面发展，而在快速城市化过程中产生、发展起来的。在发达国家建设新城主要是为了解决大城市问题，而在中国虽然有些新城的建设也是为了疏散大城市人口和转移大城市产业，控制城市的恶性膨胀，但从当前建设的大多数新城来看，其主要目的还是为了适应大城市空间向外扩展的需要，作为带动大城市区域经济发展的战略节点而建设的。

目前中国还没有关于新城的统一定义和清晰的范围界定，但根据本书对新城界定的概念来判断，则在中国大城市地区事实上存在着大量新城的开发活动，只是在实际的操作中并未以新城来命名，例如：在一些大城市中发展较成功的大型经济开发区、高新区，从其区位、功能和规模来看，有的已发展成为以工业为主的新城，有的正在从单纯产业城区向具有综合性功能的自立性新城发展；还有一些在大城市郊区开发的大型居住区，无论从其规模、设施水平及区位判断，都可以认定为新城。相反，有些被冠以“新城”的房地产项目，实际上并未达到新城的规模和应具备的功能。因此，在开展有关新城的研究前，有必要对中国当代大城市地区的新城类型进行界定。

根据以上对新城的定义，从服务城市规划为目的，以功能和作用的分类方法为主并参考新城的空间位置和生成原因，可以将中国当代大城市地区的新城划分为以下几种。

(1) 居住型新城

为解决大城市住宅紧缺问题而在大城市边缘区或近郊区开发建设的设施较为齐全的大型住宅区，这种类型自 20 世纪 80 年代初开始开发至今依然方兴未艾。住宅区的规模逐步趋大，内容更加充实，与城市中心区的距离也随着交通条件的改善而不断加大。

(2) 工业开发先导型新城

改革开放后，为了吸引外资和先进技术、发展地方经济而建设的以工业开发为先导的新城。如在沿海许多大城市中开发比较成功的经济开发区、工业园区等，这种类型的新城多选址于交通便捷、区位优越，且距市中心有一定距离的城市中远郊。

(3) 知识型新城

为发展高科技，提升地方经济竞争力而在大城市边缘区或近郊依托一定的大学、科研机构开发建设的新城。如在一些科技实力雄厚的大城市开发较为成功的高科技园区、大学城等。

(4) 扩张型新城

为适应大城市产业结构调整和空间向外扩展的需要，依托原有城镇并通过全面规划和大规模开发扩建而成的新城。

(5) 业务型新城

除以上类型外，还有为了促进大城市空间均衡发展和功能调整而在城区内通过更新改造或在建成区边缘规划建设的具有专业功能的新区，如行政新城、商务新城（CBD）、体育新城等。

其中工业开发先导型新城是中国经济改革开放的特有产物，自20世纪80年代中期开始开发建设，进入90年代以后迅速崛起，成为许多大城市地区经济发展最为迅速的地域，也是大城市空间扩展的主要地区之一。本书即是以这种类型的新城作为主要实证研究对象，来探讨当代新城的生长规律、特征、存在的问题及其规划优化策略。

另外，根据新城自身功能的构成状况及其功能需求对母城的依赖程度还可以将中国当代新城划分为以下3个类型。

(1) 生活功能外置型。即新城以生产功能或某一专业化功能为主，生活居住功能少或不全，这方面的需求主要依赖于母城解决。上述工业开发先导型新城、业务型新城均属于此种类型。

(2) 生产功能外置型。这主要是指上述以居住功能为主的新城即"卧城"，新城居民的就业需求依赖于母城，新城中的从业人员多数每天往返于母城与新城之间。

(3) 职住平衡型。即新城的生产和生活功能均较发达，且实现了平衡。新城居民的就业、居住以及其他生活需求基本都可以在新城内解决。上述扩张型新城多属此类。

2.1.2 城市有机生长的概念和内涵

"有机"一词从字面来解释就是有生机、有生命，有机体就是有生命的个体（《汉语大词典》，1986）。进一步引申开来，城市有机体就是具有生命活力的城市个体。城市自诞生起将一直处于不断发展变化的动态过程中，只要城市的发展不停止，其规模就会不断扩大，但是，规模的扩大并不等于良性发展，它有量与质的区别。所谓城市的有机生长，简单地说，就是一种高质量的、可持续的城市发展方式。

有机生长的观念在中国很早就产生了。中国传统的自然观认为，人与自然是统一的（“天人合一”），人的生活环境应有机地融合于自然中，与自然和谐共处。中国许多古代城市的选址都非常重视与自然的协调，符合人体尺度的城市空间（广场、街道、建筑组群）形成了富有人情味的城市，体现出居民土生土长的生活方式和自然生长的心理。到了近代，由于受到西方思想的巨大冲击和影响，加之现代科学技术的突飞猛进和广泛运用，人们更多地采取了一种与自然对立的思想，反映在行动上就是“改造自然，征服自然”，从而使过去过分消极、被动的顺其自然的发展观走到了另一个极端，其后果是带来了一系列的城市问题，如大城市的恶性膨胀、生态破坏、污染严重、城乡发展不平衡等问题。因此，建立一种正确的城市发展观具有重要的现实意义。城市有机生长的思想与理论就是应对这种现实的需要而在实践中逐步发展起来的积极城市发展观。

城市有机生长的概念来源于生物学更确切地说是来源于生态学，它借助于生态学的观点对城市规划和设计进行研究，旨在通过对生物有机体出生、发育、衰老的生长过程的“逻辑”的探索，以生物界中生物生长的规律为基础来探讨城市发展的规律，创造可以有机生长的城市空间和建筑（王佐，1997）。城市有机生长的理论就是在借助生命界的有机生长规律来解决城市规划与设计所遇到的一些问题的过程中逐步建立起来的。有机生长的理论认为：城市犹如生物有机体一样，同样要经历如同生命一样的产生、发展、兴盛、衰落等不同发展阶段；城市的内部秩序和生命有机体的内部秩序是一致的，城市的各种活动与功能应该能像生物有机体一样，各部分保持有机的协调；城市空间作为城市的基本组织如同生物细胞一样，总是在不断进行新陈代谢（刘易斯．芒福德，1985；伊利尔．沙里宁，1986；霍华德，1987）。

城市的发展就是一种进化，是不间断适应内外部环境变化的积累过程。这种不间断的进化过程，一方面，使得能够适应外部环境变化的某些城市功能或某些空间特性得以保存积淀下来，构成城市的基本肌理；另一方面，又通过变异与调适而形成内部组织性提高并更能适应外部环境的新的城市功能与空间类型，从而促进城市与周边地域在更大的生物环境、经济环境与社会环境中取得平衡，促进城市内部各种各样的功能之间的平衡，最终形成健康的城市肌理和有机的秩序。这种发展方式就是城市的有机生长。

2.1.3 新城有机生长的基本特征

从新城规划思想的发展过程来看，追求新城功能的自立化、环境的生态化已成为其发展的主流方向。自大伦敦规划首次提出“生活与就业在城市内部解决，职住接近”的自立化新城的规划思想以来，目前，它已成为当代新城为保证自身长期快速发展而广泛采纳的一种规划理念。自立化的新城与早期新城相比，它的规模较大，在居住用地与生产用地的配置上有着均衡的比例结构，是居住与工作就近解决的自给自足的城市。

为人们创造一个拥有高质量空间环境的美好家园，一开始就是新城开发的一个重要目标，自霍华德的田园城市起，通过新城建设来为人们提供一个宜人的生活、工作环境的努力就从未停止，而且随着时代的前进，这种思想不断被赋予许多新的含义。可持续发展已成为当代各国、各地区和城市发展战略目标的选择，建设“生态化”城市就是当代城市建设可持续发展的美好家园的具体实践，是当代城市规划所追求的理想目标，因此，生态化也是新城有机生长的必要条件。

当今世界是一个全球化、信息化的时代，城市发展的区域化特征已经使每个城市不再是一个孤立的发展单元，城市与城市之间的共生共存的关系非常明显。跨国界、省界、市界的城市之间的交流与合作日趋频繁，日益复杂化的城市环境、交通，防灾等问题促使面临同样困境的城市加强了彼此的合作。许多城市突破了行政边界的束缚，共同合作解决各种各样的跨地域课题，推动了区域空间一体化的发展。这种合作与联合，已经成为解决当代城市问题，保证城市可持续发展所不可或缺的条件和城市发展的一个潮流。判断一个城市是否处于有机生长的状态，其与周边地域在更大的生物环境、社会环境与经济环境中是否取得协调与平衡，即否实现了地域一体化发展也是一个基本的衡量标准。

1. 新城内部地域功能与空间有机生长的基本特征

新城的内部地域是与外部地域相对而言的，它指的是新城开发地域范围内拥有的土地利用、空间环境以及它们与人的各种行为关系，它相对外部地域来讲是属于中观或微观的空间范畴，是一个城市的市区或建成区。内部地域功能即是城市地域内所具有的城市功能，主要反映在用地的功能及其结构上；内部地域空间是指各种人类活动与功能组织在城市地域上的空间投影（柴彦威，2000）。

根据城市有机生长的概念，就城市内部地域来讲，就是要保持多种多样城市功能之间的平衡，具有健康的城市肌理和空间生长秩序。一个新开发的城市要达到功能与空间有机生长的状态，就需要从城建伊始，对人口、开发密度、用地规模等有所限制，建立良好的组织机能，能够承担一个城市社会一切重要的功能，如工业生产、居住、文化教育、商业服务等；同时，拥有足够的绿地、公园等开放空间，洁净的环境和高效的交通运输网络。有机生长的新城应是将各种城市功能与用地空间有机结合起来共同组成的一个整体有序的组合体，这个组合体能建立起功能的自我平衡，保持一种协调和谐的具有内聚特征的生长状态。据此，可以把新城内部地域功能及其空间有机生长的基本特征归结为两个方面：一是城市功能的自立化；二是城市空间环境的生态化。新城要实现有机生长的良性发展，就需要建立起自立化的城市功能和生态化的空间环境。

2. 新城外部地域功能与空间有机生长的基本特征

城市外部体系的空间范畴包含两重含义，第一重含义指由城市自身的城镇体系所组成的空间体系；第二重含义是指城市的外部地域空间，是一种区域角度的含义，指由一个城市及其所在区域内的其他城市共同构成的空间体系（陆军，2001）。[2]从广义上可以理解为城市功能与空间的延伸和扩展部分，是城市建设的外部因素和条件。由此推之，新城的外部地域功能与空间就是指新城在发展的过程中，逐步形成的由新城与其所在地域其他相邻的城市（区）共同组成的新的功能与空间体系。

芒福德认为“一个孤立的人是很难在社会上达到稳定的，他需要朋友及同事去帮助维持他自身的平衡。”它表达了一种适用于一个人、城市、地区甚至国家之间关系的规划思想。就城市来说，就是提倡区域城市，即要建立一种城市与其所处地区之间相互依存的紧密关系。同处一个区域的城市个体通过建立便捷的区域交通网络和特色化的城市职能来共同为整个区域城市组群服务，能够使每一个城市（或社区）在拥有小城市良好生活环境的同时，也可以得到大城市那样的服务。这种功能互补、空间联系密切的城市群地域空间结构保证了其中每个城市以及整个地域的结构平衡和可持续发展。

城市外部地域功能与空间有机生长的状态就是指其与周边相邻城市（区）

在更大的区域范围内实现生物环境、社会环境和经济环境的平衡，它的基本特征可以概括为：

(1) 在一定地域范围内的功能自立化。新城与其周边相邻城市在发挥各自优势的前提下，形成各具特色、互能互补的城市功能节点，以此解决新城职住分离的问题。

(2) 新城外部地域空间的连合化。以新城的开发为契机，建立起完善的区域交通网络、区域基础设施体系和区域环境保护体系，在功能互补关系的基础上，构建起优势互补协同发展的新型连合城市圈的地域空间结构，实现新城外部地域功能与空间的一体化发展。

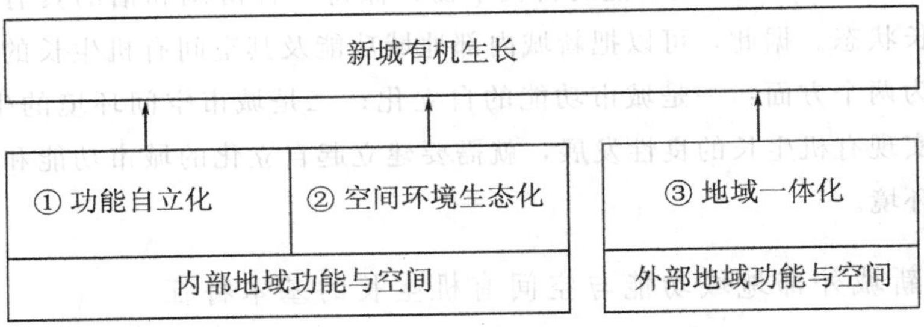

图 2-1　新城有机生长的基本特征概念图

2.2　新城有机生长规划研究的理论基础

城市有机生长的规划理论是为解决城市中人与自然、人文环境与自然环境、城市与乡村等的协调发展矛盾，而从城市规划的角度探寻人与自然有机协调及城市可持续发展的理论思想，它主要源于以下两方面的理论思想。

2.2.1　主张人与自然共融的城市有机生长理论

该理论主张城市应该像自然界的生物一样成为一个自我组织、自我调节的有机体，城市应该与自然环境结合，与生态结合。主要包括以下几种理论：

1. 田园城市理论

田园城市是英国霍华德于 1898（Ebenezer Howard）年提出的一种城市规

划思想。他在《明天——一条引向真正改革的和平道路》的著作中认为，应该建设一种兼有城市和乡村优点的理想城市，他称之为“田园城市”。其目的是为了解决在工业化条件下，城市与适宜的居住条件之间的矛盾，大城市与自然隔离的矛盾。

霍华德设想的田园城市包括城市与乡村两部分，城市的四周为农业用地所围绕，城市居民可以经常就近得到新鲜农产品的供应，田园城市居民的生活、工作均在此；城市必须限制在一定的规模，使每个居民都能方便地接触乡村自然环境。这种城市从建设初始就对人口、居住密度、城市面积等加以限制，一切都组织得很好，能执行一个城市社会一切重要功能，如商业、工业、行政管理、教育等；同时配置足够数量的公园和私人园地以保证居民的健康，并使整个环境变得相当优美。“田园城市”与一般意义上的花园城市有着本质的区别。一般的花园城市仅是指城市中拥有较多的绿地、花坛等，而霍华德所说的“Garden City”是指城市周边环绕以农田和园地，通过这些田园控制城市用地的无限扩张。这种城市兼备城市与乡村的特点，把社会与城市、区域与城市规划统合在一起，每个城市都能做到城乡结合。为此，霍华德提出了花园城市一体化规划设计的五项原则：

(1) 花园城市选址必须尽量利用不能用于耕种的农业用地。

(2) 成立股份，统一经费，统一规划工业开发。

(3) 花园城市的规模控制在3.2万人左右。

(4) 花园城市的用地范围必须有一定数量的农业用地。

(5) 花园城市如需要扩建，则允许其在相应的附近地区，按照上述基本原则再建一处新的花园城市。

霍华德以一个“田园城市”的规划图解方案来更为具体地阐述其理论：城市人口3万人，占地405hm^2，城市外围有2023hm^{2}土地作为永久性绿地，供农牧业生产用。城市部分由一系列同心圆组成，有6条大道由圆心放射出来，中央是一个占地20hm^{2}的公园。沿公园也可建公共建筑物，它们的外面是一圈占地58hm^{2}的公园，公园外围是一些商店、商品展览馆，再外一圈为住宅，再外面为宽128m的林荫道，大道当中为学校、儿童游戏场所及教堂，大道另一面又是一圈花园住宅。城市的最外围地区建设各类工厂、仓库和市场，紧邻最外围的环形道路（如图2-2所示）。

霍华德认为城市是会发展的，当其发展到规定人口时，便可在离它不远的地方另建一个相同的城市。为此，他还设想了一个由若干田园城市共同构成的

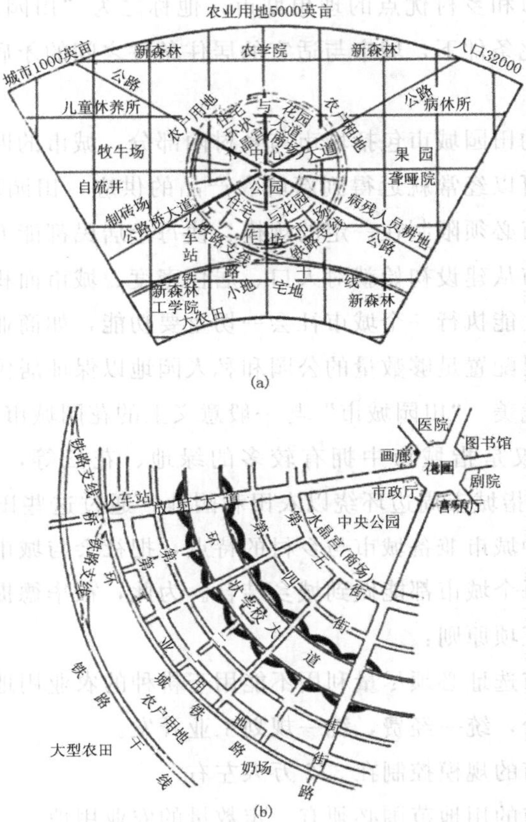

图 2-2　霍华德“田园城市”图解方案

(a)“田园城市”及其周围用地　(b)“田园城市”结构示意图

资料来源：引自 Benezer. Howard 著．金经元译．明日的田园城市，1987

城市组群，其中，中心城市的规模略大些，建设人口为 5.8 万人，各城市之间以铁路相联系，他称之为“无贫民窟、无烟尘的城市群”。他强调要在城市周围永久保留一定绿地的原则（如图 2-3 所示）。

霍华德的田园城市理论是一个比较完整的城市规划思想体系，对现代城市规划理论及城市规划学科的建立起到了重要作用，对后来出现的城市规划理论如有机疏散理论、卫星城理论等产生了较大影响，也为城市有机生长的规划理论与实践奠定了基础。

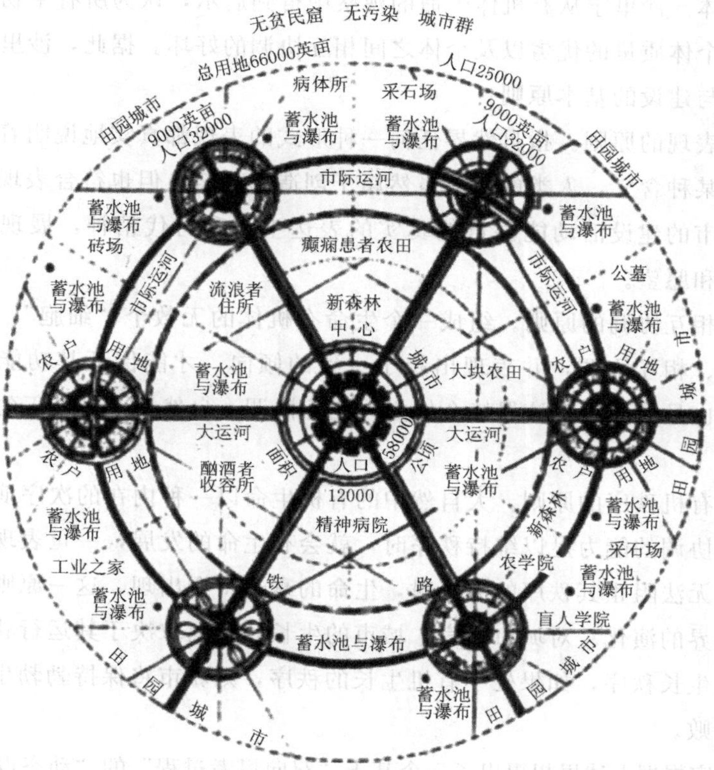

图 2-3　霍华德设想的田园城市组解

资料来源：引自 Benezer. Howard 著．金经元译．明日的田园城市，1987

2. 有机疏散理论

有机疏散理论是由芬兰建筑师伊里尔·沙里宁（Eliel Saarinen）针对大城市过分膨胀带来的各种“弊病”，而提出的关于城市发展及其空间布局结构的理论。“有机疏散”规划思想最早出现在 1913 年爱沙尼亚的大塔林市和 1918 年芬兰大赫尔辛基规划方案中，而整个理论体系及其原理集中体现于他在 1934 年发表的《城市——它的发展、衰败与未来》一书中。

沙里宁认为，城市是人类创造的一种有机体，人们应从大自然中寻找与城市建设相类似的生物生长变化的规律来研究城市。他通过对生物和人体的认识来研究城市，认为城市是由许多“细胞”组成，细胞间有一定的空隙，有机体通过不断地细胞繁殖而逐步生长，它的每一个细胞都向邻近的空间扩展，这种空间是预先留出来供细胞繁殖之用，空间有机体的生长具有灵活性，同时又能保护有机体。沙里宁从有机体生命的观察中得到启示，认为所有生物的生命力都取决于个体质量的优劣以及个体之间相互协调的好坏。据此，沙里宁提出了城市规划与建设的基本原则：

（1）表现的原则。指自然界任何一种形式的表现都真实地说明着掩盖在形式之下的某种含义，人类的活动虽然属于创造的范畴，但也符合表现原则的规律，即城市的建设活动能够自然真实的表达生活和时代精神，展现人类的情感、思想和愿望。

（2）相互协调的原则。组成一个生命有机体的无数个“细胞”，它们必须相互配合、相互协调，并表现出趋于一致的倾向，才能保证其功能的健康运转。城市也是如此，应该保持个体之间相互协调，自然与人、人工建筑间的相互协调。

（3）有机秩序的原则。大自然中的有机生命以一种内在的次序演化，当表现和相互协调的能力足以维持秩序时，就会有生命的发展，一旦表现和相互协调的能力无法阻止其秩序的混乱时，生命的衰退将会出现。这一原则有效地调节着自然界的演化。对城市而言，城市的生长和衰退取决于其运行状态是否达到了有机生长秩序，如果处于有机生长的秩序，则城市将保持勃勃生机，反之则走向衰败。

沙里宁根据上述思想提出了一个基于“双向思考过程”的“动态设计”方案，其方法是把规划目标的设想从“最终目标”为起点逐步分解成若干层次或阶段，使之与实际情况相接近，这是一个与实施过程相反的思考过程（如图 2-4 所示）。

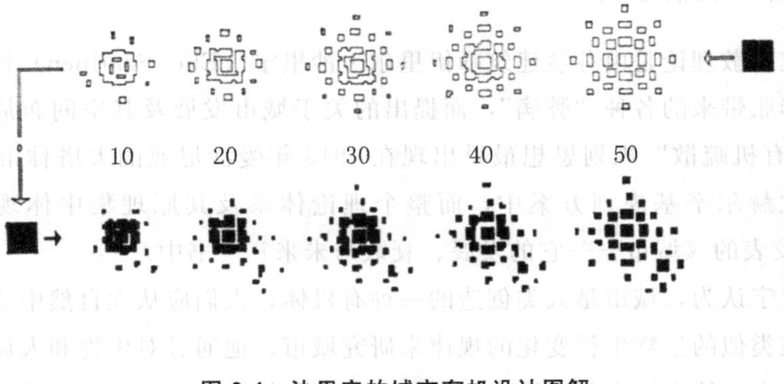

图 2-4 沙里宁的城市有机设计图解

资料来源：引自伊利尔·沙里宁（Eliel Saarinen）著，顾启源译．城市：它的发展、衰败与未来，1986

沙里宁还提出了有机疏散的城市结构观点，他认为一种结构既需符合人类聚居的天性，便于人们共同的社会生活，感受城市的脉搏，同时又不能脱离自然。

“有机疏散”理论具有明显的个性特征。沙里宁认为城市混乱、拥挤、恶化仅是城市危机的表象，其实质是文化的衰退和功利主义的盛行。城市作为一个有机体，其发展是一个漫长的过程，其中必然存在着两种趋向——生长与衰败。要避免城市的衰败，实现城市健康、持续生长，应该从重视城市功能入手，实现城市的有机疏散。

3. 城乡一体化设计理论

城乡一体化是城市化发展到高级阶段的区域空间组织形式，它强调的是在观念上把城乡地域作为一个有机的整体，城市与城市之间，城市与乡村之间，应当有机地结合在一起，共同构筑起一体化的空间格局。城乡一体化理论认为，要实现城市一体化发展需要区域整体共同努力，一方面，应加强城乡之间便捷网络系统的建设，引导区域空间合理布局；另一方面，还要依靠城市功能的完善和城市辐射力的增强，取消体制性、机制性障碍。（王祥荣，2000）

日本学者岸根卓郎以国土规划为研究对象于1985年提出的城乡融合设计思想即属于城乡一体化理论。他认为21世纪的国土规划应体现一种新型的集合了城市和乡村优点的设计思想。他提出的“新国土规划”是自然、空间、人工系统综合组成的三维“立体规划”，其目的在于创建一个建立在“自然—空间—人类”系统基础上的“同自然交融的社会”，亦即“城乡融合社会”。实现这一目的的具体方法是“产、官、民一体化地域系统设计”。岸根卓郎将这种规划设计大致分为三个阶段：首先是确定系统目标，要求消除行政管理部门之间的条块分割，从跨行政部门的综合视点出发，创建一个新的聚居社会；其次是按照功能结构、要素结构、空间布局结构的先后顺序，进行必要的系统内容设计，以保证系统目标的具体落实；第三就是最后阶段的系统优化。通过这三步工作，就基本完成了自然—空间—人类系统（社会生态系统）的基本设计。他还根据上述思想提出了“国土规划最适状态”的城乡融合设计模型，即“自然—空间—人类”系统模型（如图2-5所示）。

城乡一体化设计思想作为一个区域合理发展的目标理念正被日益广泛接受。该理论认为：城乡一体化作为一个理想的发展目标，它是逐步在一个长期的地域社会经济持续优化的过程中实现的，这一过程是双向的，是城市与乡

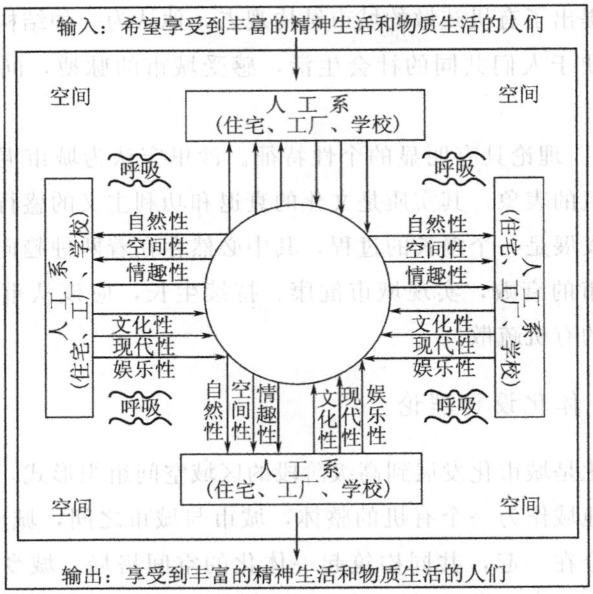

图 2-5 自然—空间—人类系统模型

资料来源：引自王祥荣．生态与环境，2000

村、城市与区域相互吸收先进和健康的因素而排除落后的、恶性的元素的一种积极的双向演进过程；城乡一体化包括物质与精神两方面的内容；城乡一体化是生产力高度发达的条件下，城市与乡村实现结合，互为资源、互为市场、互为环境，达到区域（城乡）社会、经济、空间及生态协调发展的过程。

4．城市生命周期理论

城市生命周期理论最早由福雷斯特（Forrester，Jay W.，1986）在运用城市系统力学对城市形态研究时提出。他将城市的发展过程划分为六个阶段，从城市经济、城市工业两个大的方面，分别就人口、劳动力市场、总体就业水平、规模经济、资金专业化和多元化、企业区位导向、聚集经济、基础结构需求等因素在各个不同发展阶段的表现特征进行了总结和描述。该理论认为，城市犹如生物有机体一样，有其出生、发育、发展、衰落的过程，城市发展具有不同的阶段，城市要素在城市各个发展阶段具有不同的表现，可作为城市发生、发展、演化的标志，这些发展阶段被称为城市生命周期。中国学者沈小峰（1987）根据耗散结构理论，通过建立区域空间人口演化的 Logistic 方程和计算机模拟，划分出了城市独立发展、扩大、停滞、城市群竞争等周期性的变化过程。

除以上几种主要理论外，具有这种主张倾向的城市有机生长理论还有：

① 新陈代谢理论。是以日本丹下健三、黑川纪章为代表的新陈代谢派借用生物界基本规律，对城市发展以“新陈代谢”术语加以阐述。该理论认为城市是不断新陈代谢的，应不断进行新旧更新。他们强调事物的生长、变化与衰亡，主张采用最新技术，不断改进生活设施，来适应技术革新带来的变革，同时也应注重历史传统的新旧关系，要保持传统。

② 有机更新理论。该理论认为在城市如同生物有机体生长的过程中，应该不断去掉旧的、腐败的部分，生长出新的内容，但这种新的组织应具有原有结构的特征。也就是说应从原有的城市肌理对城市进行有机更新。因此，城市的有机生长不但要注重生态环境和技术手段，还要结合历史人文因素，将美学与文化的内容包括进去。

③ 新城理论。这是在田园城市理论基础上的发展，该理论认为正确的城市发展图式应当像植物长“芽”，“芽”与“芽”之间穿插农业用地，相互之间有快速交通联系，这些幼芽集中在一个规模较大的中心城市周围。这种理论所追求的目标是为了避免城市的无止境蔓延，能够如细胞一样形成多中心模式，保证卫星城的环境优美，城乡特点兼容。另外，还一些具有较强实践性、不成体系的理论或思想。

2.2.2 以人类社会全面发展为宗旨的城市有机生长理论

这方面的理论认为城市是一个复杂的系统，一个由若干城市及其周围地区组成的区域是一个复杂的巨系统，对它们的发展研究是无法用个别规律来归纳，也不能划归为一个单一的思想，它们的发展变化具有很大的自由度，必须从系统、全面、整体的视角去解决区域、城市复杂系统中的问题，不断地建立新秩序，摆脱混乱。它主要包括以下几种理论思想：

1. 城市复合生态系统理论

中国著名生态学者马世骏和王如松（1984）提出了“社会—经济—自然”复合生态系统的理论，明确指出城市是典型的“社会—经济—自然”复合生态系统。他们认为城市生态系统可分为社会、经济、自然三个亚系统，各个亚系统又可分为不同层次的子系统，彼此互为环境。

(1) 社会生态亚系统以人口为中心，包括基本人口、服务人口、抚养人口等。该系统以满足城市居民的就业、居住、交通、供应、文娱、医疗、教育及生活环境等需求为目标，为经济系统提供劳力和智力，它以高密度的人口和高强度的生活消费为特征。

(2) 经济生态亚系统以资源（能源、物资、信息、资金等）为核心，由工业、农业、建设、交通、贸易、金融、信息、科教等子系统所组成。它以物资从分散向集中的高密度运转，能量从低质向高质的高强度集聚，信息从低序向高序的连续累计为特征。

(3) 自然生态亚系统以生物结构及物理结构为主线，包括植物、动物、微生物、人工设施和自然环境等。它以生物与环境的协同共生及环境对城市活动的支持、容纳、缓冲和净化为特征。该理论还进一步指出，

在城市复合生态系统中，自然子系统是基础，经济子系统是命脉，社会子系统是主导，它们相辅相成、相生相克，导致了城市这个高度人工化生态系统的矛盾运动。

王如松等（1994）还据此提出了建设“天城合一”的中国生态城思想，认为城市生态系统的建设要满足以下标准：

(1) 人类生态学的满意原则；

(2) 经济生态学的高效原则；

(3) 自然生态学的和谐原则。

黄光宇等（1997）则从城市规划的角度，提出生态城市是根据生态学原理，综合研究“社会—经济—自然”复合生态系统，并应用生态工程、社会工程、系统工程等现代科学技术手段而建设的社会、经济、自然可持续发展，居民满意，经济高效，生态良性循环的人类住区，认为生态化城市的创建目标应从社会生态、经济生态、自然生态3个方面来确定。

2. 可持续发展理论

可持续发展理论的形成与发展已经历了一个较长的历史过程。自20世纪50年代以来，人们面对环境问题的日益加剧，开展了关于增长与发展的讨论，发展不断被赋予新的内涵，可持续发展的概念逐步替代了原来单纯的以经济增长为主要内容的发展定义。1972年国际著名学术团体——罗马俱乐部发表了有名的研究报告《增长的极限》，首次明确提出“持续增长”和“合理的持久的均衡发展”的概念。1987年，由挪威前首相布伦特兰领导的联合国“世界与环境发展委员会”（WCED）发表了《我们共同的未来》，第一次科学地论述

了可持续发展的概念，将可持续发展的概念归纳为：满足当代发展要求的同时，应以不损害、不掠夺后代的发展需要作为前提。它意味着，在空间上应遵守互利互补的原则，不能以邻为壑；在时间上应遵守理性分配原则，不能在“赤字”状态下进行发展的运行；在伦理上应遵守“只有一个地球”“人与自然平衡”“平等发展权利”“互惠互济”“共建共享”等原则，承认世界各地“发展的多样性”，以体现高效和谐、循环再生、协调有序、运行平衡的良性状态（牛文元，1994）。并以此为主题对人类共同关心的环境和发展问题进行了全面阐释。

1992年联合国环境与发展会议在里约热内卢举行，会上通过了包括《21世纪议程》在内的5项文件和条约，提出了全球可持续发展框架，将可持续发展理论更推进了一步。有学者将可持续发展观总结为三个原则，即：

（1）公平性原则。公平性原则又包括代内公平、代际公平和区际公平三个方面。代内公平是指发展要以满足全体人民的需求为目标，给当代人以公平的分配权和发展权，消除贫富悬殊，两极分化。代际公平是指一代人的发展不能以损害后代人的需求与发展为代价。区际公平是指各个国家和地区都公平享有对有限资源的开发和利用的权利，并且不能损害其他国家或在各国管辖范围以外地区的环境。

（2）可持续性原则。其核心是人类经济和社会的发展不能超过资源与环境的承载能力，人类活动的目标应是经济、社会和生态环境之间可持续发展的高度统一。

（3）共同性原则。是指可持续发展是全球发展的总目标，它所体现的公平性和可持续性是共同的，因此，各个国家、地区必须采取共同的联合行动，达到既尊重所有各方面的利益，又保护全球环境与发展体系。

对于可持续发展理论的理解，使不同领域的专家学者从不同的角度构建了可持续发展理论的框架，但其目标基本是相同的。可持续发展不能简单地等同于环境保护，它更强调社会、经济因素与生态环境之间的协调，是从更高的视角来解决环境与发展的问题，以此促进国家、地区、城市的健康发展。

3. 人居环境科学理论

人居环境科学理论是在道萨迪亚斯（C. A. Doxiadis，1975）的“人类聚居学”基础上发展起来的，故“人类聚居学”理论思想是其理论体系的重要支撑基础。道萨迪亚斯于20世纪50年代创立了“人类聚居学”，并在实践的过程中不断得到发展。道氏的人类聚居学是以研究人的需要为第一出发点，以是否满足人类需要的程度来评价一个聚居的好坏，并提出了五项原则作为评价人类聚居质量的一个基本依据，表 2-1 就是道氏对现代城市质量的定性评价。道萨迪亚斯在对城市尺度的研究基础上提出了城市发展的理想模式，他指出现代城市应具有人的尺度和宜人的环境，又要有现代化、高效率的功能系统，并符合动态城市的发展特点。城市发展的理想模式就是一个静态的细胞和动态的整体结构的综合体，即在微观上每一部分都是静止的、稳定的，在宏观上整个城市呈现动态发展。道氏借鉴了自然界中有机物的组织结构，认为城市里既要包含有不同层次、不同规模的活动单位，又要把宜人的居住社区与高效率的交通网结合起来，两者缺一不可。为了使人们获得一个平衡的环境，必须使城市细胞（如居住社区）保持静止，城市的发展靠不断增加新的细胞来实现。道萨迪亚斯还提出了对于城市在宏观上的动态发展模式，他称之为“动态城市结构”，即城市及其中心区沿一条预先确定的轴自由扩展，这样，城市的中心部分在扩展时就不会同其余部分发生矛盾。他还强调要使目前的城市走出混乱境地而走向有序，就必须注意从自然系统、人类系统、社会系统、居住系统到网络系统的五个要素，“我们必须力求五个要素在各个层次上达到和谐”。

表 2-1　现代城市质量的定性评价

原　则	质量（总体评价）	平等性（单体评价）	结　果
交往机会最大	★	×	○
联系费用最省	★	×	○
安全性最优	×	×	××
人与其他要素间关系最优	×	×	××
前四项原则所组成的体系最优	×	×	××

表中：★——好，○——尚可，×——差，××——极差
资料来源：转引自吴良镛．人居环境科学导论，2001：88

我国著名城市规划专家吴良镛教授（2001）进一步发展了道萨迪亚斯的学说，提出了系统的人居科学理论框架，初步建立起了一个由多学科组成的开放的学科体系。该体系以建筑、地景、城市规划三位一体组成人居环境系统中的“主导专业”，同时融入了经济、社会、地理、环境等外围学科。其理论思想集中体现于《人居环境科学导论》一书中。在该书中，吴良镛教授通过对全球和

中国人居环境的问题与矛盾的广泛思考，提出了人居环境建设的五大原则：

（1）正视生态的困境，增强生态意识；

（2）做到人居环境建设与经济发展良性互动；

（3）发展科学技术，推动经济发展和社会繁荣；

（4）重视社会发展的整体利益；

（5）科学的追求与艺术的创造相结合。他还就具体的规划实践工作提出了人居环境规划的设计观："在规划设计管理中，对区域—城市—社区—建筑空间的发展予以协调控制，使人居环境在生态、生活、文化、美学等方面，都能具有良好的质量和体形秩序"。提出了人居环境规划设计"汇时间—空间—人间为一体"的时空观，并认为这种时空观应是发展的、动态的，有助于更好地分析现实，预测未来。

书中还确定了人居环境形象创造的三项原则：①不同空间层次（区域的、城市的、社区的）都存在城市设计的广阔天地，设计者要"外得造化、中得心缘"；②人工环境与自然环境的美妙结合，"巧为因借、相得益彰"；③基本原则的一致性与形象世界的多样性，即"一法得道、变化万千"。目前，人居环境科学理论正处于不断充实发展阶段，该理论思想的形成对于建立具有中国特色的城市规划科学和解决城市发展中的众多问题均有重大意义。

注释：

[1] 如果考虑到有学者把城市理解为生活空间、社区，对新城也可定义为"经过规划的新开发的城市型空间"（韩佑燮，1999）或社区。

[2] 陆军认为这种含义是基于：城市空间形态反映着城市功能，城市自诞生起，它即是一个开放的空间范畴，凡城市基本功能的发挥及城市性质的变迁无不是城市内部与外部空间在特定历史阶段的政治、经济、军事、社会人文联系的反映。因此，可以说从城市的物质空间形成起，城市就是区域的城市，区域也是城市的区域。（陆军，2001：72）

第3章 大城市地区新城开发及其规划理论与实践综述

3.1 大城市空间扩展与新城开发

3.1.1 城市空间扩展的过程与方式

1. 空间扩展过程

城市的形成和发展就是其功能和空间不断生长的一个过程，这一过程主要取决于城市内部经济、社会、文化活动及其结构，同时也受到城市外部区域自然、经济等因素的影响。城市空间的扩展过程是城市中心区、市区以及郊区边缘地区城市化过程在空间布局上的具体表现，是一个“打破平衡、恢复平衡、再打破平衡”的动态过程，这一动态的演化过程具有一定的规律性，根据有关学者的研究，从以城市为中心的着眼点出发，基本经历了四个阶段（杨吾杨，1989；张京祥，2000），即：第一，独立城市膨胀阶段；第二，市区定向蔓生阶段；第三，城市向心体系的形成阶段；第四，城市连绵带阶段（如图3-1所示）。

另外，有学者从区域经济与空间发展的互动关系的角度出发，来研究城市空间的演化规律。美国弗里德曼（Friedmann. J，1966）通过对经济增长引起的空间关系变化的研究，提出了一个四阶段空间演化的过程模式，运用这种模式来描述城市空间扩展、变化，可以反映出在自组织作用下，城市由均衡状态和单核心发展到不均衡与多核心的空间组织过程。弗里德曼的空间演化模式的四个阶段是：第一阶段，原始城市阶段。城市规模较小，对周边吸引力有限，表现为独立的极核，极核处于静止状态；第二阶段，边缘启动阶段。随着城市

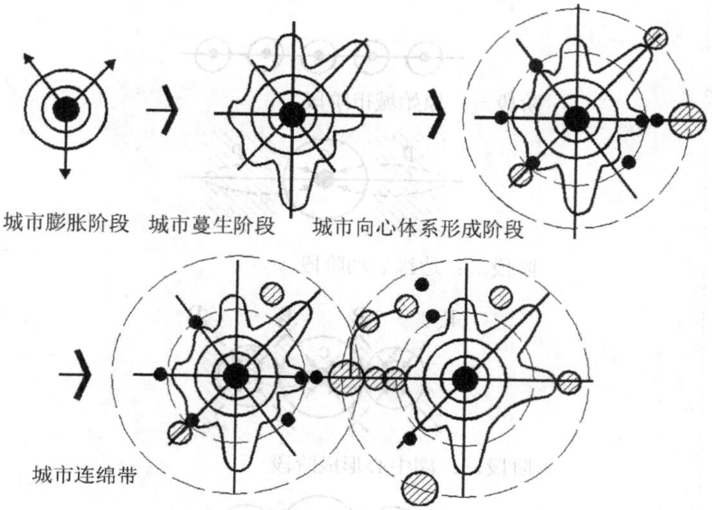

图 3-1　城市地域空间演化的四个阶段型

规模的增大，其对周边吸引力增大，城市空间开始向外扩展，城市边缘区开始城市化；第三阶段，副中心形成阶段。城市规模不断扩大，中心区对周边地域的吸引力随距离的增加而趋于减弱，不能把所有的边缘区纳入城市的范围，而是在一定距离外形成副中心，这类副中心是边缘区的增长极或城市的卫星城；第四阶段，巨大城市带阶段。这是在高度的城市化和经济技术现代化的支持基础上，形成的职能互相联系、规模等级大小有序的城市网络体系（如图 3-2 所示）。

以上两种对城市空间演化过程的研究方法，虽然视角与出发点有所差异，但其基本过程的阶段划分和特征总体是相近的，这说明了城市空间扩展具有的一般规律性。

2. 空间扩展方式

由于城市空间扩展的阶段性特点，城市空间也相应在不同发展阶段表现出不同的扩展方式，概括起来主要有：单核同心扩展模式，轴向生长的带状扩展模式，多极核生长的扩展模式，大城市圈扩展模式等四种。

(1) 单核同心圆的扩展模式是以点状的城市中心全方位向外扩展的形式，是在城市处于膨胀阶段，由于城市中心区活动增强和吸引力增大的状态下发生的，其扩展形态取决于中心区的规模、功能以及与周围地区的连接方式等。城

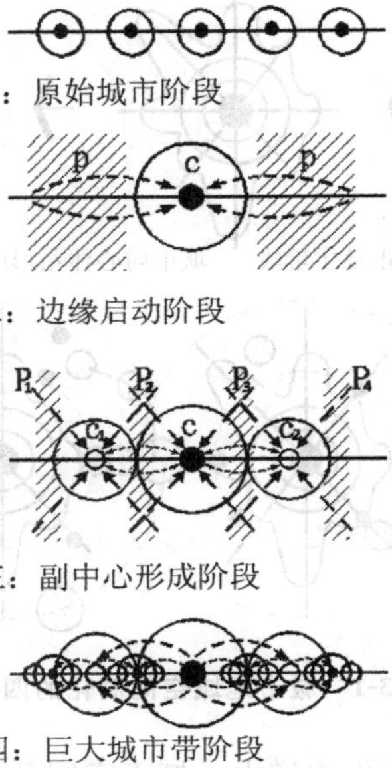

图 3-2 弗里德曼经济发展—区域空间演化模式

市在这种呈同心圆向外扩展的过程中，其地域功能结构也呈现出以市中心为内核的向心圈布局形态，这与伯吉斯的同心带模式是一致的。另外，这种扩展模式在许多情况下并不是全方位同心圆扩展，而是由于受到人力或自然条件发生变化而产生一定的变异。

（2）轴向生长的带状扩展模式。引起这种扩展发生的主要原因是由于城市对外交通的发展。便利的交通条件促进了城市与沿交通线两侧的交流和城市人口、产业向外迁移的活动，带动了交通线附近用地的开发，成为城市扩展的主要地带。城市空间沿某一（或几个）方向优先发展引起了城市形态发生改变，表现出带状伸展。在城市轴向的扩展过程中，沿轴必然会生成新的生长点，其中处于优势区位的生长点有可能发展成为城市的副中心或另一增长极，向双心或多心的带状城市地域空间结构演化。

（3）多极核生长的扩展模式。这种城市空间扩展方式一般发生于城市向心体系形成的初期阶段，故多出现在特大或大城市中，它是城市地域空间进一步复杂化的表现。如果不考虑自然条件的影响，这种扩展方式则主要是由于城市在进入快速扩张阶段后，而在城市外围选择新的生长点，以满足城市功能调整与新的城市功能对空间的需求，由此引起城市形态的改变，从而推动了城市空间的扩展。如在城市外围建设经济开发区、工业园、大型居住区等半独立或独立的新城为城市发展提供扩展空间或解决大城市内过度集聚引起的城市问题，其中城市外围某些具有优越区位的结点伴随大城市功能的扩散而迅速发展成为新的增长极，由此改变了原有城市空间形态。这与哈里斯和乌尔曼提出的城市地域空间结构的多核模式基本一致，是上一阶段城市扩展演化的结果。

（4）大城市圈扩展模式。二次世界大战后，大城市迅速膨胀，城市地域空间结构日趋复杂。一方面，由于中心区的扩大，城市服务功能的集聚，市中心与其边缘区的边界趋于模糊；另一方面，伴随城市空间的扩张，在其外围出现了大城市的副中心和卫星城市。从整个大城市地域来看，形成了更大地域范围的城市向心环带的地域结构，即以城市连片建成区为核心，城市建成区外围正在城市化地区由于城市中心影响的强弱不同以及功能组织不同而形成了若干城市地域圈层。日本学者木内信藏通过研究城市人口增减的断面变化与城市地域结构的关系，提出了三地带学说（如图 3-3 所示），进而发展成为“城市圈”的理念，被广泛地运用于日本及西方国家大城市地域空间发展的研究中。日本地理学者山鹿诚次（1984）则在分析了东京、名古屋、京阪神等大城市地区之后，提出了大城市圈的层次结构，它包括：①都市区，是大城市圈的核心部分，包括 CBD 及其周边地区；②内市区，即连片的建成区，包括市区内部形成的副中心；③城市边缘区，包括卫星城；④外缘区，大城市外围地带。

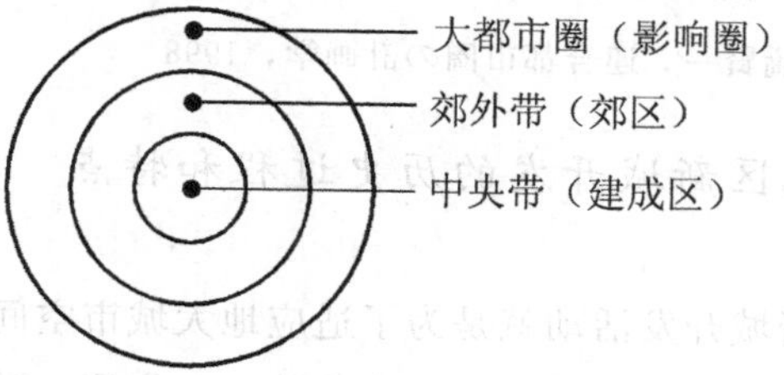

图 3-3　三地带城市地域结构

对城市圈目前国际上并没有统一的概念界定与标准，但一般是指一个大的核心城市，以及与这个核心具有密切社会、经济联系的，具有一体化倾向的邻接城市与地区共同组成的圈层式地域结构。以日本东京为例，其都市区是以东京火车站为圆心的半径 2.5km 的地区（CBD），内市区为半径 10km 的东京市区（市内 23 区），城市边缘为半径约 20～30km 的大东京，外围半径约 60～70km 的范围是其外缘区（如图 3-4 所示）。

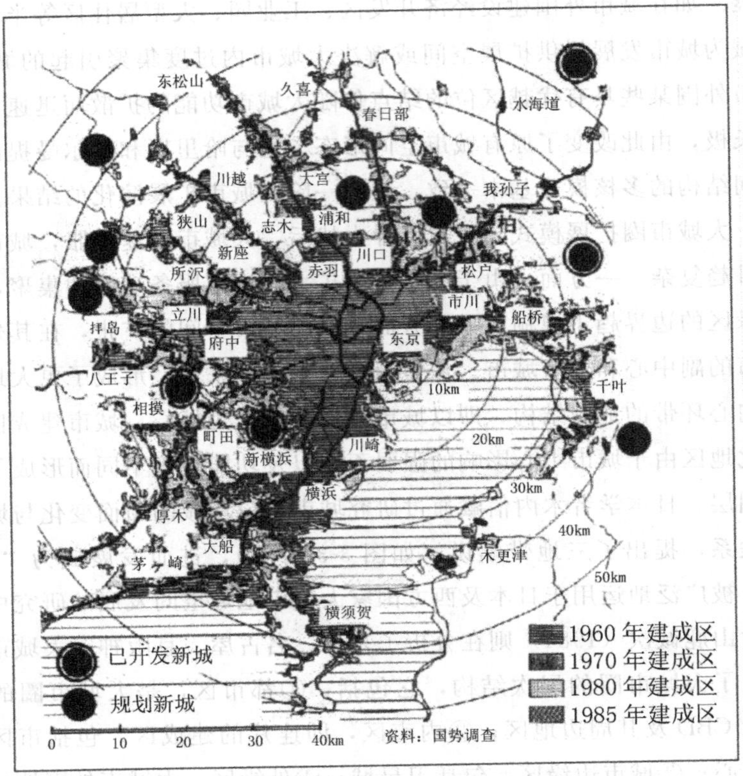

图 3-4　东京大城市圈层地域结构示意图

资料来源：引自高橋賢一．連合都市圏の計画学，1998

3.1.2　大城市地区新城开发的历史过程和特点

大城市地区的新城开发活动就是为了适应地大城市空间扩展的需要而产生的。城市在其发展初期，主要是人口、产业的一心集聚，随着城市规模的不断扩大，人口的进一步集聚，开始出现积聚不经济，产生诸如环境恶化、交通堵塞、地价上涨、劳动力成本上升等问题，导致竞争力下降等城市问题。随之，出现了经济活动和人口向周边扩散的现象，区域、城市的空间演化过程表现为大范围的集聚和小范围的扩散，进而形成大城市扩展区。在大城市扩展区内，功能与空间结构不断进行调整，并逐渐走向专业化、特色化，比较明显的表现在：生产性服务业更进一步向核心城市集中，而在周边地域，则逐步形成了各种以工业、居住、科研生产等为主导功能的城市功能结点，它们以便捷的交通网络相连，形成功能互补、各具特色的有机整体。新城就是在大城市空间扩展演化的过程中，出现的新的功能结点，发挥着疏解大城市人口和产业，为大城市发展提供新的发展空间，平衡大城市地域空间布局的作用。

如3.1.1所分析的，大城市空间的扩展具有明显的阶段性，在不同时期表现出不同的扩展方式，相应地新城的开发活动就其发展的历史过程来看，也具有明显的阶段性特点。考察世界各国大城市地区的新城开发活动，大体上经历了以下四个阶段。

1. 第一代新城

约诞生于20世纪初，它是在城市空间进入蔓生阶段后，为满足城市空间扩展的需要，在与母城联系较为便利的交通线附近设立的职能单一的小城镇，多位于城市建成区外缘的近郊地带，且以居住功能为主的卧城占多数，完全依赖于母城，自立性很差。这类新城除少数转化为下一代较为独立的新城外，大多数都被融入大城市蔓生的建成区中了。

2. 第二代新城

是在城市空间进入蔓生阶段的后期，随着城市区域交通条件的改善，为解决大城市过度膨胀带来的一系列问题以及平衡大城市空间布局，而在距离城市中心较远的地区建设起来的新城，这一代新城的特点是：

(1) 工业新城居多，但新城也有一定的居住功能，如英国于1946—1960年期间在伦敦周边建设的新城。另外，在日本、韩国等快速发展的东亚国家和地区的大城市（如东京、大阪、首尔）也出现了一些为解决大城市住宅短缺而建设起来的新城，如东京多摩新城（初期）、大阪千里新城等。

(2) 为解决大城市人口过度集中为主要目的。这一代新城相对于上一代，具有一定的独立性（尤其是英国新城），规模有所增大，但也存在诸如产业较单一、规模偏小、生活服务设施不够完善等缺陷，还无法从根本上解决大城市过度膨胀所带来的城市问题。

3. 第三代新城

这一代新城是在总结上一代新城经验的基础上，自20世纪60年代中期至70年代末建设起来的新城，从城市空间发展的过程看，它是在大城市地域空间进入城市向心体系阶段，即大城市圈的形成阶段出现的。这一代新城的特点是：

(1) 出现了大量作为区域经济增长中心的新城，多位于大城市外围（远郊）或在两大城市之间建设的所谓郊区型卫星城。

（2）新城规模较大，一般在 20 万～50 万人之间，距离城市中心较远。

（3）功能比较完整，自立性强。

部分新城发展成为了大城市中心区的反磁力中心，承担了部分大城市的功能。这一代新城可以认为是大城市地区新的增长中心型新城。

4. 第四代新城

进入 20 世纪 80 年代以来，新城的开发建设又出现了新的趋向（主要指发达国家），新城开发多与地区经济发展相结合，并与其他地方城市建立起紧密联合的关系，将新城置于大城市圈域中带动外圈城市一体化发展的新集聚核心的地位，以此综合平衡大城市地域空间布局。这一代新城的特点是：

表3-1　大城市空间扩展与新城开发的阶段特征表解

阶段划分			城市空间扩展		新城开发		
			特征	方式	过程	特征	目的
一	城市膨胀		呈向心集聚趋势，外部形态呈团块状，地域结构为向心环带	单核同心圆扩展	——	——	——
二	城市定向蔓生	前期	城市边缘离心力加强出现了一条优势发展，外部形态向星型演化	轴向生长的带状扩展	第一代	功能单一，位于城市建成区外围，完全依赖母城	满足大城市空间扩展
		后期	出现多条优势发展轴，外部形态呈星型，城市亚中心的大量出现	轴向生长的带状扩展为主，多极核生长的扩展方式出现	第二代	工业新城居多，有一定其他城市功能，规模增大，产业单一，半独立性	解决大城市人口过度集中带来的问题
三	城市向心体系的形成	前期	城市外围出现相对独立的新城，城市形态由同心圆圈层走向分散团组和轴带状	多极多核扩展	第三代	作为区域增长的中心规模较大，距城市中心远，功能自立性强	作为发展地域经济的增长中心
		后期	完整的大城市圈层地域空间结构——大城市圈形成	大城市圈扩展	第四代	原有新城功能的完善与综合化，少有增长型新城出现，城中城新城出现	带动大城市圈域外围一体化发展，综合平衡大城市地域空间布局
四	城市连绵带		——	——	——	——	——

（1）这类新城多是在上一代新城的基础上通过自身功能的完善与综合化而发展起来的，少有完全新建的作为增长中心型的新城。如日本等国提出了功能复合化的新城发展的新思想，并运用于多摩等新城的进一步开发实践中，取得了相当大的成功。

（2）出现了城中城型新城，它是由于大城市中心区的再开发而诞生的。这一代新城以积极的区域发展思想为指导，通过自身的完善，较为成功地解决了大城市发展中的一些问题，成为推动大城市地区发展的新生力量。

3.2　新城规划理论与实践综述

3.2.1　西欧新城规划理论与实践

新城的规划理论研究与实践活动起源于西欧，尤其以英国的新城开发运动影响最大，在近现代城市规划领域享有盛誉。新城规划思想的源头可以追溯至 19 世纪初罗伯特·欧文（R. Owen）的“新协和村”（New Harmony）和霍华德的田园城市（Garden City），其中又以霍华德的“田园城市”影响最为深远。霍华德在其著作《明日：一条通向真正改革的和平道路》（1898）中以社会改良的观点提出了分散大城市功能，建立具有完善的社会、生活、服务功能的新型城市——田园城市的规划思想。1899 年由霍华德提倡成立了“田园城市协会”，并于 1903 年根据其田园城市理论和原则在伦敦以北 35 千米处建立了第一个试验性的“田园城市”莱契沃尔斯（Letchworth）。霍华德的田园城市理论在随后的许多新城的规划建设中得到应用，成为早期新城规划中最为盛行的指导思想。

第二次世界大战前后，霍华德的田园城市理论逐渐被新城（NewoTown）规划理论取代。新城规划理论源自 1940 年发表的巴罗报告（Barlow Report），该报告指出当前大城市发展过程中存在着一系列的问题，如：①大城市内部地价昂贵，造成城市改造代价过高；②大城市内部由于交通混乱造成人们白白耗费大量的时间；③从业人员由于职住分离，使得通勤距离过长等。为此，该报告提出有必要规范伦敦城市同周边地区的产业开发活动，引导城市合理发展。1944 年由阿伯克隆比主持完成了著名的“大伦敦规划”（The Greater London Plan），该规划将半径约 50 千米的大伦敦地域划分为内城圈、近郊圈、绿带圈与外圈四个环带，在距伦敦市中心 40～50 千米的范围内规划了 8 座卫星城，这些卫星城主要用于接纳从伦敦市区疏散出来的过剩人口和工业(如图 3-5 所示)。卫星城具有较强的独立性，城内有必要的生活服务设施，而且还有一定的工业，居民的工作及日常生活基本上可以就地解决。“大伦敦规划”提出的通过开发大城市郊区的卫星城，以分散中心城市人口、就业和工业的概念，一时成为其他许多城市在开发中仿造的模板。1945 年英国专门成立了新城委员会（New Towns Committee）以指导新城的开发建设，在该委员会的有关报告中明确了新城开发的目的：“建设新城主要是为了用以接纳伴随大城市过密地区的改造和再开发而溢出的产业和人口”。1946 年，英国制定并颁布了“新城法”（The New Towns Act），以立法的形式规定了“在英国境内建立不同规模等级的新城是中央政府的一项长期城市开发政策”。（郝娟，1997）第一批建设的新城有斯特文内儿（Stevenage）、哈罗（Harlow）、派特立（Peterlee）、巴塞顿（Basidon）、科比（Corby）等。其中，哈罗是这一时期具有代表性的新城。它在 1947 年规划设计，1949 年开始建设，距离伦敦 37 千米，规划人口 7.8 万人，规划用地 2590hm²。建设哈罗新城的主要目的是用于接纳从伦敦迁出的一部分工业和人口。城中的生活居住区是由多个邻里单位组成，每个邻里单位有小学及商业中心，几个邻里单位共同组成一个区，城市主要道路在区与区之间的绿地穿过，联系着市中心、车站和工业区（如图 3-6 所示）。

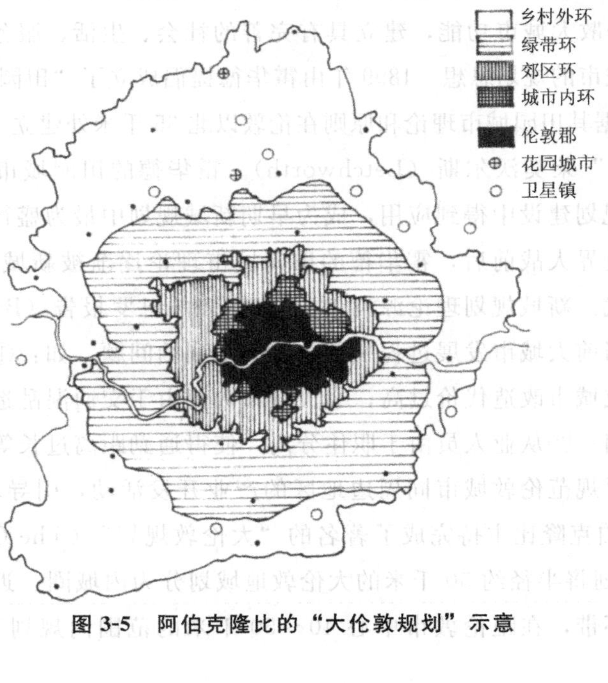

图 3-5　阿伯克隆比的“大伦敦规划”示意

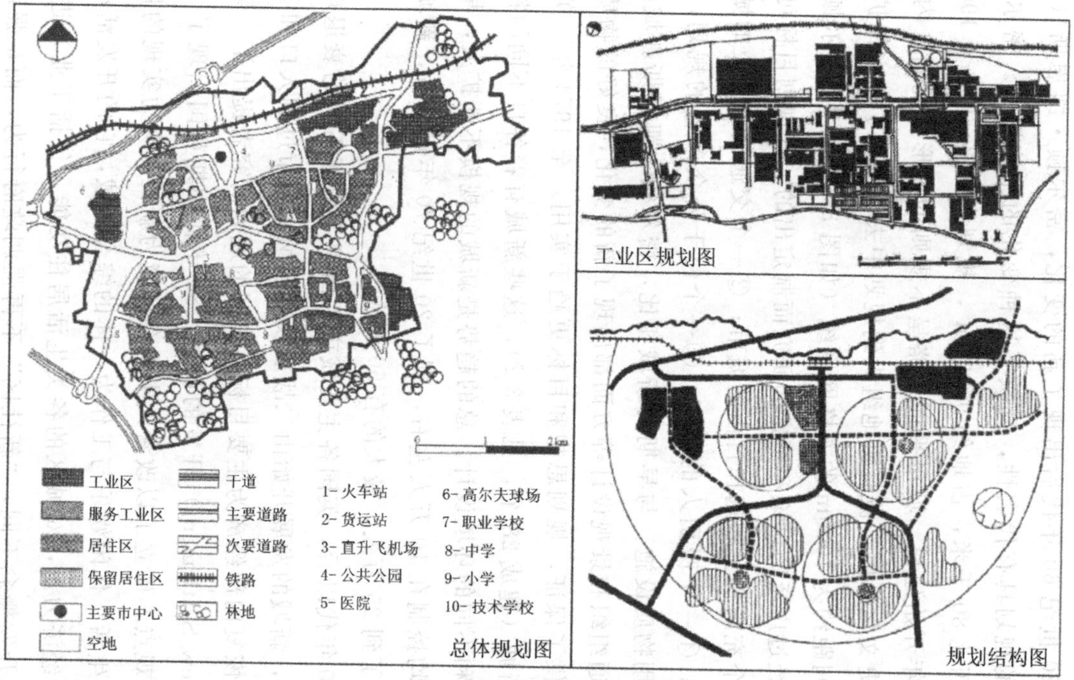

图3-6　哈罗新城规划图

资料来源：引自郝娟. 西欧城市规划理论与实践，1997

进入 20 世纪 50 年代以后，随着英国社会、经济的快速发展，人们对公共生活的要求越来越高，但早期的新城由于密度太低，人口规模偏小，无法提供足够的文化娱乐和其他服务设施，导致新城缺乏城市氛围，新城中心没有生气和活力。为此，在随后的新城规划建设中对这些问题有所改进。英国的新城规划思想在进入 20 世纪 60 年代后出现了新的变化，密尔顿·凯恩斯（Milton-Keynes）新城的规划具有代表性，反映了这种变化的主流思想。密尔顿·凯恩斯位于伦敦西北 80 千米，占地约 9000hm^2，规划人口 25 万，于 1967 年开始规划，1970 年开始建设。城市平面为略呈不规则的方形，规划区内的现状村庄因具有历史文化价值，被有机地组织到规划中去，得到了精心保护。新城的道路结构是间距约为 1000m 的方格网系统（如图 3-7 所示）。密尔顿·凯恩斯新城规划是经过广泛的讨论和缜密的研究而制定出的，其规划目标可以归纳为 6 个：①一个充满机会和选择自由的城市；②一个交通极为方便的城市；③平衡与多样化；④一个吸引人的城市；⑤一个便于公众参与的规划；⑥有效地、充分地利用物质设施。与早期的新城相比，密尔顿·凯恩斯新城在规模、功能组织、交通组织和景观设计等方面都出现了新的变化，良好的物质基础为其自由选择提供了保证，规划思想和目标更趋于实用。至 1974 年，英国先后设立了 33 个新城（建成 28 个，见表 3-2），这些新城有着各自不同的特点、不同的人口规模和不同的环境设计。总的趋势是新城的规模不断扩大，早期的新城人口规模平均控制在 10 万人左右，到了 20 世纪 70 年代以后，新城的人口规模平均达到了到 25 万人，最大的有 50 万人。

20 世纪 70 年代以后，英国各主要城市都出现了程度不同的衰退现象，为应对这种情况，新城的发展开始由二战后仅仅容纳大城市过剩人口和工业，转向协助大城市恢复内部经济为主要目标。英国的规划研究者提出了一系列有关“新社区”（New Settlement）开发的议题，80 年代中期英国出现了“可持续居住”的理论观点，确立了以改善人类生存环境为新社区努力实现的目标。这种新社区是集生活、休闲娱乐与工作为一体的综合区域，它的开发活动是利用私人开发商的经济力量，对城区的各类生活居住功能（包括工业）进行开发。与传统的新城开发概念不同，“新社区”不再强调政府行为，而是强调私人开发。在开发计划的制定方面，不再强调“一次性”“饱和型”一类的开发，而是强调可持续性。在具体开发过程当中，“新社区”在注重基础设施的同时，也很重视休闲娱乐和生态环境以及自然环境的开发保护和利用。

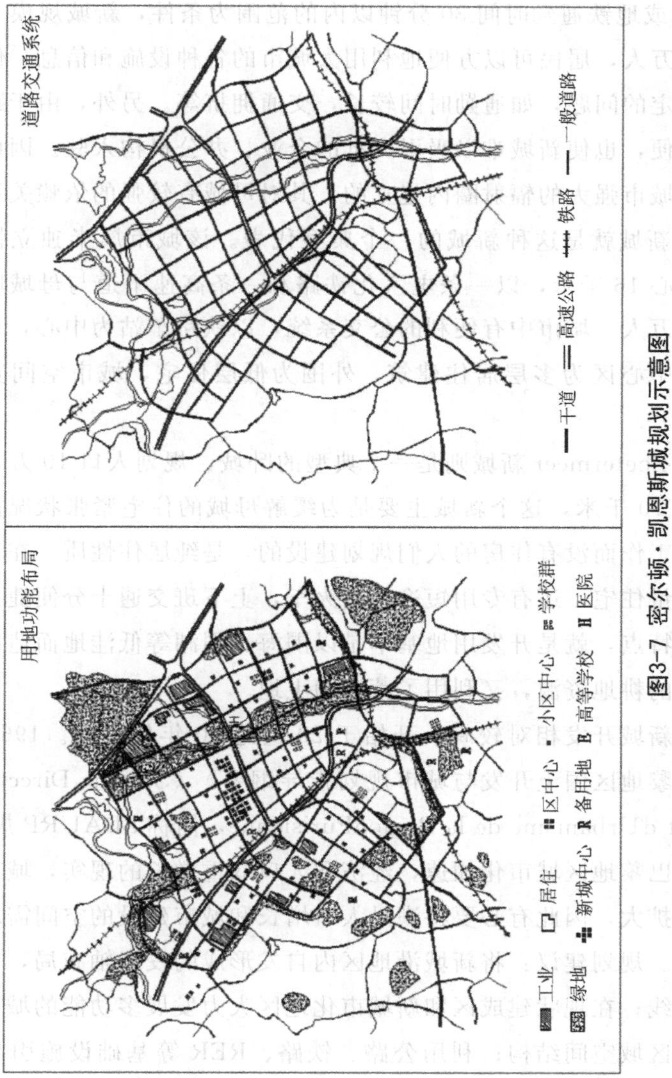

图3-7 密尔顿·凯恩斯新城规划示意图

瑞典的新城规划建设与英国的概念不同，它并不强调新城的独立性，而是一个半独立的经济实体。在斯德哥尔摩大城市圈规划（Regional Plan for Stockrolm，1953）中规划的新城主要是为了引导大城市空间的扩展。新城与母城之间有高速铁路相连，距离母城较近，其选址以距斯德哥尔摩市中心约10～15千米或地铁通勤时间30分钟以内的范围为条件，新城规模不大，人口一般只有数万人，居民可以方便地利用大城市的各种设施和信息。但是这种新城也存在一定的问题，如通勤时间较长，交通拥挤等。另外，由于距离母城较近且交通方便，也使新城难以吸引大批的企业、办公机构入驻。因此，瑞典的新城是在大城市强大的辐射圈内建立的，其对母城有较强的依赖关系。魏林比（Vauinby）新城就是这种新城的一个典型代表。该城市属半独立性，距斯德哥尔摩市中心16千米，以一条电气化铁路和一条高速干道与母城联系。规划人口为2.4万人。城市中有便利的公交系统，以铁路车站为中心，设立商业中心区，靠近中心区为多层居住建筑，外围为低层住宅，城市空间宽敞，景色优美。

荷兰的Zoetermeer新城则是一个典型的卧城，规划人口10万，距母城海牙市中心仅10千米，这个新城主要是为缓解母城的住宅紧张状况而由政府专门为在母城工作而没有住房的人们规划建设的，是纯居住性质。在新城中，政府建造了大量住宅，还有专用短途客运火车，上下班交通十分便捷。此外，该城还有一个特点，就是开发用地基本是以围海、围湖等低洼地而造的，这样既节省了宝贵的耕地资源，又利用了荒废的土地。

法国的新城开发相对较晚，开始于20世纪60年代后期。1965年，法国完成了《巴黎地区国土开发与城市规划指导纲要》（Schema Directeur d'Amenagement et d'Urbanisme de la RegionPurisienne，简称SDAURP规划），该规划认为面对巴黎地区城市化加速，经济和人口双重增长的现实，城市建设用地将必然继续扩大，因此有必要将满足人口增长和城市建设的空间需求置于优先考虑的位置。规划建议：将新城沿地区内自发形成的发展轴布局，作为优先发展的城市轴线；在现状建成区和新城市化地区大力发展多功能的城市中心，形成多中心的区域空间结构；利用公路、铁路、RER等基础设施引导潜在的城市建设，考虑到巴黎地区的自然条件、地理条件、历史沿革以及实施的可行性，规划在塞纳、马恩和卢瓦兹河谷划定了2条接近平行的城市发展主轴线，从现状城市建成区的南北两侧相切而过，在其上规划了8座人口规模介于30万～100万之间的新城，作为重点开发的新城市化地区的中心。1969年又对该规划进行了修正，将原有的 8 座新城合减为 5 座，这 5 座新城是：Gergy Potoise，Every，Sait Qvertinen Yuelines，Marne-La-Vallee，Melan Senart。另外，除了在巴黎地区外，还在地方性城市圈中分别规划了 Liue-Est，Vandreil，Lsle-d'Abeau，Etang de Berre 等四座新城（如图 3-8，表 3-2）。

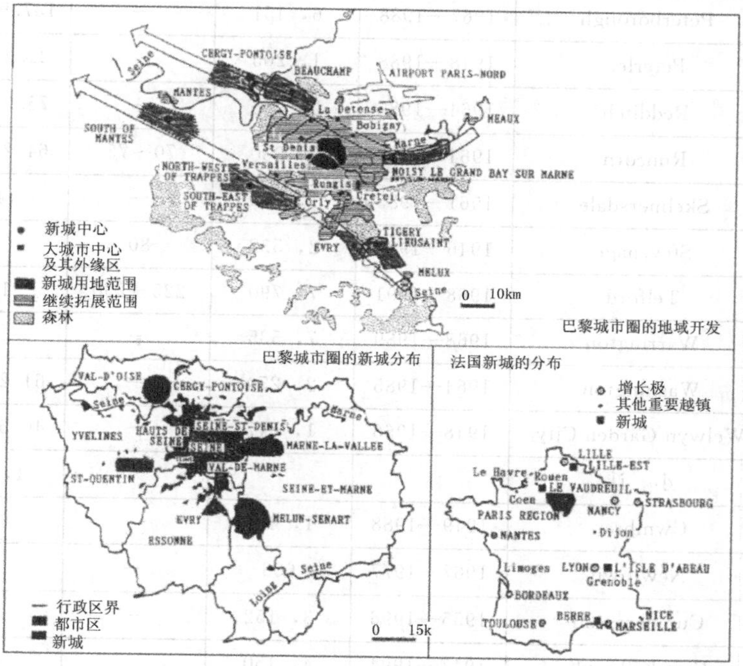

图 3-8　法国和巴黎的新城分布示意图

表 3-2　英法新城概况一览表

新城名称			始建至完成时间	规划面积 (hm^2)	规划人口（万人）	居住人口（1991 年，千人）
英国	英格兰	Aycliffe	1947—1988	1，254	—	24.7（1989）
		Basildon	1949—1985	3，165	—	157.7
		Bracknell	1949—1982	1，337	—	51.3
		Central Lancashire	1970—1985	14，267	—	255.2
		Corby	1950—1980	1，791	—	47.1
		Crawley	1947—1962	2，396	—	87.2
		Harlow	1947—1980	2，558	—	73.8
		Hartfield	1948—1966	947		26.0
		Hemel Hempstead	1947—1962	2，391	—	79.0
		Milton Keynes	1967—1992	8，900	200～250	143.1

续表

新城名称			始建至完成时间	规划面积（hm^2）	规划人口（万人）	居住人口（1991年，千人）
英国	英格兰	Northampton	1968—1985	8，080	244～260	184.0（1989）
		Peterborough	1967—1988	6，451	—	137.9（1990）
		Peterlee	1948—1988	1，205	—	22.2（1987）
		Redditch	1964—1985	2，906	—	75.0（1992）
		Runcorn	1964—1989	2，930	70～75	64.2（1990）
		Skelmersdale	1961—1985	1，670	—	42.0
		Stevenage	1946—1980	2，532	80	75
		Telford	1968—1991	7，790	225～250	120.5
		Warrington	1968—1989	7，535	—	159.0
		Washington	1964—1985	2，270	—	61.2（1989）
		Welwyn Garden City	1948—1966	1，747	—	40.5（1986）
		小　计				1，926.6
	威尔士	Cwmbran	1949—1988	1，420	—	49.3
		Newtown	1967—1977	606	—	11.0
	苏格兰	Cumbernauld	1955—1996	3，152	—	50.9
		East Kilbraide	1947—1994	4，150	—	69.8
		Glenrothes	1948—1994	2，333	—	38.5（1990）
		Irvine	1966—1999	5，022	—	55.6
		Livingston	1962—1998	2，780	—	43.3
		小　计				318.4
		合　计				2，245.0
法国	巴黎地区	Gergy Potoise	1965—	8，000	200～220	159.0（1991）
		Evry	1965—	4，100	90	73.0（1991）
		Saint Quentine	1968—	7，500	160	139.0（1993）
		Yuelines				
		Marne-La-Vallee	1969—	15，000	400	211.0
		Melun Senart	1969—	11，800	300	82.0

续表

新城名称			始建至完成时间	规划面积（hm^2）	规划人口（万人）	居住人口（1991 年，千人）
法国	其他地区	Liue-Est	—	—	100	—
		Le Vandvell	—	—	90～140	60.0（1982）
		L'Etang Berre	1968—	27，000	110	104
		Virolles	1968—	3，700	50	28.1（1986）
		Isle d'Abeau	1970—	5，900	55	31.0
	合　计					887.1

资料来源：引自 Town & Country Planning，Nov/Dec 1992；Town & Country Planning，Nov，1987

在法国第 6 次社会经济发展规划（1971—1975）中明确提出了建设这些新城的 4 个目标是：①通过整合就业、居住、各种服务功能，重新构建、组织大城市郊区功能布局。②改善特定城市地域空间的交通形态，解决通勤问题。③形成真正的自立性城市，具体包括平衡就业与居住，提供多样化的就业类型和居住形态，建设完善的居住及其他各种服务设施和休闲娱乐设施，尽早形成城市中心，注重城市环境质量等措施。④让城市规划发挥超前引导的作用。此后，巴黎城市圈的新城于 20 世纪 70 年代初开始建设。根据经济变化和实际人口增长与预测的差异，1983 年法国政府又制定了地方分权法，增大了新城开发地区自治体的作用。至 20 世纪 90 年代中期，共有 68.4 万人口居住于新城中，并创造了 37.2 万个就业岗位。

与英国新城相比，法国新城（主要是巴黎地区）的最大特点在于它始终是区域城市空间的组成部分，而不是独立于现状建成区之外的个体。其目的在于促进城市建设在半城市化地区集聚发展，以加强城市化地区的空间整体化，促进区域的整体发展。它的这种特点表现在功能定位、区位、空间组织等方面：首先，从新城的功能定位看，巴黎新城是建立在地区人口增长基础之上的，以吸纳新增人口为主要职能，避免人口向巴黎市区的过度集聚。另外，新城作为多功能的地区城市中心，除了新增城市居民外它还服务于郊区现有的广大居民，参与对现状城市建成区空间结构的重组；其次，从新城的区位看，新城选址相对比较靠近母城，与现状城市建成区在空间上的联系紧密。巴黎新城距离市中心平均距离大致在 30 千米左右，与巴黎市区保持着便捷的交通联系；第三，从新城的空间组织来看，新城不是在一片处女地上从无到有发展起来的，而是在已经半城市化的地域内，利用新建城市中心的辐射作用，将一定范围内的住宅区、工业区、娱乐区等集聚在一起，提高半城市化地区的建设密度，带动其逐步向真正的城市化地区转化。

西欧的新城规划理论与实践对于现代城市规划科学的发展具有深远影响，其中有成功的经验与范例，也有未达到规划师预期之理想效果的失败教训。总的说来，新城在缓解战后伦敦等大城市的住房、人口压力，提供就业和改善居民的生活、工作环境等方面具有积极的作用，新城在规划布局、建筑与城市环境的设计水平以及建筑质量方面要高于一般的城市和地区。但是，也有一些新城所起的作用并不尽如人意，有的新城的兴起又引起了新的问题，如造成中心城的荒废现象等。

3.2.2 日本新城规划理论与实践

日本的新城开发始于 20 世纪 50 年代后半期，当时伴随其经济进入高速成长期后，以大城市圈为中心的人口、产业的集聚不断加强，使得大城市地区对住宅及住宅用地的需求急速增加，由此带来了居住难、通勤难、交通堵塞、城市的无序蔓延等问题日益突出，其中又以东京城市圈最为严重。针对这种情况，日本政府于 1956 年制定了“首都圈整备法”，以该法为依据，于 1958 年编制了“首都圈第一次基本规划”。该规划基本上是参照“大伦敦规划”来制定的，规划在对已建成的城市地区进行整治优化的同时，为了抑制城市的过度膨胀而在已建成区外设置了一圈近郊环带，以阻止建成区的无序蔓延，并在近郊环带外圈规划了一定的城市开发地域，在此地域建设卫星城用以吸纳流向大城市的人口和产业，抑制人口和产业在城市中心区的过度集中（如图 3-9 所示）。之后，日本政府又分别于 1963 年和 1966 年制定了“近畿圈整备法”和“中部城市圈整备法”，并以此为依据在上述城市圈开展了地域整治规划与新城开发活动。为配合规划的实施和具体运作，日本政府专门成立了相应的开发机构——日本住宅公团。这一时期的新开发地区大多都是临铁路布置，依托已有车站或新设车站进行建设的，单个开发地区的规模都不大，且布局分散，还没有进入实质性的新城开发阶段。

进入 20 世纪 60 年代中期以后至 70 年代中期，日本经济持续高速成长，城市

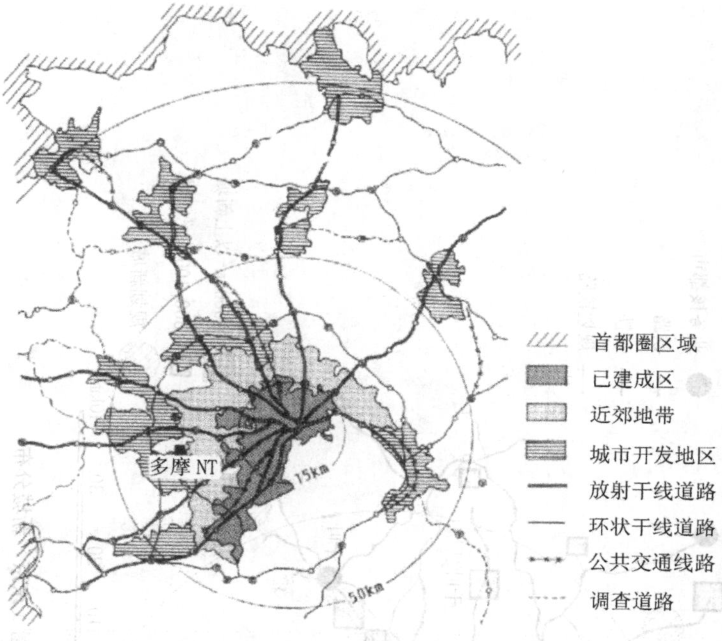

图 3-9　基于首都圈（东京）基本法的第一次基本规划

资料来源：引自东京都企画审议室計画部．第二交东京都长其計画，1996

化水平迅速提高，至 1975 年城市人口已占到总人口的 75.9%，人口大量涌向城市，尤其是三大城市圈。以首都圈为例，从 1960 年以来，15 年间共增加人口达 431.6 万人。人口的大量增加造成了城市中住宅的严重不足，许多设施不完善的住宅区开始在郊区蔓延。城市郊区土地急速向城市建设用地转变，无序开发带来了一系列的问题。为了解决巨大的住宅缺口并克服以往小规模土地开发效率偏低的问题，日本政府决定有计划地在城市外围进行大规模的土地开发（用地规模一般在 1000～3000hm^2），以阻止城市的无序蔓延，同时可以提供量大价低的住宅用地，为此，政府专门制定了“新住宅市街地开发法”，使新城的开发进入实质阶段。1964 年开始着手千里新城的规划开发（大阪市，1155hm^2），紧接着多摩田园城市（1964 年，东京，3000hm^2）、高藏寺新城（1965 年，名古屋市，702hm^2）开始建设，它们成为以改善大城市居住条件提供大量住宅为主要目的的早期新城的代表。之后，又有多摩新城（1966）、千叶滨海新城（1968）、成田新城（1968）、千叶新城（1969）及港北新城（1974）等相继得到开发，开始进入新城大规模建设阶段。这一时期开发的新

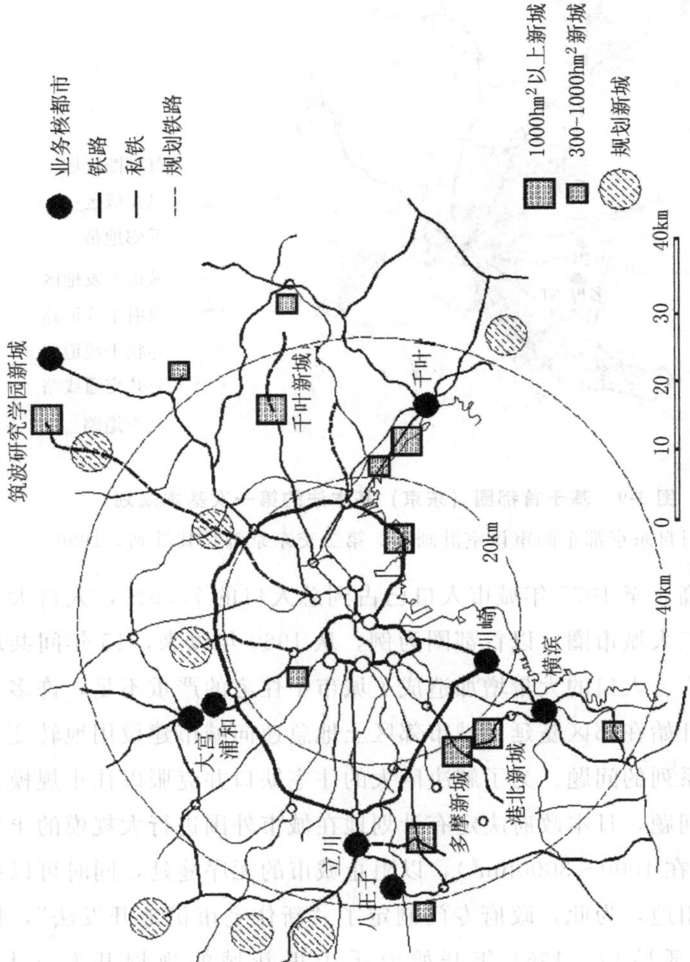

图3-10 首都圈（东京）新城分布

资料来源：引自高桥贤一，连合都市圏の计画学，1998

城由于基本属于“卧城”，其开发的先决条件是要与母城保持便捷的交通联系，因此，铁路建设就成为新城开发的先导和重要推动力。

除了以上以住宅供给为主的新城外，筑波研究学园新城是这一时期所开发新城的一个特例。它的规划指导思想、开发目的和方式与其他新城有所不同，筑波的开发主要是为了应对首都圈过于密集的功能集聚，疏散和接纳因规模和职能扩大而需要迁移的国家科学研究机构。筑波选址于距离东京市中心约 60 千米的较为独立的区位，新城的开发资金主要由国家承担，以日本住宅公团为开发主体，自 1968 年开始基础设施的建设，至 20 世纪 90 年代中期，已有约 50 余个国家研究机构、大学以及众多民间研究机构入驻，作为日本的科学城已初具规模（住宅·都市整備公団筑波開発局，1994）。

日本在 20 世纪 70 年代中期以前开发的新城，除个别特例外基本上都是以居住为主要功能，城市功能单一，新城规划是以“纯化土地利用和居住环境”为指导思想。城市中除了安排一定的居民日常生活不可欠缺的如中小学、医院及商业服务设施外，对于非居住功能的内容如工厂、大学、科研机构、办公等则极力排斥，以便保证城市能够成为“闲适、安静的社区”。但是，这类新城在拥有优美安静的环境的同时，也产生了诸如生活乏味单调、缺乏活力等问题（福原正弘，1998）。为此，后来开发的一些新城开始尝试通过规划建设较大规模的新城中心，来提高自身的自立化程度，以满足新城居民各种生活、娱乐等方面的需求，并希望借此进一步发展成为地域性的中心。另外，随着日本产业结构的调整与升级换代，企业由单纯的生产型向研发生产一体型转变，生产方式走向多元化、高科技化，由此推动了工厂、研究机构等向大城市郊区的转移。这也在一定程度上促进了新城向多功能综合化方向的转变，这种新城向多功能综合化转变的案例如：

（1）20 世纪 70 年代末开发的“森之里地区”，规划确立城市由住宅区、自然公园区、大学研究区等三个大的功能区组成。

（2）80 年代以来，通过调整用地布局、在原规划的居住用地内安置一定的研究机构、高科技企业，以此形成了混合化的新型城市社区的港北新城。

（3）逐步走向成熟的筑波研究学园新城通过发挥自身的辐射作用，带动周边地域城市功能的发展，进而为促进自身综合实力的发展创造了良好的区域环境。为了适应新城的这种新的发展需求，日本政府修订了“新住宅市街地开发法”，专门设立了“特定业务用地”一项，为新城向多功能综合化方向发展提供了法律依据。

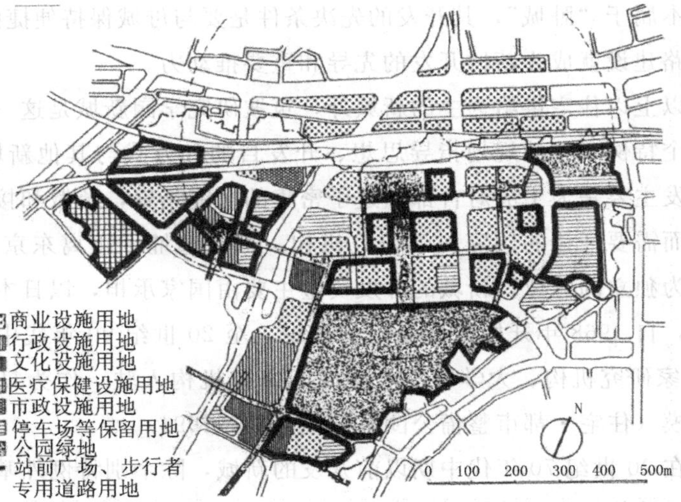

图 3-11　多摩新城中心规划图

资料来源：引自高橋賢一．連合都市圏の計画學，1998

日本 20 世纪 80 年代以来的新城功能综合化，推动了新城非居住功能的发展，如通过积极引进大学、研究机构、商务办公机构等促使自身开始向自立型新城方向转变。但是，由于开发制度上的欠缺、传统观念以及发展惯性的影响，新城的自立化程度依然并不理想，而且要在原有新城开发范围内实现完全的自立化也非常困难。为此，日本的规划专家提出了以新城联合周边地域邻近城市，通过建立功能互补的一体化地域空间连合体来实现在一定地域范围内功能自立化的规划设想。根据这一思路，1986 年制定的“首都圈第四次基本规划”中，提出了建设东京外围“业务核城市”的构想，以“业务核城市”为中心形成自立化的城市圈，以此改变东京一极核中心的地域结构，构筑起“多核多圈域”的城市地域结构，并具体提出了“多摩连环城市圈构想”，以多摩新城联合周边的立川、八王子、町田、青梅等已有城市（镇）建立起紧密的空间、经济联系，互相分担一定的职能，最终形成一个功能自立化的新城市圈（如图 3-12 所示）。

近年来，日本新城的开发事业在国家政策支持下，作为促进大城市地域空间结构向“多极多圈域化”转变的主要手段，以地域空间连合化的模式形成新的连合城市圈[1]（高桥贤一，1998），进而改变大城市地域空间结构的同时，自身也朝着多功能综合化方向发展，通过创造更多的就业机会而逐步向职住功能平衡发展，走出了一条日本式的新城开发道路。

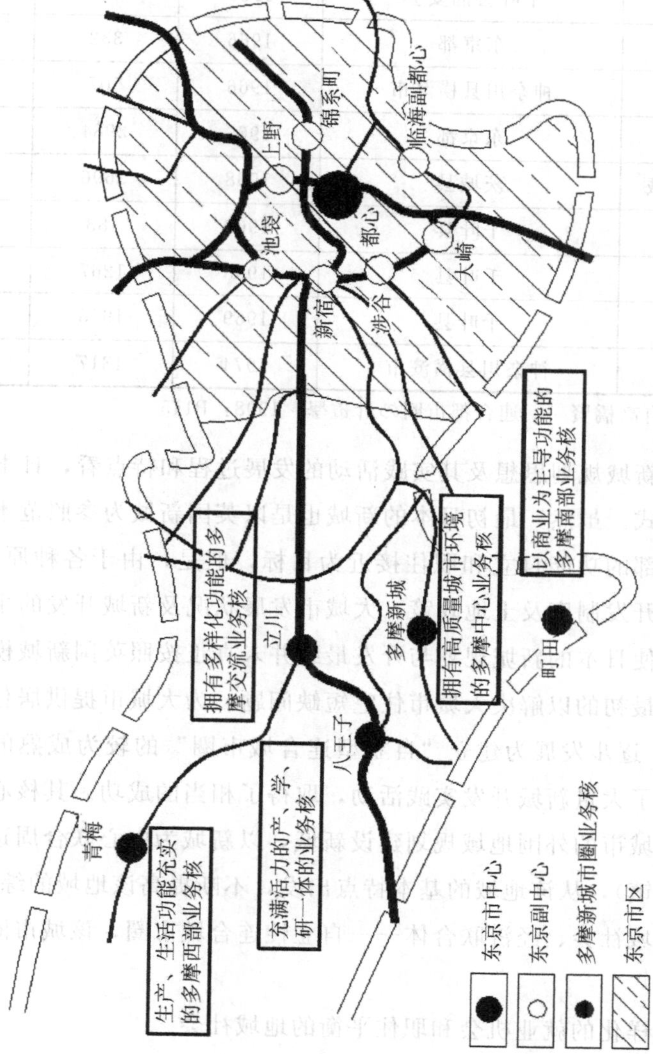

图3-12　多摩连环城市圈构想

资料来源：参考东京都都市计画局总合计画部编：魅力ある多摩の拠点づくり，1999 整理绘制

表 3-3 日本首都圈新城概况一览表

新城名	所在地	建设起始年代	规划面积（hm^2）	规划人口（千人）
多摩田园城市	神奈川县横滨市、川崎市	1959	3160	420
浦　安	千叶县浦安县	1965	1436	—
板　桥	东京都	1966	332	60
洋光台、港南台	神奈川县横滨市	1966	507	80
多摩新城	东京都	1966	2984	299
筑波研究学园新城	茨城县	1968	2696	106
成田新城	千叶县	1968	483	60
千叶滨海新城	千叶县	1968	1267	161
千叶新城	千叶县	1969	1933	176
港北新城	神奈川县横滨市	1974	1317	220

资料来源：引自高橋賢一．連合都市圈の計畫學，1998：P145

从以上日本新城规划思想及其实践活动的发展过程和特点看，日本新城不同于英国新城模式。虽然，最初日本的新城也是以英国新城为参照范本，也是以实现在新城内部的功能自立和职住接近为目标，但是，由于各种原因，如：开发历史不同，开发制度及土地政策、大城市发展状况及新城开发的主要目的等方面的差异，使日本的新城规划与开发最终并未真正按照英国新城模式来进行。日本新城由最初的以解决大城市住宅短缺问题，为大城市提供居住用地和住宅的“卧城”，逐步发展为建立“自立型连合城市圈”的较为成熟的规划思想，并据此开展了大量新城开发实践活动，取得了相当的成功。其核心思想可以总结为：在大城市的外围地域规划建设新城，以新城为中心联合周边地域相邻的已有城市（镇），从该地域的基本特点出发，不断提高该地域的综合实力，最终形成新的地域社会、经济联合体——自立性连合城市圈，该城市圈具有以下特点：

（1）拥有多样化的就业机会和职住平衡的地域社会。

（2）是在城市圈域层次上为人们提供充足的生活服务功能。

（3）是具有独特地域文化特色的区域性社区。

（4）能够与其他区域自由地进行人、物、信息交流的开放的城市化地域。（高桥贤一，1998）

从与其他国家的新城比较来看，日本早期的新城与瑞典斯德哥尔摩的新城有许多共同之处，而 20 世纪 80 年代以来推行的“多功能综合化及地域空间连合”的新城发展思想则与法国巴黎新城规划思想比较接近。

3.2.3 中国新城规划理论与实践

1. 改革开放以前的卫星城规划与建设（1949—1977）

1949 年新中国成立以后，中国现代城市的建设开始进入一个新的发展阶段。从 1949 年至 1957 年的国民经济恢复和“一五”计划建设时期，中国现代城市的发展出现了一个较为稳定有序的发展时期。1951 年中央政府提出了“在城市建设中，应贯彻为生产、为工人服务的观点”的城市建设方针，建设“生产性城市”成为新中国城市建设和发展的基本目标。在这一方针指导下，在经济恢复时期，一大批城市的环境得到较大改善，通过加强城市基础设施建设，修缮和新建了一批工人住宅，大大地改变了原有城市的面貌。经过三年经济恢复时期之后，国家开始进入了有计划大规模建设时期。“一五”期间，中国主要是集中力量进行以苏联援助的 156 个建设项目为中心的现代化工业建设，以建立起社会主义工业的基础。因此，以国家工业建设为主要特征的城市建设大规模开展起来，形成了集中力量建设重点工业城市的热潮。1954 年由国家建工部主持召开了全国第一次城市建设会议，会上提出了“社会主义城市的服务”的建设目标，是为国家社会主义工业化、为生产、为劳动人民服务的基本方针，并要求“城市建设与工业建设相适应，有重点、有步骤开展工作”。国家根据工业合理布局的要求，结合重要工业项目建设，有重点地建设了一批工业城市。在重点建设的城市中配合重要工业项目的联合选址，大力开辟城市新区，如兰州的西固、洛阳的涧西、南京浦口、西安霸桥等，这些城市的新区规划建设主要是参照当时苏联的模式来进行的，实行生活设施和生产设施统一配套建设。还有一些城市配合地方工业项目（新建设的和市区改造中调整迁出的）成组集中布局，按照“依托老城、全面规划、由内向外、填空补缺”的布局原则，在城市边缘建起了一批工业区和工人新村，如天津市在其旧城外围先后建起了 10 余个工业片区。这一时期影响较大、比较成功的城市规划实例是北京于 20 世纪 50 年代制定的总体规划，是按照由苏联、中国和东欧国家的规划者提出的分散集团模式来进行规划布局的，它以旧城为中心向四周扩建起六个不同性质的新建区，在近郊边缘地区，以原有集镇和新辟工业区为依托，发展起十个新建区。各新建区之间以绿化带和农田分隔，形成市区的分散集团布局。该分散集团规划布局模式首先是着眼于城市用地的功能分区，各新建区都有相应的工业、居住、商业功能，自成体系，而不强调原来的中心商务区。这种布局方式城乡交错，有利于城市生态平衡，既分散又集中，为城市发展留有一定余地（如图 3-13 所示）。

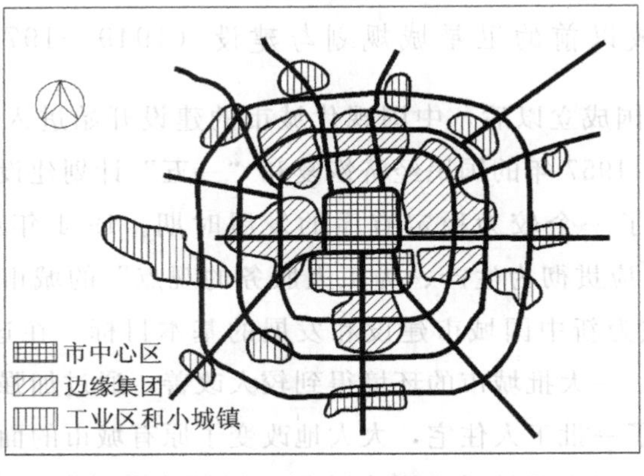

图 3-13　北京市分散集团空间布局模式

资料来源：引自杨吾杨．区位论原理，1984

1958 年以后中国开始了第三个五年计划，到 1964 年经济调整结束，中国现代化城市建设经历了一段大起大落的发展时期。1958—1960 年的“大跃进”时期，受错误经济政策的影响，政府号召全民大办工业，城市建设方面则提出“在十到十五年内，把我国城市基本改建成为社会主义现代化的新城市”。受工业建设和城市发展冒进思想的影响，中国城市出现了脱离经济基础的畸形、过度的增长：城市规划标准和规模大大提高，城市用地规模急剧扩大，大批工业区在城市周边展开；城市内部则街道工业遍地开花，绿地、开放用地甚至住宅备用地被用来发展生产，给国家经济和城市建设造成极大的混乱和损失。为了纠正这一错误，1961 年中共中央在八届九中全会上提出了“调整、巩固、充实、提高”的八字方针，随后采取了停止大规模基本建设、精简工业、压缩城镇人口、减少城镇数目等对策，城市的发展速度受到明显的抑制。其后，1962 年又发布了《关于当前城市工作若干问题的指示》，提出“今后一个长时期内，对城市特别是大城市的人口增长，应当严格控制”，“计划中新建的工厂应尽可能分散在中小城市”等建设原则。由于受“左”的思想影响，之后的城市建设和发展的实际进程缓慢，城市规划标准不断被压缩，建设布局日趋分散化，严重妨碍了城市的正常发展。至十年“文革”时期，中国的经济和城市建设全面处于停滞甚至出现倒退。一是在城市内部的建设项目提倡“见缝插针”，乱搭乱建成风，城市布局日益混乱；二是城市外围建设项目日趋分散。1965 年起，国家建设重点的宏观布局开始转向内地，实施大规模的“三线”建设，工业项目按照“分散、靠山、隐蔽”原则布置，出现了大量布局不合理、效益不高、生活服务设施严重滞后的孤立工业点（片），给城市发展造成了极大的困难和危害。

在这一时期，中国为了疏散大城市工业和人口，布局新的工业项目，在北京、上海、天津、沈阳、南京、武汉、广州等特大城市周围建设了一批工业卫星城镇。北京自 20 世纪 50 年代先后建设了清河、石景山、长辛店、大峪、石化总厂、通州、南口、沙河、黄村和房山等 12 个卫星城（如图 3-14 所示）；上海先后开辟了闵行、嘉定、吴汀、松江、安亭、金山等 6 个卫星城；天津也先后建设了杨柳青、永红林、军粮城、引河北等卫星城。与西方国家建设卫星城的背景、目标不同，中国卫星城的建设具有强烈的工业主导色彩，并受到政治意识形态的左右：一方面，卫星城的建设主要是用来解决大城市工业发展用地不足以及接纳因旧城改造而迁出的企业，防止大城市的过度膨胀和保护紧邻

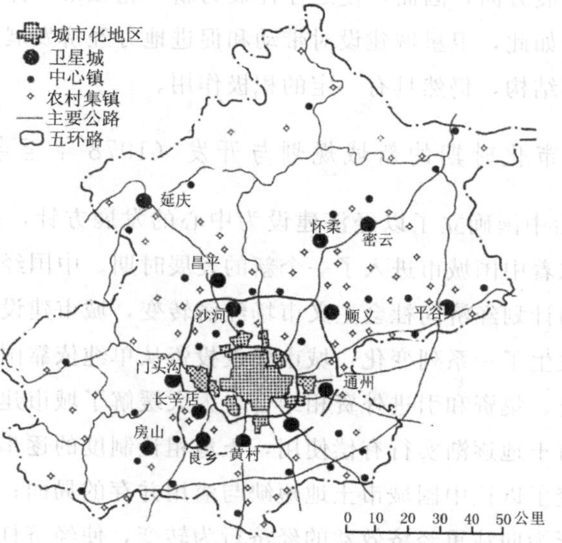

图 3-14　北京市卫星城分布示意图

资料来源：引自赵树枫主编．世界乡村城市化与城乡一体化，1998

市区的农副产品基地；另一方面，卫星城的开辟也是与严格控制大城市人口的城市建设方针相适应，即通过发展大批中小城市（包括卫星城）来限制大城市的发展，并达到缩小和最终消灭城乡差别、工农差别的社会理想。中国卫星城的规划建设活动在 20 世纪 50 年代末至60 年代初在“大跃进”背景下，依托从市区调整出的和新开工建设的一大批大中型工业项目，得以在一些特大城市地区开展，其后，受“三线”建设思想的影响，在城市外围的工业项目的选点布局日趋分散，再加上生活服务设施跟不上，使卫星城的发展实际上陷入了停滞的状态。

中国在改革开放前的卫星城建设不是城市离心发展的结果，并没有影响到城市的集聚，总的效果不理想，主要原因在于：

(1) 没有遵循城市化规律，过早地搞了“强制郊区化”。一方面，中心城市仍然存在着强大的吸引力；另一方面，因缺乏资金投入，造成卫星城的生活服务设施水平偏低，缺乏吸引力。

(2) 卫星城选址不合理，项目布局分散，而且没有建立起与母城便捷的交通联系。

(3) 计划经济中户籍制度的障碍使人口难以被疏解。

(4) 卫星城或分散集团的布局多采取“众星拱月”式的均匀布局方式，缺乏明确的城市发展方向，因而，使之往往成为新一轮城市“摊大饼”状发展的前奏。不过尽管如此，卫星城建设对带动和促进地方经济发展，形成多层次的大城市地域空间结构，仍然具有一定的积极作用。

2. 快速城市化时期的新城规划与开发（1978 年至今）

1978 年以后中国确立了以经济建设为中心的发展方针，并实行了对外开放的政策，标志着中国城市进入了一个新的发展时期。中国经济体制开始由传统的高度集中的计划经济向社会主义市场经济转变，城市建设与发展的社会经济机制也相应发生了一系列变化：城市建设投资从单纯依靠国家拨款变为多渠道的贷款、融资、集资和引进外资相结合，大大缓解了城市建设过程中资金短缺的问题；城市土地逐渐实行有偿使用，土地租让制度的逐步完善以及土地市场的启动，改变了以往中国城市土地短缺与滥用并存的局面；城市土地的开发从单纯的政府行为向注重经济效益的经济行为转变，使经济杠杆成为调节城市土地资源配置、优化城市布局的有效手段。为了适应新的发展环境，中国对城市的发展战略作了重大调整，对于城市发展的作用和目标形成了新的认识，提出了“控制大城市规模，合理发展中等城市，积极发展小城市”的城市发展方针，原来以偏重于工业建设的“生产性城市”概念为“城市是多功能的地域社会经济活动的中心”的新观念所替换，提出了如何在新的形势下充分发挥城市的多种功能和中心作用的课题。

20世纪80年代期间，中国各类城市全面进入了快速发展时期，城市商业服务、金融、文化娱乐等第三产业得到蓬勃发展。同时，国外大量城市规划的理论、方法也被介绍到了国内，大大丰富了中国城市规划理论体系，加强了城市规划的引导和控制作用。这一时期的城市建设，一方面，在城市旧区掀起了“更新改造”的高潮，城市市政公用设施得到补充完善，特别是结合危旧房改造，使城市面貌焕然一新；另一方面，在城市边缘地区大规模地开辟和拓展了城市新区。自80年代中期中国许多城市特别是沿海大城市为了应对改革开放的新形势，寻求经济的新增长点，纷纷在郊区设立了一批经济开发区、高新技术园区等，它们通过国家赋予的优惠政策和灵活务实的发展策略，快速成长为外向型的工业化新城区，成为大城市空间向外扩展的主要形式之一，取代了原有的大城市边缘开发模式。

进入20世纪90年代以来，随着各种新型的经济和城市发展动力的作用，中国城市经济结构和空间结构发生了新的变化，中国工业化、城市化与现代化建设进入了持续快速与健康发展时期，工业化、城市化在这一时期取得了重大突破，并开始向广度和深度发展。在这一发展过程中，大城市地域空间结构的变化尤为显著，开始进入由向心集聚转向离心分散的转折时期。大城市市区在总体上集聚扩张的同时，城市的人口、工业、商业先后在城市中作由内向外的离心迁移，出现了所谓的郊区化现象。根据近年来中国城市学界的实证研究结果，像北京、上海、天津、沈阳、大连、苏州、广州等城市已经进入郊区化的过程，主要表现为人口和工业的郊区化。（周一星、孟延春，2000）

伴随着郊区化的过程，中国许多大城市功能开始经历重大调整与重组，城市空间体系随着区域交通网络的完善、新的边缘城市功能结点的兴起和发展而逐渐趋于完整。城市空间由一核心同心圆圈层扩展的方式开始向多核多极的地域空间扩展方式转变，个别特大城市（如北京、上海）正向大城市圈的扩展模式演进。城市建设的重心已开始由中心城区转向边缘和外围地区，在其外围衍生了众多的新城区，如：北京的亦庄、通州，上海的浦东新区、松江新城，天津的泰达、杨村，南京的仙西新市区，苏州工业园等。大城市地域空间结构开始由“单核”向“双核”“多核”转变。随之，这些城市的空间发展战略也作了相应调整，如北京市在最新修编的总体规划中明确提出城市的建设重心要从市区向郊区转移，确定了发展12个卫星城作为远郊区的核心城市，近郊以原有集镇为基础大力发展10个边缘集团的城市空间发展构想；上海市在新一轮城市总体观规划中提出了“中心城区—新城—中心镇——船集镇”的四级城镇体系，确立了“上海中心城区体现繁荣繁华，郊区体现实力水平”的思路，决定“十五”期间城市建设的重点由中心城区转移到郊区，重点发展郊区的“一城九镇”，将外围新城镇的开发放在了非常突出的地位。天津市则提出了建设以开发区（泰达）联合港口为核心的滨海新区的战略构想，滨海新区在近期迅速成长起来，由此打破了天津市一极核的城市地域空间结构，向双心带状的均衡格局转变。

目前，在中国许多大城市地区，涌现出了许多不同职能类型、不同发展目标、不同景观特征的新城，它们以疏导大城市人口和产业，并为大城市进一步发展提供新的拓展空间为主要目的，成为现代化大城市系统内部重要的功能区域。新城的开发主体也正逐渐由政府行为占主导转向市场行为占主导转变，大量的民间资金和外资的注如，极大地推动了新城的开发建设事业。这一时期新城开发活动总的特点是：自立性有所增强，功能综合化成为发展趋势，新城的发展速度大大加快。大量新城成为牵引大城市快速发展的龙头地区。随着中国城市郊区化、信息化的到来，新城开发正在成为中国21世纪大城市空间扩展的主要方式之一。

3. 中国当代新城的比较特点

由以上分析可以看出，与西方国家的新城开发模式相比较，中国当代新城有着自己的特点，概括起来主要表现在以下几个方面：

（1）中国当代新城绝大多数是作为区域新的经济增长点来进行规划开发的，其中又以发展工业为主要职能。故而，它的开发建设主要是以发展经济为主要目的，部分承担疏散大城市的功能，但对于疏散大城市人口的作用并不明显，多数新城也难以形成独立的反磁力中心。

(2) 中国的新城大多是作为大城市空间拓展的重要组成部分，它不是中心城功能简单的空间扩散，而是直接参与到大城市地区功能转型的过程当中，与中心城区是一种紧密互动的关系。

(3) 与英国追求职住平衡的新城和日本以居住功能为先导然后逐步导入其他城市功能的开发方式不同，中国当代大多数新城开始主要是以生产功能为主体，呈现明显的工业经济先导的特点，社会生活功能相对滞后，故在发展的中前期其居住人口的增长速度相对于生产增长速度要慢得多。

（4）与国外新城在最初开发时已有明确的目标与时序不同，中国新城由于受到外部剧烈变动的社会、经济、政策的影响，其发展的目标、时序，包括开发范围都具有较大的变动性，故而不确定性也成为其特点之一。

之所以造成上述明显的差异，分析起来主要有以下几方面的原因：

（1）城市化水平不同。中国目前正处于快速城市化、工业化的进程当中，城市化总体水平不高，2000 年时仅约 30%左右，与英国在二战前已基本实现了完全城市化和日本 20 世纪 60 年代初进行新城开发时城市化水平已达 60%以上的较高水平有着很大差距。中国大城市中心区目前依然有强大的内聚力，新城建设主要是以满足大城市功能和空间扩张为主要目的。

（2）新城开发的历史不同。英国的新城规划与开发是在 19 世纪末开展的田园城市运动的基础上发展而来，并在 1946 年制定"新城法"的基础上大规模开展起来的，其新城建设从一开始就有一个从理论到法律的较为完整的指导体系。日本在 20 世纪 60 年代初进行新城开发时也制定了"新住宅街地开发法"，经过四十余年的发展已逐步走向成熟。而中国虽然在二十世纪五六十年代尝试过卫星城建设，但并不成功，许多都半途而废。真正意义的新城开发活动则是在进入 20 世纪 90 年代以后才全面开始，时至今日我们对于新城开发还没有明确的定义和专门的法律约束。

（3）城市地域开发观念的差异。西方国家的新城是与大城市圈域的改造计划紧密关联的。如英国的新城规划建设的构想就是首先在 1944 年制定的大伦敦规划中提出来的，规划中将新城作为重新配置大城市圈域内的人口与产业的重要手段来进行开发的。而中国虽然也有少数几个特大城市将新城作为大城市空间体系的一部分来布局，但往往没有明确的开发理念，对新城的定位、作用缺乏从大城市地域圈的宏观层次来把握，规范的制度也未建立起来。

注释：

[1] 也有学者将这种相邻中小城市通过功能互补建立起来的城市群组合关系称之为"联合城市圈"，它含有整体产业、交通、通信、旅游、文化等广泛的社会、经济内涵。（森川洋，1998；柴彦威，2001）本书中的"连合城市圈"更多强调的是城市之间在城市功能与空间的有机互补关系。

第4章 天津泰达新城的发展轨迹

天津泰达的开发建设，自1984年起始至今，已经走过了近二十年的发展历程。到目前已有约3000家外资企业和近万家内资企业落户泰达（注：为注册于泰达企业数），初步成长为拥有从业人口20.59万人、居住人口5.39万人（2002年）的以工业为主导产业、功能趋于多样化的新城。

泰达的成长过程同这一时期中国大城市地区开发的大多数新城（区）一样，是以生产型土地利用为主体，提供企业生产空间为先行的工业开发先导型的新城。经过不同时期城市发展方向的调整与功能的演化，伴随着城区生活功能的不断充实和新城中心的开发，泰达城区功能逐步由单一的出口加工型工业区发展成为功能较为综合的新城。从城市功能与空间生长演化的特征来考察，可以将其发展过程划分为三个时期，即：

第一，起步开发时期（1984—1991）。工业开发为主要建设活动，不具备一般城市功能，从业人口全部居住于区外，与周边几乎没有联系，处于完全孤立生长的状态；

第二，快速扩张时期（1992—1996）。以1992年邓小平南方视察谈话为标志，生产规模迅速扩张，生活功能得到一定程度的开发。从业人口快速增长，少量从业人口开始定居泰达，城区功能出现多样化趋势，与周边地域相邻地区出现空间连合化的萌芽；

第三，城市功能综合化时期（1997至今）。受东南亚金融危机影响以及经济规模基数的加大，由上一时期的高速增长逐步进入稳定成长阶段，在工业生产稳步成长的同时，生活功能得到迅速开发，1998年起开始了新城中心的开发建设，城市功能迅速向综合化发展。城市与周边地域出现空间连合化的发展趋势。在此时期随着住宅的大量建设，居住人口也开始显著增加。

本章就是对照泰达开发建设的不同发展时期，分别从工业用地的开发、生产功能的生成与变化、从业人口的增长和生活居住用地的开发、生活服务功能的生成与变化、居住人口的增长等几个方面进行分析，总结新城内部地域功能与空间生长变化的过程与特征；对外部地域交通网络的形成及其外部地域空间结构的变化进行分析，总结新城外部地域功能与空间生长变化的过程与特征。通过这两个方面的分析和总结，以此反映泰达开发建设20年来城市功能与空间生长变化的实际状态。

4.1　泰达发展的宏观区域空间环境

泰达处于天津大城市体系中，是天津城市体系中的重要组成部分，它的开发和发展与所处的宏观区域——天津大城市的地域空间和功能的调整密切相关，是天津对外开放和城市空间扩展的结果。为此，在对泰达展开有关分析前有必要对其发展的宏观地域空间环境——天津市的地域空间结构、城市空间扩展及其新城开发状况作一概要介绍与分析。

4.1.1　天津城市地域空间结构

天津市东临渤海，近临首都，是首都北京的海上门户，同时也是华北地区及西北部分地区通海的最方便出口。凭借这种优越的地理区位和发展条件，天津自近代以来迅速成长为中国主要的区域经济中心之一和重要的综合性工业基地、水陆交通枢纽。伴随城市规模的迅速增长，天津城市空间处于不断增长变化的过程中，而在不同时期表现出不同的特征。天津城市地域空间演变过程和新城的开发可以说是中国沿海大城市地域空间关系和结构演变的一个缩影。

在天津城市地域空间演化的过程中，内外两个大的区域空间关系因素具有绝对重要的作用：一是城市内部中心市区与滨海新区的空间关系，二是城市外部天津与北京的空间关系。天津的城市地域空间的现状格局，即是这两种关系共同作用的综合结果。

1. 天津城市空间体系组成

天津目前正处于开放型的城市地域空间格局形成的阶段，其总的布局特征概括起来说就是“一条扁担挑两头”(天津市人民政府，2000)，具体表现为以中心市区和滨海新区核心区为主次两个核，以海河为发展轴（沿此方向有京津塘与津滨高速路、津港公路及京山铁路等交通干线）的双心轴向带状的地域空间结构。它具体由以下几个部分组成：

第一部分是中心市区。它是大天津市地区的主核部分，是天津市政治、经济、文化等功能高度集中的综合体和天津市的性质和规模的集中体现者，处于天津城镇体系的最高层次，发挥着城市综合功能的作用。

第二部分是滨海新区城镇。它包括天津市东部渤海湾沿岸的塘沽、汉沽、大港区及海河下游地区的城镇，是天津盐、石油、海洋化工基地和外贸港口所在地，发挥着现代工业生产、港口贸易、海陆交通枢纽的作用。其中塘沽城区已初具规模，加上紧邻的港口、新开发的经济开发区（泰达）、保税区、海洋高新区，已经发展成为滨海新区的核心，以此为中心包括大港和汉沽两个滨海化工基地和海河下游工业区共同组成了滨海城市体系，它们成为天津市仅次于中心市区的次级核心。

第三部分是近郊工业卫星城镇圈。它是中心市区外围的配套协作地区，是为适应中心市区向周边拓展需要而开发建设的专门化生产区，发挥着多种专业功能和疏解中心市区工业和人口的作用。

第四部分是远郊、远期开发地区。它是以现有县城为综合中心，以众多的乡镇工业点和集镇为节点，联系农林地区的城镇网络，构成大天津市的基础和远景发展的基地。从长远看，本地区的蓟县和宝坻县城如能密切配合、协调发展，也有可能形成天津市的又一个次极核和第三个城市群组合带。

上述城市地域空间结构体系的主体是中心市区和滨海新区核心区两个极核以及分别以它们为中心的两个城镇群，它们在一个统一的城市地域结构中又各自组成了次级的结构系统。这种结构反映了天津市港城分离的内部地域空间格局。

（1）主核城镇群体——以中心市区为核心的次级地域结构系统

主核城镇群是以中心市区为核，由周围 20～25km 半径范围内的近郊卫星城、近郊工业点及其他如仓储、交通等功能区组成，它是天津城市的发源地，也是天津市在 20 世纪 80 年代以前城市空间发展的主要地域，它的地域空间结构是天津以往单核心同心圆圈层扩展的结果。其组成部分有：

① 中心市区。目前已形成由商业、金融、贸易、办公等多种服务功能为主组成的市中心（即中环线以里）及其周围的 10 个生产生活区构成的同心圆扩散型的特大中心市区，建成区面积 2000 年已达 386 平方千米，非农业人口 499 万。

② 近郊卫星城镇及工业点。它包括杨柳青、大南河、咸水沽、军粮城等

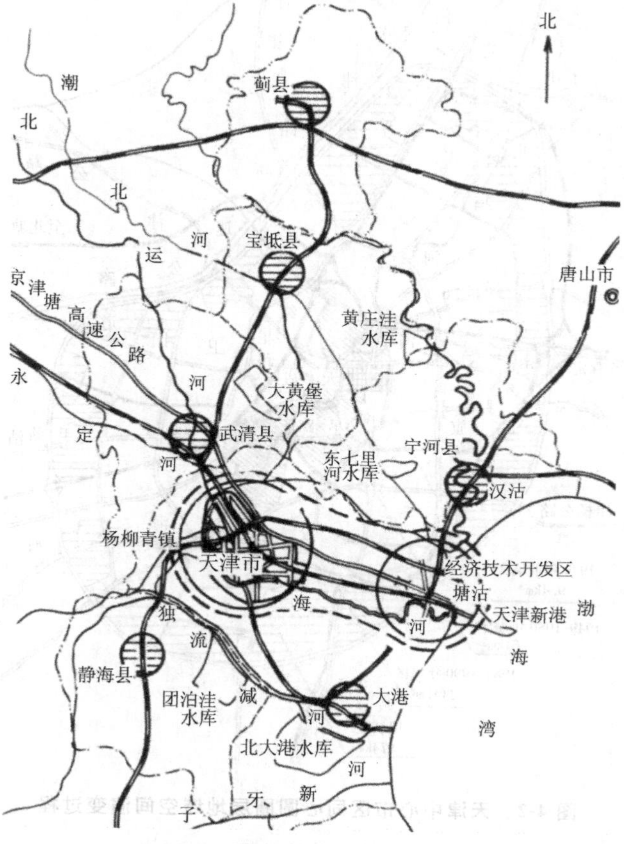

图 4-1　天津城镇体系布局示意图

资料来源：引自姚士谋主编．中国大都市空间扩展，1997

四个远郊卫星城和引河北、宜兴埠两个小型工业组团。

③ 其他功能区域。主要指近郊仓储区以及对外交通用地等。(如图 4-2 所示)

(2) 次核城市群体——以滨海新区核心区为中心的次级地域结构系统

滨海新区是天津临海部分（面积约 2270 平方千米）的城市地域，包括新港、塘沽、汉沽、大港、泰达、保税区、海河下游工业区等部分组成，规划控制面积约 350 平方千米，目前已建成面积约 125.6 平方千米，有城市常住人口 78 万（2000 年）。滨海新区地处京津都市圈，位于渤海湾中心，区位优越，自改革开放以来，作为天津市对外开放的前沿，目前已经发展成为天津市最具活力，发展最为迅速的地区。滨海新区从其各组成部分的空间分布看，已基本形成了“一心三点”式的城市群体地域空间结构。“一心”是指滨海新区的核心

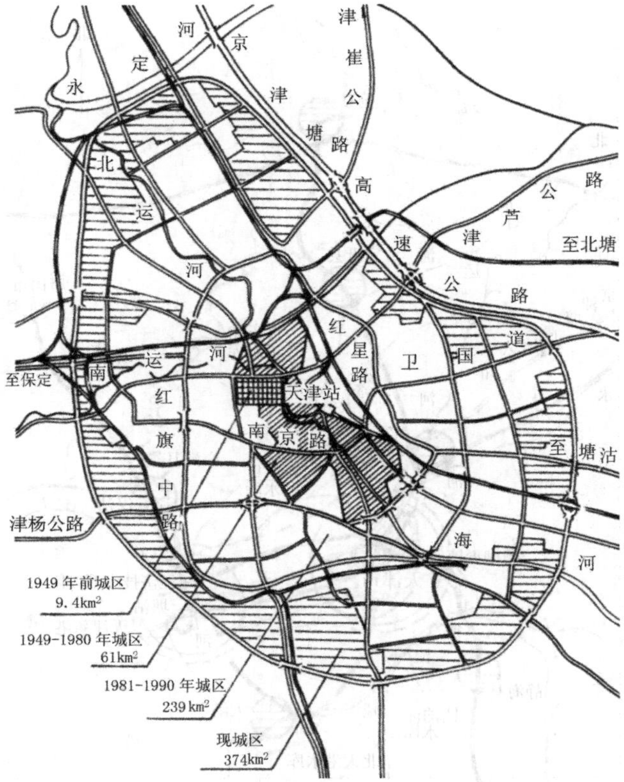

图 4-2　天津中心市区同心圆圈层地域空间演变过程

资料来源：引自陈树生主编．天津市经济地理，1998

区，它由天津新港、泰达、保税区、塘沽城区、海洋高新区组成，统称“一港四区”（如图 4-3 所示）。该地区正位于滨海新区的中心，基础设施较完善，依托港口，区位优越，是带动滨海新区发展的最主要地区。“三点”是指滨海新区南北两翼的大港、汉沽和以海河为轴位于核心区西侧的海河下游工业区。大港是因大港油田的开发而发展起来的石油化工基地；汉沽最早是依托于大型化工企业——天津化工厂而逐步发展起来的以化学工业生产为主的工业区域；海河下游工业区承担的是天津冶金工业基地的职能。

目前，滨海新区的功能正在迅速发生改变，特别是核心区在以泰达、保税区为代表的新兴经济区域开发的带动下，正全面向综合城市功能转变，其商业、金融、贸易等第三产业及以高新技术产业为代表的工业生产在天津市已占据重要地位。

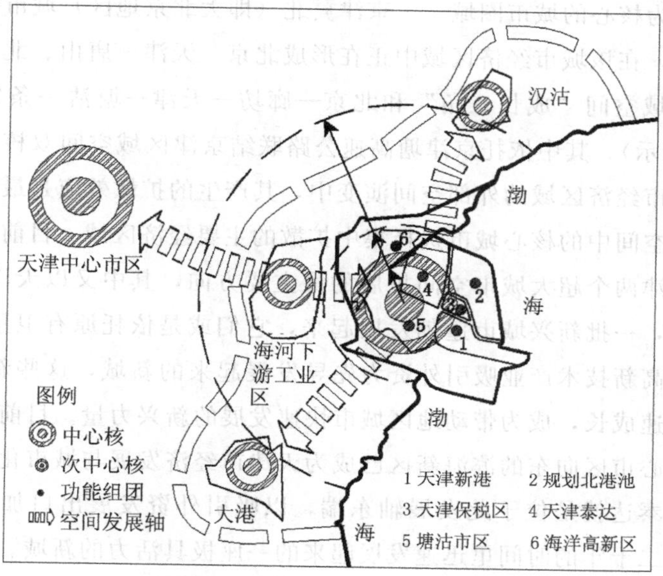

图 4-3　天津滨海新区地域空间组成及其扩展示意图

2. 天津外部地域空间关系

天津市的外部地域空间的最显著特征是与北京组成的超大双核心城市体系结构，天津处于门户位置，北京处于中心位置。天津的这种外部地域空间格局是京津两个城市联结依存关系和城市功能演化的历史结果。在长期的历史发展过程中，二者彼此消长，逐步形成了各具特色和有一定功能互补的关系。

从天津与北京空间关系的演化历史过程来看，其形成和变化与二者的城市性质、功能及区位关系紧密相关，而其中京津两城市之间独特的地理条件影响巨大。北京是具有行政、经济、文化功能的内陆城市，而天津则是以经济功能为主的港口城市，两个城市之间的直线距离仅为 113 千米，行政边界几乎相交（仅隔廊坊市）。与此相类似的双核型城市地域空间结构在国外也不乏其例，如日本的东京—横滨，韩国的首尔—仁川等，其中一核均为该国的首都，是国家的政治、文化和部门经济的职能中心，并形成了具有独立特征的首都经济圈，是所在城市区域的首位城市；而另一核（如天津、横滨、仁川）则是该国重要的工业和交通枢纽城市。

当前，在市场经济条件下，北京与天津的分工和协作关系正逐步得到加强，在空间发展上二者将共同成为经济一体化区域的极核和向外部扩散的中心。以京津为核心的城市圈域——京津冀北（即大北京地区）城市空间体系也正在形成中，在该城市经济区域中正在形成北京—天津—唐山、北京—天津—保定两个区域空间“成长三角”和北京—廊坊—天津—塘沽一条发展主轴带（如图 4-4 所示）。其中依托京津塘高速公路联结京津区域空间双核的发展轴在京津冀北城市经济区域的外部空间演变中，其产生的扩散效应是最大和最持久的，是区域空间中的核心城市选择集中扩散的主要经济区域。目前，这一发展轴已成为京津两个超大城市空间扩展的最主要方向，其中又以天津更为突出。沿此发展轴，一批新兴城市蓬勃发展起来，它们或是依托原有卫星城和乡镇，或是以发展高新技术产业吸引外资为先导发展起来的新城，这些新城市（区）的出现与快速成长，成为带动地区城市快速发展的新兴力量。目前，沿此发展轴由天津中心市区向东的滨海新区已成为天津市经济发展与城市化最为迅速的地区。天津泰达就是位于此发展轴东端，以吸引外资发展出口加工工业为先导，而在近二十年的时间里迅速发展起来的一座极具活力的新城。

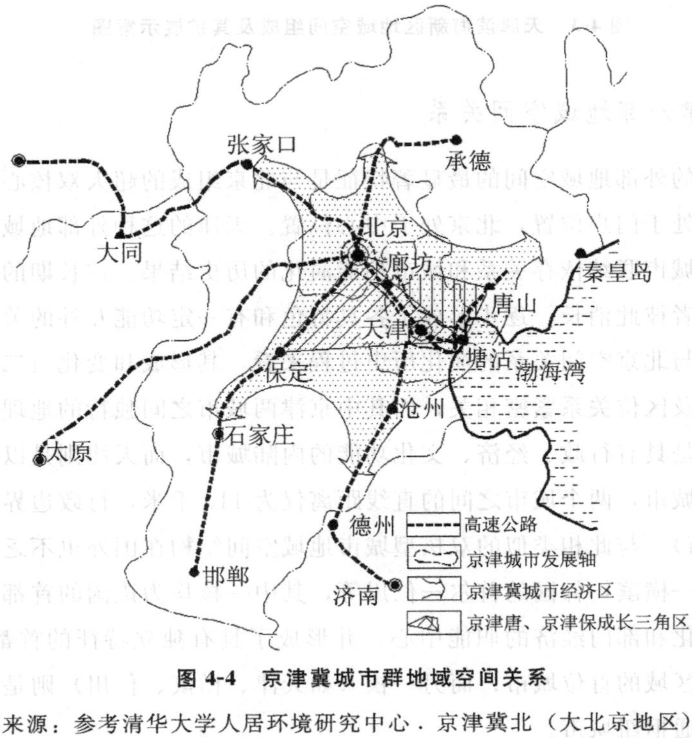

图 4-4 京津冀城市群地域空间关系

资料来源：参考清华大学人居环境研究中心．京津冀北（大北京地区）城乡空间发展规划研究，2002 绘制

4.1.2 天津城市空间扩展与新城开发

如 3.1 节所分析的，城市空间的扩展在不同时期有着明显的阶段性特征，从不同时期的社会、经济、政治状况为背景，分析城市空间布局的特征，天津城市空间扩展及其地域结构的演化从解放至今，可以大体划分为两个大的阶段。伴随天津城市空间的扩展，新城开发活动也从无到有，走过了一个较长的发展过程，在不同时期表现出不同的特点。

1. 封闭的定向空间扩展阶段（1949—1977）

1949 年之后，天津城市建设进入了一个新的社会历史时期。在经济恢复时期，为适应工业发展的需要，确定了城市发展布局的重点是沿海河向东定向发展。当时，天津新港正逐步恢复，并正式开港。“一五”期间，天津城市空间布局是以中心市区为主的单一型结构。当时城市发展布局主要是考虑充分利用原有物质基础，尽量利用旧市区，而同时有重点有计划地建设新市区。在建设步骤上采用“由内向外”“由近及远”的方针。而塘沽当时仍作为独立存在于港口的一个小城市，发展缓慢。进入“二五”期间后，天津的城市地域空间开始发生变化。随着城市的发展，产生了如何使城市发展规模与城市社会经济的发展相适应的问题。为此，天津城市规划部门提出了在城市郊区建设卫星城镇，控制中心市区规模，防止城市过度膨胀的设想，并在城市规划布局上采用了“一心多点式”的空间结构布局形式。自此，天津城市地域空间开始跳出单一的中心市区发展模式。一方面，中心市区向外继续延伸扩展，在建成区边缘地带开辟新的工业区和相应的居住区；另一方面，同时发展塘沽等沿海地区和有重点地开发建设卫星城，城市的重心继续向东偏移。这一阶段总的发展趋势是城市空间在逐步扩展（“文革”时期除外），开始由单一的中心市区向外扩展的模式向组合型城市扩展模式转变，但由于城市建设重心实际上仍在中心市区，天津港所在地塘沽在相当长一段时期仍作为一般城镇对待，开辟的近郊卫星城由于种种原因而发展迟缓，故城市空间仍属于封闭的定向扩展阶段。

这一时期，由于工业建设项目增多，除在市区边缘开辟新的工业区外，1958 年在近郊规划开辟了军粮城、杨柳青、咸水沽三个卫星城，1966 年又规划开辟了大南河卫星城，此外，还在中心市区以北和西北约 10 千米的距离建设了引河北和宜兴埠两个独立的工业小区，这些卫星城均为专业性工业城镇

（有一定居住功能），主要目的是为了疏散在中心市区无发展余地的工业企业和市区无地可安排的新建工业项目，如：杨柳青以机械工业为主，咸水沽以造纸、仪表工业为主，军粮城以发电、化工为主，大南河则是中小型轻纺工业基地。其中杨柳青、咸水沽两个卫星城镇与旧镇区相毗邻，有旧镇区作依托，并且是区政府所在地，因此其规划建设和配置水平相对好些，至20世纪70年代末已初具现代化城镇雏形；军粮城、大南河的情况较差，它们远离其他城镇，又没有成为地区行政、经济中心，发展迟缓。在城市外围远郊，除了70年代因大港油田的开发而发展起来的大港新城区外，这一时期没有开发其他新城。

总体概括起来，这一时期开发建设起来的新城，基本是以工业为主要功能的工业卫星城，发展速度比较慢，没有实现疏散大城市工业和人口的目标。其主要原因是规划建设过程中的一些问题长期没有得到解决：其一，这些卫星城镇距中心市区太近，杨柳青、大南河距市中心仅十多千米，其他几个卫星城镇点（大港除外）也不超过25千米，距离中心市区规划边缘区界只有4～9千米，这不是一种疏解中心市区的工业和人口的布局，而是一个以中心市区为同心圆扩大的布局，使得这些城镇的城市功能（主要是生活功能）迟迟无法发展起来，而完全依赖中心市区；其二，规划中确立的城镇规模不大（均在20万人口以下），城镇规模小，公共设施水平低，造成大部分工作于此的职工依然居住在中心市区，一方面，造成新城无法形成完善的城市功能；另一方面，又增加了与母城的大量通勤交通。

2. 开放型的城市空间格局形成阶段（1978年至今）

1978年后中国进入全面改革开放和以经济建设为中心的快速发展阶段。这一时期，天津的城市功能开始由原来以工业为主转变为第二、三产业全面发展的全方位开放的港口城市。由此，天津城市地域空间也进入到了新的演化阶段。1979年按照中央严格控制大城市规模的要求，提出了重点发展近郊卫星城，实施“大分散、小集中、多搞小城镇”的方针。城市发展布局首先考虑建成杨柳青、大南河、程林庄三个近郊卫星城，以疏解市中心区的工业和人口，大型工业项目则安排到远郊的军粮城、咸水沽等卫星城。改革开放后，乡镇企业发展迅猛，带动了一批乡镇的发展，一批小城镇快速发展起来。城市空间的扩展方向继续以向东为主，特别是20世纪80年代中期以来，由于改革开放力度的不断加大，随着天津市打造“全方位开放的现代化国际港口大都市”发展战略的实施，天津滨海地区凭借区位优势获得空前发展，迅速改变了天津市原有的地域空间结构，进一步强化了向东扩展的力度。为了适应这种发展趋势，天津市对总体规划也做了相应调整，提出了“一条扁担挑两头”的总体布局，即：整个城市以海河为轴线，改造老市区作为全市中心，以发展商贸、金融等第三产业为主；工业发展重点东移，大力发展滨海地区，重点建设以原塘沽城区和港口为中心的滨海新区，发展成为天津的金融商贸副中心，逐步形成由中心市区和滨海新区共同组成的双核心轴向带状城市地域空间结构。随着港口的进一步开发，天津经济开发区（泰达）的快速崛起，保税区的建立和发展，滨海新区的功能不断得到拓展，更进一步促进了这种地域空间结构的完善。在此基础上，结合围绕中心市区发展起来的近远郊卫星城镇，逐步形成了天津市性质、规模不等，布局趋向合理的城镇体系网络。总的来看，这一时期天津城市空间的扩展已经彻底突破封闭的一中心发展模式，而走向开放型的空间格局，单核心的城市地域空间结构被多核心城市地域空间结构所替换。随着大天津地区城市体系的形成与完善，天津城市空间扩展方式正向大城市圈的扩展模式转变，天津大城市圈的地域空间结构雏形已开始形成。

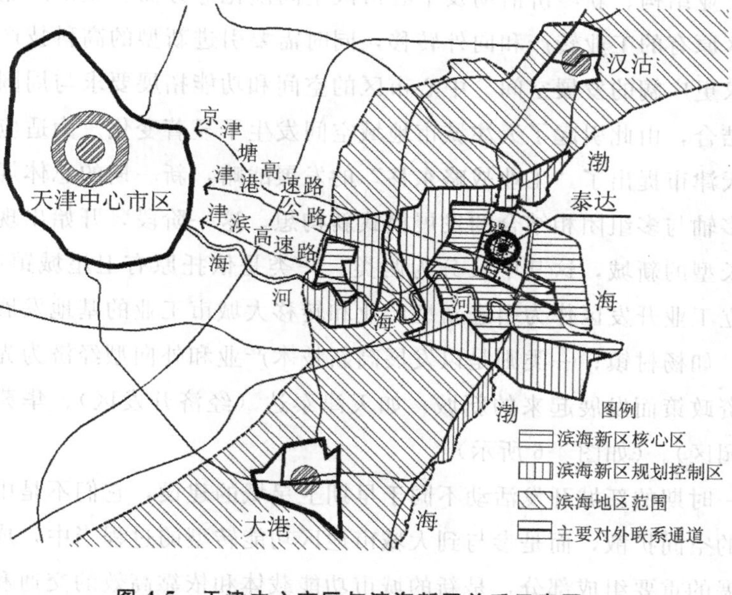

图 4-5　天津中心市区与滨海新区关系示意图

资料来源：参考天津滨海新区管委会．天津滨海新区总体规划，2002 绘制

这一时期天津的新城开发大体可以分为 1978 年至 20 世纪 80 年代末的前期和 1990 年以来的后期两个发展时期：

(1) 改革开放后至20世纪80年代末

天津的城市活力在这一阶段得到释放，经济发展迅速，城市人口增长较快，最为明显的是流动人口大量增加，使得中心市区住房、交通拥挤的问题日益严重。为此，天津市开始了大规模的旧城危房改造和在边缘区兴建规模较大的新住宅区，推动了郊区化的发展。先后开发建设了万新村、华苑新区、梅江新区等以居住功能为主、配套设施完善的居住新城区，以满足城市人口对居住的需求和缓解内城过度密集的状况。另外，乡镇企业的发展带动了一批小城镇的工业化，小城镇的大量出现和快速发展成为这一时期天津外围城市化的一大特色，至1989年共设立了31个建制镇。这一时期天津新城的开发活动主要集中在城市边缘区大规模的住宅区的建设和外围城镇的工业化，没有出现具有功能自立性特征的新城，而外围小城镇由于布局分散、规模小、职能单一，已逐步无法适应大城市功能调整和空间拓展的要求。

(2) 20世纪90年代以来

天津市开始经历城市功能与空间布局的重大调整，这种转型期的特点反映在城市产业结构、新经济活动及中心市区空间演化等方面。城市产业结构调整带来市区原有的工业转产和向外转移，同时需要引进新型的高科技产业，因而需要寻求更广阔的发展空间。中心市区的空间和功能拓展要求与周围区域空间发展相结合，由此引起了天津城市地域空间发生了显著变化。为适应这种发展需要，天津市提出了“工业战略东移”的发展战略，新一期的总体规划体现了多心、多轴与多组团相结合的发展模式新构想。这一阶段，开始出现作为区域经济增长型的新城，这其中又分为两类：一类是依托原有卫星城镇或小城镇，通过设立工业开发区作为引进新型产业和转移大城市工业的基地发展演化而成的新城，如杨村镇；一类则是以发展高新技术产业和外向型经济为先导，实行优惠投资政策而发展起来的新城，如天津泰达（经济开发区）、华苑（高新技术产业园区）。（如图4-6所示）

这一时期的新城开发活动不同于早期卫星城的建设，它们不是中心城区功能简单的空间扩散，而是参与到大城市地区功能转型的过程当中，成为大城市空间扩展的重要组成部分，是新的城市功能载体和依靠高效的交通和通信网络与外界联系的具有一定自立性的新城。这一时期新城的开发活动的特点可以归结为：①多是位于交通条件良好、区位优越的地点，如发展较成功的泰达、杨村都位于沿京津塘高速公路的发展轴上。②距离市中心区较远（20～50千米），功能自立性趋于加强。③外向型经济成为新城发展的强大推动力量。

④新城作为区域经济增长型，多是以工业特别是高新技术产业开发为先导而逐步向综合化功能发展。

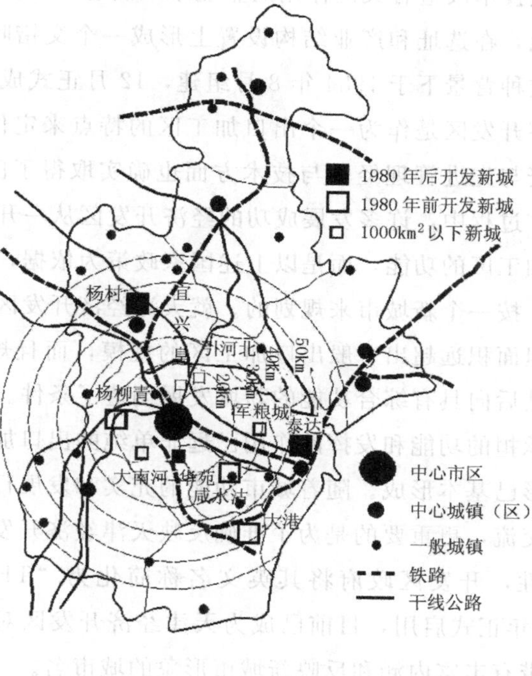

图 4-6　天津市新城分布示意图

资料来源：参考天津城市化进程与城镇体系课题组．天津城市化进程与城镇体系问题研究报告，1993 绘制

4.2　泰达城市开发

天津泰达（即天津经济开发区）是中国经济对外改革开放的直接产物。1984 年年初，中央政府决定在进一步办好几个经济特区的同时，开放大连、秦皇岛、天津、上海等十四个沿海港口城市，在这些地方实施经济特区的某些政策：一是放宽对外投资的政策，给以优惠的条件；二是放宽地方管理权限，扩大其自主权，使这些城市和它们的企业有更大的活力去开展对外经济技术活动。其目的是通过在这些城市开辟经济技术开发区，以吸收外资、引进技术，带动这些城市和所在地区的经济发展。国家对沿海开放城市新辟的经济技术开

发区提出的要求是：主要发展一些技术先进的工业项目，先期开发面积不能太大，2～3平方千米即可，有一定的规划发展预留空间；要真正用于新兴的、有前途的、对工业技术改造有关键作用的企业来填满它；要依托中心城市，面向广阔的经济腹地，在选址和产业结构设置上形成一个交错呼应的有机关系。天津泰达就是在这种背景下于1984年8月组建，12月正式成立。从国家当初的政策来看，经济开发区是作为一个出口加工区的特点来定位的，实践证明，开发区在引进外资与先进管理经验与技术方面也确实取得了巨大成绩。但是，在实际的开发运作过程中，许多发展成功的经济开发区从一开始就不是完全停留于单纯的出口加工区的功能，而是以上述国家政策为依据，以完成国家要求的任务为前提下，按一个新城市来规划的。就天津经济开发区来看，规划面积达33.8km^2，不但面积远超出一般出口加工区的规模，而且规划有8.5km^2的生活用地，这为其后向具有综合功能的新城发展创造了条件。经过近二十年的发展，它目前所承担的功能和发挥的作用已远非单纯的出口加工区可比，一个现代化新城的雏形已基本形成。随着城市功能的充实和发展目标的调整，不仅是为了便于对外交流，更重要的是为了准确反映天津经济开发区的城区性质及其开放性、发展性，开发区政府将其英文名称简化为“TEDA”，中文名为“泰达”，自1992年正式启用，目前已成为天津经济开发区对外的正式使用名称，并发展成为带有丰富内涵和反映新城市形象的城市名。

表4-1　天津新城建设概况一览表

序号	新城（区）名称	建设起始期	距市中心距离（km）	规划面积（hm^2）	规划人口（2010年末，万）	发展状况
1	杨柳青	1958	17.5	1600	16	目前已有人口10万，天津汽车工业基地，西郊政治文化中心
2	军粮城	1958	23.5	600	6	发展迟缓，但位于京津高速路旁，发展条件正在得到改善
3	咸水沽	1958	25	1600	16	发展较快，天津仪表电子工业基地，南郊政治文化中心
4	大南河	1966	13.5	500	5	发展迟缓，距市中心近，属规划控制区

续表

序号	新城（区）名称	建设起始期	距市中心距离（km）	规划面积（hm^2）	规划人口（2010 年末，万）	发展状况
5	宜兴埠	1966	8	750	7.5	由于距市中心过近，目前已与市区连为一体
6	引河北	1966	14.5	1600	16	作为天津近郊金属加工工业组团，规模不大
7	大港	20 世纪 70 年代中期	45	3300	33	以石油化工为主导产业，目前人口 23 万，空间和功能自成一体
8	杨村	—	20	2500	25	依托原有城镇发展而来，20 世纪 90 年代以来高新技术产业发展迅速，天津北部地区政治文化中心
9	泰达	1984	50	3300	12	改革开放以来新开发的工业先导型新城，目前居住人口 5.39 万，从业人口 20 万，城市功能正迅速综合化
10	华苑	80 年代	—	166	8.5	郊区大型居住区，已基本开发完成，结合该区又设立了华苑高新园区，形成了高新技术研发生产新功能

资料来源：参考天津城市化进程与城镇体系课题组．天津城市化进程与城镇体系问题研究报告，1993；陈树生主编．天津市经济地理，1988 整理

4.2.1　开发方式

1. 开发管理模式

泰达的开发管理主体是由天津市政府成立的“开发区管理委员会”担当的，管理委员会代行政府的管理职能，同时也是土地开发和新区公共设施的投资开发者，即所谓的混合型管理模式。这种管理体制是介于企业型和政府型之间而将两者结合起来的方式来进行新区的开发与管理的模式。这种模式在机构设置上有主管和分管的明确分工，根据工作性质设置职能部门机构。机构设置

非常精简，多是一个部门的职责要对应于天津市政府多个部门。其机构设置主要由负责决策职能的管理委员会和负责区内基础设施建设的建设发展总公司构成。建设发展总公司是作为管理委员会直属管理企业。管理委员会的职权基本上包括了对泰达城区内各项经济活动的监督管理、协调、开发以及公益设施建设的投资与管理，建设发展公司作为经济法人，实行企业内部自我管理（如图 4-7 所示）。

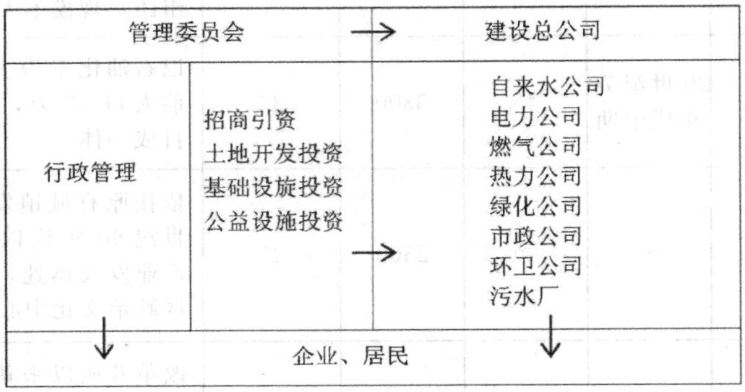

图 4-7　泰达混合型管理模式机构组织示意

这种城市开发的管理运作机制与霍华德设想的“田园城市”的行政管理和财政运作机制有许多共通之处。主要体现在通过建立经营职能的管理机构组织城市开发，新区管理委员会就如“田园城市中的地产主”执行各种城市行政管理和公共事业开发的职责，通过收取所批租土地和房产业主的税租及各种事业的利润用于新区的公共支出，而其先决条件之一——土地的公共所有与管理，则因中国土地的公有制而具有天然的便利条件。土地开发的费用主要用在土地的平整、拆迁及基础设施建设，而用于征收土地的费用则相当少，甚至是无偿划拨。

上述开发管理模式的运作在不同的开发时期也有所不同。在泰达城市开发的初期，管理委员会与建设总公司基本是合为一体的，管理者同时又是建设者，这样有利于利用有限的资本和人力在较短时间完成起步区的土地开发，启动招商引资的工作。在泰达进入快速成长期后，管委会的政府职能逐步增多，行政管理工作及招商引资成为重心，而建设总公司开始分出，其开发工作走向企业行为。不过，二者无论是在产权所属、行政关系上都具有紧密一体的关系。随着泰达经济进入优化发展期后，城市功能日益复杂，这种管理模式在一定程度上已逐渐不能适应新的发展需要，目前正处于变革时期。建设总公司与管委会的行政关系已基本脱钩，组建了新的国资控股公司——泰达股份有限公司，正逐步完全走向市场，但其承担的泰达基础设施建设的职能没有大的变化，只是其垄断地位正在逐渐被削弱，外部的竞争单位开始介入土地开发及其他建设任务。管委会则进一步强化与完善了城市管理职能，招商引资的职能也正在逐步由政府部门脱钩向企业行为转变。

2. 开发事业组织模式

泰达开发事业如图 4-8 所示，可以划分为 4 个方面的开发内容，其开发组织模式除了与由国家有计划大规模组织开发建设的新城如深圳、上海浦东新区等少数城市（区）不同外，与中国 20 世纪 80 年代以来开发的大多数新城（区）基本相同。

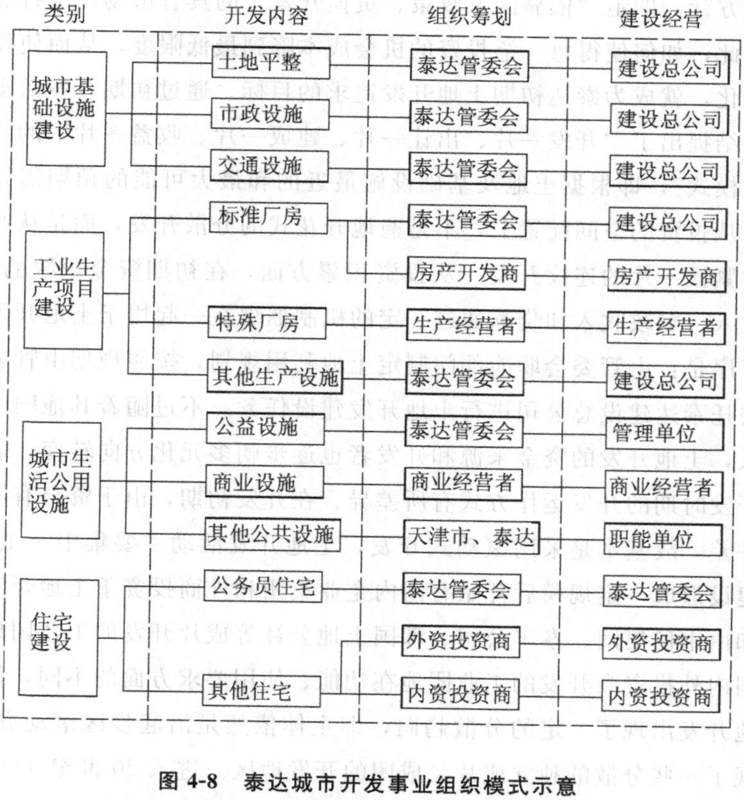

图 4-8　泰达城市开发事业组织模式示意

资料来源：参考天津经济开发区管委会《天津经济技术开发区行政管理服务手册》绘制

第一，城市基础设施建设，包括土地的平整、市政设施、干线道路等的建设工作，即所谓的“七通一平”开发；

第二，为吸引企业投资生产而进行的工业厂房及其他生产设施的建设；

第三，作为城市正常功能开展所必不可少的商业、文化、教育、卫生等设施以及方便居民生活、改善生活质量的如公共交通、电视等设施，也即公共服务设施的开发建设；

第四，为满足就职员工居住需求的住宅建设。

(1)土地开发

天津泰达开发范围的土地是通过使用国家贷款方式征收得到，由于土地所有权属国有，且多为盐田、荒地，故用于征收土地的费用并不多，作为启动资金的贷款主要是用于土地的“七通一平”建设。1984 年 5 月天津市确定了泰达的开发方针，即走“依靠国家政策、负债开发”的具有市场经济特点的开发之路。因此，如何使得每一笔投资的机会成本降到最低限度，从而使投资收益达到最大化，就成为泰达初期土地开发追求的目标。通过初期开发活动的实践经验，总结提出了“开发一片、出让一片、建成一片、收益一片”的“滚动式土地开发模式”，即根据土地及基础设施最近的和最大可能的预期需要进行集中投资，从投资的空间配置上，不是遍地开花式的分散开发，而是从起步区开始，一片紧挨一片的连续开发。从投资积累方面，在初期资金短缺的情况下，将土地收入、财政收入和贷款通过一定的机制捆绑在一起用于土地开发。具体的开发程序是：由管委会职能部门制定土地利用规划，按照规划由管委会统筹资金并委托泰达建设总公司进行土地开发建设任务。不过随着其他国内外开发商的进入，土地开发的资金来源和开发者也逐步朝多元化方向转变，表现在泰达不同开发时期的开发运作方式有所差异。在开发初期，由于资金有限，基础设施条件差，故基本是采用滚动式开发，土地开发活动主要集中于工业用地。在城区建设形成一定规模后开始有国内企业集团和外商投资于土地开发和项目建设，如由中信集团、泰丰公司、韩国土地公社等成片开发的工业团地，由于这些由国内外投资商开发的工业团地在功能、使用要求方面的不同，使泰达的工业土地开发出现了一定的分散趋向，即主体依然是沿起步区滚动方式开发，另外出现了一些分散的独立成片、成团的开发地区。进入 20 世纪 90 年代中期以后，伴随城区功能的不断充实，土地开发方式又出现了新的趋势。经过上一阶段的土地开发，未开发土地存量逐步减少，土地价值也不断升高，土地开发向小型化、集约化的深度开发转变，更多的开发活动集中于城区内未开发的各分散地块，处于填充补实阶段。另外，随着国家土地有偿使用制度的建立，泰达也开始引入土地市场运作机制，生活区的用地自 2000 年已全面采用招标拍卖的形式。不过，基于招商引资的需要，目前工业用地的开发方式还变化不大，但逐步走向市场也是必然的趋势。只有建立起完善的土地开发经营机制，才能保证土地的高效率、集约化的使用，推进城市长远的可持续发展。

表 4-2　泰达土地开发方式及其变迁

开发阶段	开发土地面积	开发特点	开发主体
起步开发阶段（1985—1991）	9.5Km²	开发活动主要集中于起步工业区，以国家贷款作为启动资金，滚动开发	·泰达管委会
快速扩张阶段（1992—1996）	10.5Km²	开发主体多元化，出现分散的独立成片、成团开发的工业园地，以工业用地开发为主，生活区用地得到一定程度开发	·泰达管委会 ·国内企业集团 ·外国土地开发商
填充补实阶段（1997—2001）	6Km²	大规模土地开发终结，开发活动走向市场化，生活用地开发迅速	·企业生产者 ·地产开发商

（2）工业厂房及生产设施建设

作为以工业开发为先导发展起来的泰达，其最初的开发建设是定位于“三为主”的发展战略，即：“开办项目上以工业项目为主，吸引资金以利用外资为主，产品以出口创汇为主”。因此，建设完善的生产基础设施及提供充足、高质量的生产厂房就成为开发工作的重中之重。由于初期外国企业的投资规模都不大，多以租用厂房为主，为满足投资方的需求，泰达管委会委托建设总公司承担建设标准厂房的任务，将所建厂房用于出租和出售给生产企业。以后随着较大生产企业的进驻，这些企业由于生产工艺的要求和自身发展战略的需要，多自行建设厂房，改变了以往由管委会、总公司承担厂房建设主体的情况。但相应的配套设施如水、暖、电、气等厂区外部场、站、线网的建设则是一直由泰达管委会组织投资，由建设总公司承建，为此专门组建了热电厂、燃气供应站、水厂、污水厂等配套设施的建设维护专业公司。进入 2000 年后，工业厂房的建设主体发生了较大变化，泰达区外房地产开发商开始参与到工业厂房的建设活动中，另外通过对建设总公司及相关各专业公司的改制，工业厂房的建设完全走向市场行为，泰达管委会则退出了原来承担的角色，更多的是从规划和政策方面，宏观指导工业区的开发建设活动。

(3) 公共设施建设

泰达开发初期（1992年以前）几乎没有常住居民，故其公共设施建设只是在进入快速成长阶段以后才开始的，最初的公共设施基本上都是由泰达管委会利用一部分贷款和财政税收作为开发资金组织建设，规模不大，主要用以满足少量居民的日常需要。随着泰达经济的发展，为了改善投资环境，增强对投资者的吸引力，由政府出资相继建设了一批医疗卫生、文化教育以及行政办公设施，另外，政府还作为主要投资者建设了几处中大型商业服务设施如宾馆、泰达国际会馆、游乐城等。总之，1997年以前泰达的公共设施建设无论是规模还是经营管理基本上都是由管委会来承担的。1998年以后随着泰达城区环境的日益改善和综合实力的提高以及大量企业、居民的入住，也带动了民间、私人资金开始投入泰达商业、娱乐等公共设施的建设，而早期建设的一部分商业服务设施也通过转让、拍卖等方式由政府将产权或经营管理权转出，泰达公共设施的建设开始走向多元化，经营方面也逐步向市场化转变。

(4) 住宅建设

泰达的住宅用地总的可以分为两大类：一种是普通多层住宅区，一种是高档的低层住宅区或别墅区。在泰达住宅开发的初期，前者主要是由政府组织投资建设的，用于满足区内国家公务员或建设总公司职工居住需求；后者多由外商投资开发，以供外商或高收入阶层的家庭使用。泰达的住宅开发活动至今已有10年，其开发组织方式在不同时期也有所不同。最初期建设的住宅多是由政府组织开发的，其后，住宅开发逐步向企业行为转变，目前中外房产开发商已成为主要的开发主体。住宅用地也由初期的行政划拨走向完全有偿转让，主要是通过土地招标拍卖的方式进行出让。随着泰达住宅开发走向市场行为，住宅建设的类型日益多样化，建设规模也愈来愈大，基本上满足了新城居民日趋多样的居住需求。

4.2.2 开发过程

1. 用地选址

泰达初始的建设目的就是以实行优惠政策发展外向型经济并并以此带动天津市的经济发展，因此，其选址要求不同于一般以疏散大城市人口、产业为目的的卫星城。为了便于集中管理，有较独立的发展空间和优越的区位就成为其选址优先考虑的内容。在最初进行泰达的用地选址时，天津市确立了以下原则：

（1）有明确的界限，便于管理。

（2）靠近港口，交通方便。

（3）能充分利用盐碱荒地和国有土地，减少征地费用。

（4）有城市（镇）依托，能充分利用现有的公共设施，节省前期投资。

（5）近期上马快，远期有发展余地，便于远近结合。

（6）工程地质条件和自然环境较好。

（7）符合天津市总体规划和港口总体规划。（李林山编，1993）

经过多方案的比较分析，最终采用了塘沽盐场三分场地方案。方案规划用地面积约 31km²，用地位于塘沽区东北，西侧有国家干线铁路京山线为界，南临津港 4 号公路，东以海防路为界，其东侧是规划的港口北港区，北临北塘镇（如图 4-9 所示）。该选址具有以下特点：

（1）有明确的地理界限。基地四周东有京山铁路，北有蓟运河，南有海河，东临渤海，形成了一个较为独立的地域空间，同时又地处老城区（塘沽）和港口（天津新港）边缘，既有利于集中管理，同时又能够利用港口和老城区的现有基础设施。

（2）交通条件便利。基地东南紧邻新港，可通过南侧的津港公路与港口、塘沽城区及天津市相联结，并且规划中的京津塘高速公路贯穿本区，通过高速公路又能方便快捷地把泰达同天津、北京联结起来。基地西侧临港有铁路北环线和国家干线铁路京山线，客货运可抵达全国各地。西距天津滨海国际机场 38km。公路、铁路、海运、空运均有较好的条件，为其发展奠定了基础。

（3）与市中心距离适中，有旧城区可依托。泰达距离天津市中心 50km，可以保证自身相对独立的发展，而不至于像 20 世纪 80 年代以前开发的一些近郊卫星城，由于受到母城强大引力作用而使城市功能难以发展，导致这些卫星城或发展迟缓或成为中心市区“摊大饼”式空间扩展的蔓延区域。泰达这种区位为自身独立发展创造了条件，同时在发展中又能够充分利用天津在人才、科技、产业的优势。另外，泰达邻近的塘沽已是有 30 万人口的老城区（80 年代中期），工业基础相当可观，服务设施基本齐全，成为泰达初期发展的有利依托。

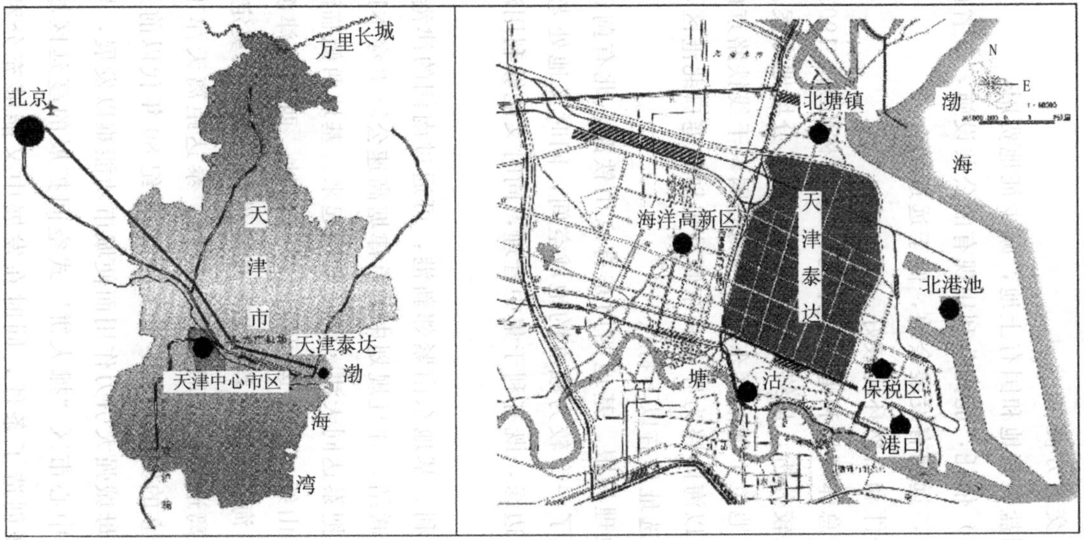

图4-9 天津泰达区位图

资料来源：引自天津经济开发区管委会．天津经济开发区总体规划（1996-2010）

(4) 发展空间广阔。泰达处于天津滨海新区，该区域总面积达 2270km²，其中滨海新区的规划城市用地为 350km²，而目前已开发建设用地只有 125.6km²（1999 年年底），且呈分散布局状态。泰达位于滨海新区的中心区位，向西、北均有大片荒地、盐田可供开发，向东亦可通过填海造地创造新的用地空间。广阔的发展空间为泰达未来的城市空间拓展和城市功能的综合化创造了条件。

总的来看，泰达的选址比较科学、合理，为其以后的快速发展奠定了良好的区域基础条件，也为天津市城市发展东移战略和“一条扁担挑两头”的城市空间布局构想的实现投下了具有战略意义的一枚棋子。

2. 开发过程及其特点

泰达作为中国首批国家级经济开发区之一，以外向型工业开发为先导，经过近 20 年的不断开发建设，初步形成了以现代工业为主导产业，具备生产、居住、商业、金融、办公等多样化功能的现代化新城。从其不同发展时期的特点考察，泰达的开发过程大致可以划分为三个时期：第一时期从 1984—1991 年，为起步开发时期；第二时期从 1992—1996 年，为快速扩张时期；第三时期从 1997 年至今，为城市功能综合开发时期。

(1) 起步开发时期（1984—1991）

照片 4-1　泰达开发区初期景象

泰达正式开发建设始于 1985 年。泰达利用国家和天津市赋予的优惠政策，在这一阶段逐步建立起了在资金、技术、管理、城市土地开发等方面全新的运作机制，使城市开发活动和经济建设的活力日益增强。

在产业发展方面，泰达忠实地实践了国家有关经济开发区的发展政策，发展战略定位于“三为主”原则，突出“以发展工业为主、以利用外资为主、以出口外销为主”的特点。前来投资的企业基本为外资或合资企业，企业规模不大，中小型、劳动密集型企业占了较大比重。在产业构成中，第二产业占了绝对比重，明显呈现出工业出口加工区的特点（见表 4-3）。

表 4-3　1985—1991 年泰达经济发展指标

年　份	国内生产总值（万元）	工业总产值（万元）			人均 GDP（万元）	财政收入（万元）
		三资企业	内资企业	合计		
1985	—	—	—	—	—	—
1986	935	3872	0	3872	0.64	345
1987	8765	17373	1500	18873	1.37	1136
1988	19282	33500	3000	36500	2.23	3200
1989	18437	41630	4888	46518	2.30	5800
1990	25001	68860	9200	78060	1.73	7594
1991	67129	163370	23649	187019	3.13	12022

资料来源：中国经济特区与沿海经济技术开发区年鉴（1980—1992）

这一阶段开发建设的范围基本集中于 4.2km² 的起步区内。土地开发依照“规划一片、建成一片、收益一片”的原则，利用国家低息贷款、历年的土地使用费以及财政收入集中于土地平整和基础设施建设，至 1988 年年初步完成了 3km² 起步工业区和 1.2km² 起步生活区的土地开发（“七通一平”，以下同），之后，泰达主要依靠自身积累进行土地开发和城市建设，进入“边投资、边回收、边开发”的良性循环的道路。至 1991 年年底累计开发土地面积 9.5km²。与土地开发同步进行的基础设施建设初具规模，并配套建设了少量的生活设施。

泰达城市空间形态在这一时期表现为点状内聚生长的特征，呈紧凑的小团块状。由于受到行政边界的限制，城市空间向西、南的发展受阻而向东、北沿已开通道路逐步推移（如图 4-10 所示）。

这一时期的城市建设重点在工业区，泰达的城市功能呈现为单一的工业生产区的性质。从已开发土地的功能结构看，工业用地占了绝对比重，而生活公用设施水平很低，从 1991 年年底累计施工的建筑面积中厂房和住宅、公建建

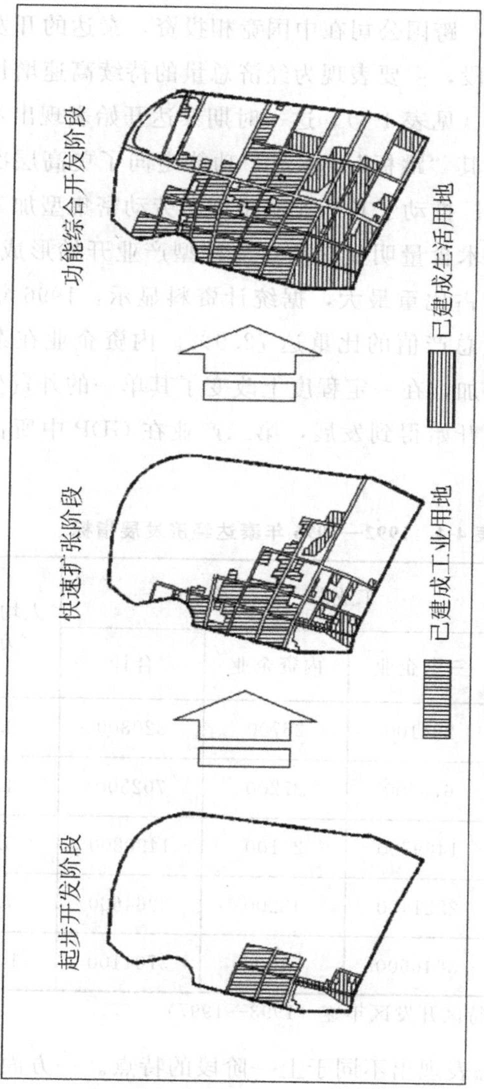

图 4-10　泰达建成区空间形态演化过程

资料来源：参考泰达历年用地拨地图（1992-2000），总体规划现状图（1996，2000）绘制

筑的面积所占总量的比例就可以清楚地反映出来（如图 4-13 所示）。从一个城市的标准看，泰达还不具备一般意义的城市职能。

（2）快速扩张时期（1992—1996）

1992 年邓小平南方视察谈话发表后，中国掀起了新一轮改革开放的高潮，大量外资开始流入中国，跨国公司在中国竞相投资，泰达的开发建设也随之进入到了一个新的发展阶段，主要表现为经济总量的持续高速增长，城区土地开发与建设规模迅速扩大（见表 4-4）。这一时期泰达开始表现出不同于国际上一般出口加工区的特征，其“跳板”“示范”功能走向了更高层次。一批大型跨国企业在泰达的投资建厂推动了其产业从小型、劳动密集型加工工业向高新技术产业转变，产品的技术含量明显提高，支柱型产业开始形成。其中以电子、电气产业和机械产业所占比重最大，据统计资料显示，1996 年这两个行业所实现的产值占泰达工业总产值的比重达 72.9%。内资企业在泰达设厂的数量及其经济规模也迅速增加，在一定程度上改变了其单一的外资生产加工区的性质。这一时期第三产业开始得到发展，第二产业在 GDP 中所占比重有所下降（如图 4-12 所示）。

表 4-4　1992—1996 年泰达经济发展指标

年　份	国内生产总值（万元）	工业总产值（万元）			人均 GDP（万元）	财政收入（万元）
		三资企业	内资企业	合计		
1992	128274	294100	26700	320800	3.38	22930
1993	254591	675300	27200	702500	4.61	43600
1994	487678	1469700	21100	1490800	5.79	103000
1995	801102	2221400	43200	2264600	7.10	165571
1996	1310135	3646600	54500	3701100	10.10	216100

资料来源：中国经济特区开发区年鉴（1993—1997）

泰达城市空间形态表现出不同于上一阶段的特点。一方面，泰达依托起步区沿区内建成的主要道路继续向北、东扩展；另一方面，，伴随区内众多独立开发的小型工业园区的设置与建设，空间形态呈分散化，在建成区之间开始出现许多成片待建用地（如图 4-10 所示）。

经济总量和财政收入的大幅增加为泰达开展大规模的城区建设以及城市功

能的转型创造了条件，推动城区开发规模得到快速增长。为了解决迅猛增长的外资对于土地、厂房等的大量需求与靠自身积累滚动开发速度较慢的矛盾，缓解已开发土地供不应求的局面，泰达管委会提出了“大胆利用外资，以抓大项目、大财团为重点，全方位融资划片开发”的新思路，对土地开发策略进行了调整，开始步入多主体、全方位的土地开发阶段。在以自身开发为主的同时，通过吸引国内外企业财团的资金，采取独资、合资或合作等方式划出一定地块进行独立开发和招商，推动泰达土地开发面积迅速扩大。至 1996 年年底共累计完成土地开发面积 20km²。随着工业生产规模的日益扩大，为满足第三产业发展和人们生活的需要，从 1992 年起，开始加强公共配套服务设施建设，房地产业得到迅速发展，泰达开始由单一的出口型工业加工区向现代化新城区转变。从建成区的用地结构看，工业生产用地比例有所下降，居住及公建配套设施用地比例逐年上升（如图 4-13 所示）。

（3）城市功能综合开发时期（1997 至今）

1996 年以后，泰达城区开发的重点由量的快速增长阶段向调整、充实、完善的质的提高发展阶段转变。这一时期又可划分为前后两个不同特点的时期。前期自 1997—2000 年，由于受到东南亚金融危机的影响，泰达引进外资项目的规模和速度有所降低，加上自身经济总量基数不断加大，经过上一阶段的超高速发展，1997 年以后经济增长的速度逐渐趋缓（如图 4-11 所示），而与此同时，在中央扩大内需、鼓励多种经济发展、深化国有企业改革等一系列政

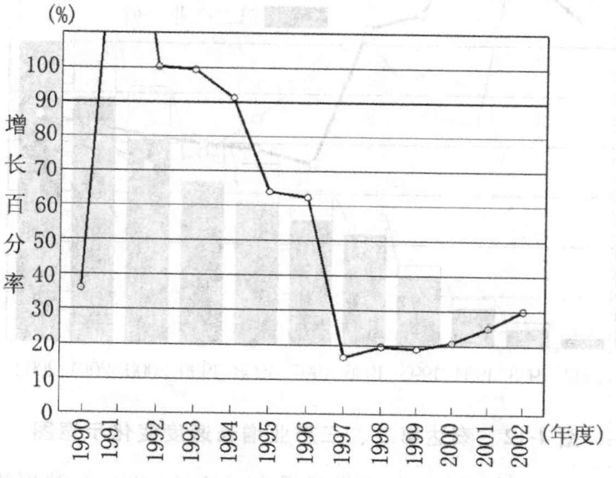

图 4-11　泰达经济增长速度变化示意图

资料来源：根据天津经济开发区年度发展报告（1992—2000）数据整理绘制

策的引导和推动下，国内企业和资本跨地区、跨行业、跨所有制的流动和重组日渐频繁，前往泰达投资的内资企业日趋增多。另外，随着中国对外开放程度的不断扩大，泰达原有的政策优势趋于消失，为此，泰达实施了包括：转变政府职能，改善和提供优质服务；提高硬环境供应水平；提供低成本的市场环境；建立仿真国际环境，与国际经济接轨等一系列政策措施。并按“大项目、大配套”的思路，重点规划建设了一批基础设施，使泰达基础设施在较高水平上对经济运行的整体保障能力有了进一步提高。其发展目标也相应进行了调整，在“十五”发展计划中正式提出了“建设现代化新城区”的新战略。后期是在进入 2001 年以后，经过前几年的优化调整，泰达又进入新一轮快速发展时期，城区功能进入转型期，开始摆脱经济对跨国资本的过度依赖，逐步由注入式经济增长向自我协调式经济发展的轨道上过渡。这一时期泰达经济发展表现出两方面的特征：一是产业结构迅速升级，高新技术产业成为推动泰达经济持续快速发展的动力，支柱产业类别增多，形成了电子信息产业、生物制药、机械、食品等几个大产业群。二是第三产业发展迅速，在国民经济发展中的作用不断提高，推动了泰达城市功能由单一的工业区向综合功能的新城区转变（如图 4-12 所示）。

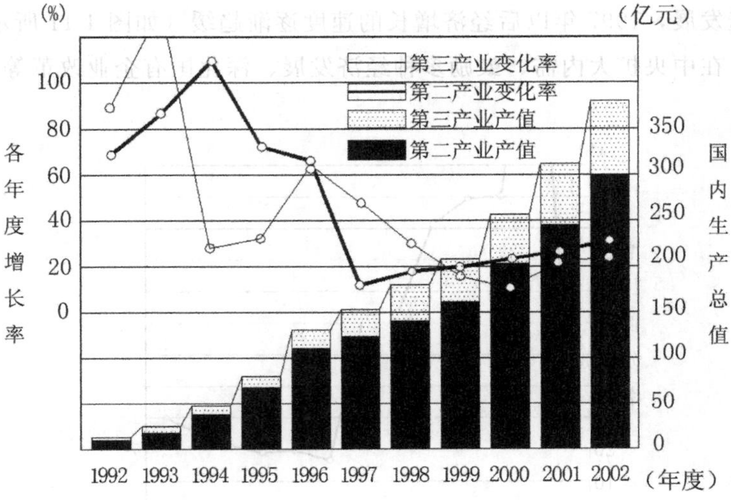

图 4-12 泰达第二、三产业增长速度变化示意图

资料来源：根据天津经济开发区年度发展报告（1992—2000）数据整理绘制

表 4-5 1997—2002 年泰达经济发展指标

年份	国内生产总值（万元）	工业总产值（万元）			人均 GDP（万元）	财政收入（万元）
		三资企业	内资企业	合计		
1997	1536270	4590200	112200	4702400	10.17	262719
1998	1801056	5203600	198600	5402200	10.75	289010
1999	2084516	5863600	221900	6085500	11.58	326616
2000	2564432	7089300	228900	7318200	13.46	495334
2001	3120259	8394400	256700	8651100	15.64	675547
2002	3800899	10016000	296400	10312400	18.10	803157

资料来源：中国经济特区开发区年鉴（1998—2002）

这一时期的土地开发由上一阶段快速向外扩张转入消化已开发土地为主，土地开发速度有所减缓，处于内向填充阶段。随着区内规划路网的基本建成，市政基础设施的不断完善，一批生活公建项目的建成并投入使用，城区绿化率的大幅提高，泰达城区面貌发生了显著变化，城区内分散的片块状建成区逐步连为一体，呈现出现代化新城市的崭新面貌。由于生活服务功能的不断充实和建设规模的急速扩大，使泰达原有的城市用地功能布局发生了较大变化，原来以泰达大街（京津塘高速公路延长线）为界“南生活北工业”的空间格局被彻底打破，生活服务功能的用地开始推进到原工业区中临海、临干路的区位优越地段（如图 4-10 所示）。截至 2002 年年底，累计开发土地约 30km²。

由于所剩土地余量不多，泰达面临向外扩大用地范围，重新拓展空间的现实要求。泰达城区建设也由以工业区的建设为重点转为工业区与生活区建设并重，通过一批高起点、有影响力的投资项目的建设以及众多由房地产商开发的商品住宅区的完工和居民入住，使生活区滞后于工业区发展的局面得到明显改观，特别是新城中心的开发建设由于管委会的迁入而全面展开，掀起了泰达生活区开发的一个高潮。据统计资料显示，目前泰达的住宅及公建项目的建设总规模已超过厂房，占据优势地位（如图 4-13 所示）。但是，在这一时期，泰达早期建成的部分地区（主要为起步区），由于房屋、环境等的质量问题，已出现老化现象，面临改造。

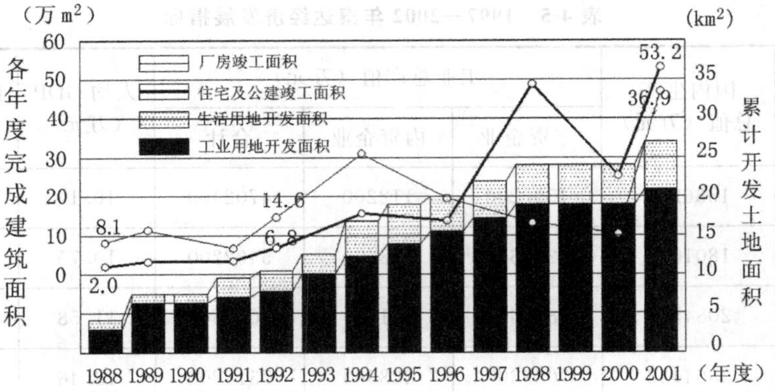

图 4-13 泰达历年土地开发和建筑面积变化情况

资料来源：根据天津经济开发区年度发展报告（1992—2000）数据整理绘制

4.2.3 开发现况

1. 土地开发现况

泰达的土地开发自 1985 年开始以来，不同时期的开发方式和特点有所不同，开发速度有快有慢，如前所述，大致经历了三个不同特点的时期，至 2002 年年底累计开发土地面积 3050hm²，其中工业区用地 2300hm²，生活区用地 750hm²。固定资产投资累计完成 729.38 亿元，历年累计房屋竣工面积达 592.47 万 m²。图 4-14 反映的是泰达二十年来土地开发的进展情况，由图可以看出泰达土地开发的规模基本与泰达经济发展状况相吻合，说明泰达土地开发总体上是经济合理的，存在的问题是生活区土地开发滞后于工业生产区的开发，为泰达后续开发和功能转型带来一定的障碍。

表 4-6 是泰达 2000 年年底已建成区的土地利用现况。从表中可以看出，在总用地中，工业用地占据较大比重，面积达 806hm²，占已建成用地的 43.1%，反映了生产功能在目前泰达城市功能中依然处于支配地位。另外，居住用地与公共设施用地增长也较快，目前已占到总用地的 29.6%，表明泰达的生活功能已得到迅速补充，这也与泰达逐年增长的居住人口相适应，自泰达 1994 年实施“入区工程”以来，其居住人口从无到有，至 2002 年已增至 5.39 万人，对城区各种生活服务设施的需求规模和要求日益提高。

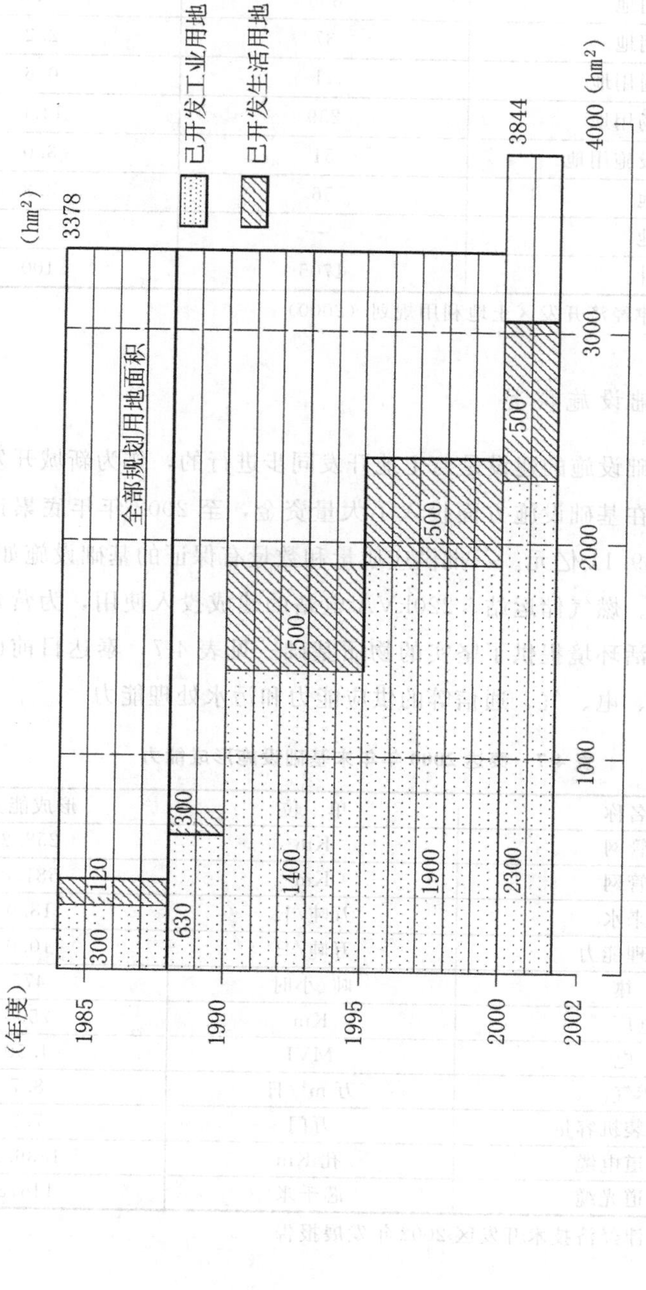

图 4-14　泰达城市土地开发进展情况

资料来源：根据天津经济开发区年度发展报告（1992-2000）数据整理绘制

表 4-6　泰达 2000 年建成区土地利用结构

用地类别	用地面积（hm^2）	百分率（%）
居住用地	224	13.1
公共设施用地	281	16.5
工业用地	806	47.3
仓储用地	37	2.2
对外交通用地	11	0.6
道路广场用地	239	14.0
市政公用设施用地	51	3.0
绿地	56	3.3
其他	—	—
总计	1705	100

资料来源：天津经济开发区土地利用规划（2000）

2. 城市基础设施现况

泰达城市基础设施的建设是与土地开发同步进行的，作为新城开发建设的先决条件，泰达在基础设施方面投入了大量资金，至 2002 年年底累计完成基础设施投资达 139.11 亿元。一批供应质量和数量有保证的基础设施如给水厂、污水厂、热电站、燃气储运站、220kVA 电站的建成投入使用，为营建泰达高质量的生产与生活环境提供了坚实的物质基础。见表 4-7，泰达目前已经形成了较强的水、暖、电、气、通信等的供应能力和污水处理能力。

表 4-7　泰达 2000 年年末基础设施形成能力

项目名称	单　位	形成能力
给水管网	Km	258.2
排水管网	Km	581.0
供自来水	万吨/日	18.0
污水处理能力	万吨/日	10.0
供　热	吨/小时	475
发电厂	Km	7500
供　电	MVI	4.50
供燃气	万 m^3/日	8.7
程控电话装机容量	万门	7.2
通信管道电缆	孔 Km	1836.2
通信管道光缆	芯千米	14678

资料来源：天津经济技术开发区 2002 年发展报告

城市交通设施的运行能力直接影响到新城开发的推进速度和城市功能的正常运转。泰达的交通设施建设始终都是其基础设施开发的重点，在基础设施的投资中所占比重也最大。如图 4-15所示，目前在泰达开发范围内已形成了通畅便捷的交通网络，已完成主干道里程约 85.9km，道路铺装面积 451.7 万 m^2。交通运输能力逐年提高，2002 年年末泰达各种运输方式完成货运量 670.41 万吨，旅客发送量达 680 万人次。

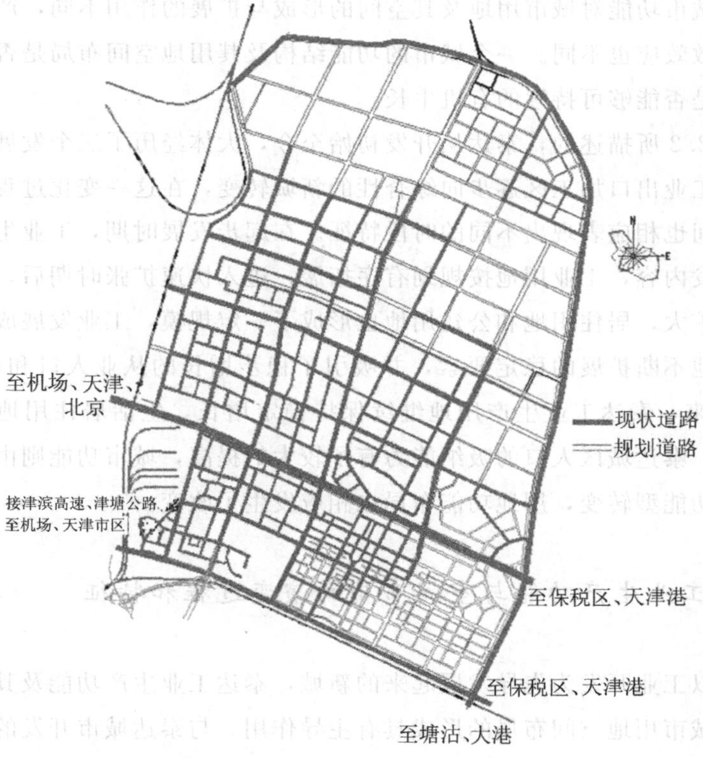

图 4-15　泰达已建成道路分布图

资料来源：中国华北市政设计院，同济大学．天津经济开发区交通规划，2001

4.3　泰达城市功能与空间布局的演变过程和特征

城市功能及其用地空间布局的形成与扩展，其原动力是城市的发展和调整，当一种职能产生或需要在空间上扩大时，城市用地就开始形成并不断扩展，表现为城区面积的扩大和内部填充，城市中各种职能之间逐步形成分离与混合并存的功能区（姚士谋、帅江平，1995）。城市用地功能空间就是在不断的地域分化中形成并不断扩展的。作为新城，它的这种特征就更加明显：在开发初期，它只是未来城市的一个增长点，经过一定的发展阶段，在各种内外条件作用下，通过城市规划的调控和城市的自组织过程，各种城市功能不断出现、扩张，直至形成一定的用地功能结构和空间布局。

各种城市功能对城市用地及其空间的形成与扩展的作用不同，产生的空间效果和扩散效应也不同。一个城市的功能结构及其用地空间布局是否合理直接影响到其是否能够可持续的有机生长。

如 4.2.2 所描述的，泰达从开发初始至今，大体经历了三个发展时期，城市功能从工业出口加工区逐步向综合性的新城转变，在这一变化过程中，城市功能与空间也相应表现出不同的时段特征。在起步发展时期，工业生产用地是主要的开发内容，工业用地按规划有序拓展；进入快速扩张时期后，工业生产用地迅速扩大，居住用地和公建用地也形成了一定规模，工业发展成为带动城市功能用地不断扩展的稳定要素，并吸引了稳步增长的从业人口和居住人口；1997 年以来，泰达工业生产用地继续保持稳定增长，生活居住用地扩展速度不断加快，泰达城区人口的吸纳能力有了较大的提高，城市功能则由工业生产型向综合功能型转变，用地功能布局也相应发生了改变。

4.3.1 工业生产功能与空间布局的演变过程和特征

作为以工业开发为先导发展起来的新城，泰达工业生产功能及其用地的扩展对整个城市用地空间布局的形成具有主导作用。与泰达城市开发的三个时期相一致，泰达工业生产功能及其空间布局的形成与发展也大体经历了三个阶段。

1. 第一阶段，以劳动密集型工业为主体，生产用地集中于工业起步区内的起步发展阶段

泰达从 1985 年开始有企业入驻，工业生产项目由此逐年增多，但由于开发初期的基础设施水平较低，整体环境质量不高，难以吸引高水平的大型跨国公司，投资的生产项目个体的平均规模不大。据资料显示，至 1991 年年底共引进外资项目 335 宗，平均单个项目投资规模 175.4 万美元，按开发投资规模

的一般标准划分，投资额在 500 万美元以下的小型项目为 309 家，占项目总数的 91.4%。从产业构成来看，这一时期以劳动密集型和资本密集型的工业生产为主，主要分布于食品、电子（组装加工为主）、日用化工、建材、纺织服装等行业。从业人口也随工业生产的增长从无到有逐年增加，至 1991 年年底为 2.14 万人，由于企业多属劳动密集型，人口整体素质不高。

工业生产项目的建设则集中于 312hm² 的工业起步区，工业用地自西南一隅沿道路向东北方向滚动式推进。由于受基础设施条件和土地开发规模所限，工业项目无法按照专业类别和生产协作关系进行布局。各种不同性质的生产项目混合布置，个别企业的生产对其他企业产生了一定干扰。用地的集约化程度不高，建筑密度和容积率偏低。

2. 第二阶段，以资金密集型和技术密集型工业为主体，工业用地布局总体呈现分散化的快速扩张阶段

进入 1992 年以后，泰达的招商引资工作取得明显成效，前来投资设厂的企业数量、规模和技术水平都较上一阶段有较大提高。工业生产向产业化、规模化方向转变，大型跨国公司开始投资于泰达，带动了整体产业结构的升级换代，逐步形成了电子通信、生物医药、机械、食品等几大产业群，工业生产脱离了以劳动密集型为主的低水平状态而向技术密集型转变。从业人口在这期间增长迅速，至 1996 年年底已达 14.01 万人。

工业生产用地在这一阶段迅速扩大，国内外企业集团开始参与工业区的土地开发和招商，加上基础设施已具备一定条件，工业用地的开发方式出现了新的变化。工业区内相继开辟了几个独立的工业小区（见表 4-8），开发范围开始突破起步工业区，沿已完成道路跳跃式向北和东推进，总体布局呈分散化趋势。随着不同专业产业群的形成，因对生产环境和协作配套的要求，生产性质接近的工业项目在规划引导下有在一定范围内集聚的趋势，逐步形成了以食品加工为主的用地组团，以生物制药为主的用地组团等。不过受上一阶段生产项目布置方式的影响和土地利用规划控制手段的欠缺，不少生产项目并未按生产协作的原则集中布置，工业项目随意选址的情况依然不少，在一定程度上影响到了工业用地功能布局的合理性。另外，工业用地分散式的开发方式也造成工业区土地利用集约化程度较上一阶段有所降低，建成区与已开发待建土地呈补丁状相互交错，使得工业区面貌较为零乱。

表 4-8　泰达工业区内工业小区一览表

小区名称	设置年代	规划面积（hm^2）
韩国土地公社	1992	115.0
赛格海晶工业园	1992	100.0
泰丰工业园	1995	183.1
天大科技园	2000	133
出口加工区	2001	254

资料来源：天津经济技术开发区总体规划（1996，2002）

表 4-9　泰达年度批准外资企业平均投资规模

年份	批准企业数（家）	平均投资规模（万美元）
1986	27	160.8
1991	121	153.4
1996	187	1024.6
2000	99	2807.1
2002	109	2391.0

资料来源：根据天津经济技术开发区发展报告（1992—2002）整理

总体来看，这一阶段的工业用地开发有得有失：一方面，引入大量外部资金成团成片的土地开发带动了泰达工业区基础设施建设，促进了工业区的快速发展；另一方面，则由于规划控制力被大大削弱，导致土地开发处于一种无序状态。布局过于分散，功能设置不合理等问题直接影响到泰达城市开发的整体效益和布局的合理性，为工业区的后续发展造成许多困难。

3. 第三阶段，以利用高新技术的知识密集型产业为主导的新兴工业成为带动泰达经济发展的主导力量，工业用地集约化程度大幅度提高的优化发展阶段

进入 20 世纪 90 年代后期，泰达工业生产继续保持了良好的发展势头，但增长速度较上一阶段有所趋缓。这一时期大中型企业在泰达工业发展中的作用日益突出，据 2000 年统计资料显示，全区共有外资投资企业 3315 家，其中超亿元的企业 71 家，产值合计占泰达工业总产值的 90.2%，超 10 亿元的企业 9 家，产值占到总产值的 67.0%。支柱产业的地位进一步增强，2000 年泰达的电子电气、生物医药、机械制造、食品等四大行业的产值占到了工业总产值的

88.8%。产业结构也不断优化，高新技术产业迅速崛起，而较早入区的劳动密集型企业因劳动力成本、生产运营费用的增加或污染等原因开始迁出泰达或转产技术含量更高的产品。这一阶段从业人口较前一阶段增长速度趋缓，至 2002 年年底约为 20.59 万人，从业人口的整体素质有明显改观，人均劳动生产率得到大幅度提高（如图 4-16 所示）。

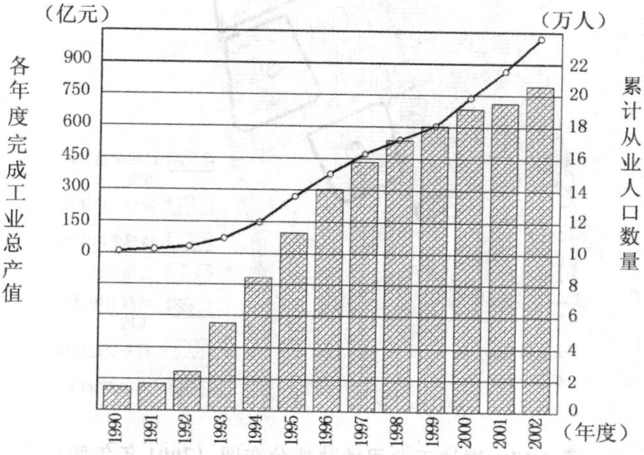

图 4-16　泰达工业发展和从业人口变化情况

资料来源：根据天津经济开发区年度发展报告（1992—2000）数据整理绘制

这一时期工业用地的开发在上一阶段快速、跳跃式发展的基础上进入优化调整阶段。随着原有部分企业的增资扩建和众多布局灵活的高新技术企业的建设，区内散布于建成区之间的闲置用地得到建设，零乱的空间得以填空补实。但是，由于工业用地规模的不断扩大，生产基地与生活区之间的距离越来越远，造成部分职工上班的通勤时间增加，给企业生产和职工生活都带来很大不便。为此泰达对原有用地规划布局进行了调整，在工业区适中的位置规划建设了若干小型的生活服务中心，为一部分职工提供一定量的住宅和其他生活服务设施。另外，将工业区内区位优越、自然条件较好的地段调整为了第三产业发展用地，从根本上改变了工业区单一的工业生产用地结构（如图 4-17 所示）。随着城区用地功能布局的优化调整以及泰达对工业区项目选址和建设的规划控制力度的加强，工业用地集约化程度进一步得到提高，工业生产环境也因一批环境保护设施的建成使用而有了质的变化。工业区中的绿化率也不断提高，初步展现出了环境优美、洁净的现代化工业区的形象。

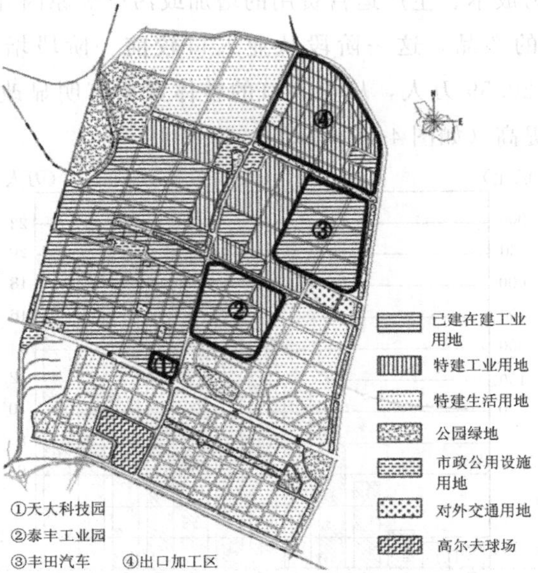

图 4-17　泰达工业用地功能分布图（2001 年年底）

资料来源：根据天津经济开发区用地动态图（2001）整理绘制

照片 4-2　位于泰达的天大科技园

4.3.2　生活服务功能与空间布局的演变过程和特征

生活服务功能是一个城市的最基本职能，泰达生活服务功能的形成和发展的过程就是其从单纯的工业加工区向具有综合城市功能的新城演进的过程。泰

照片 4-3　泰达工业区一角

达城市功能的这种演进过程基本上反映了中国改革开放以来在沿海大城市地区开发建设的众多以工业生产为初始目的的新城功能演化的特点。由于这类新开发地区多位于大城市中远郊，加上特殊的开发政策等原因，要求它们独立开发、管理，故在制定规划时，基本上都考虑安排了一定规模的生活服务用地。在泰达最初制定的土地利用规划方案中（1984），以京津塘高速公路延长线（泰达大街）为界，整个开发用地被划分为南、北两个大的功能区，以北为约 $24km^2$ 的工业区，以南为约 $8.5km^2$ 的生活区，这一大的空间格局一直延续至今，只是近期随着泰达城区功能的综合化，生活区的用地有所扩大，带来了原有空间布局发生了一定变化。

泰达生活服务功能的开发是随着城区基础设施的不断完善和从业人员的不断增加，出现对住房及生活服务设施需求的情况下开始的，它的开发较工业生产要迟滞一些。从 1993 年第一批人口入住泰达至今已有 10 年的时间，伴随着工业生产规模的不断扩大，泰达的住宅及服务需求也不断增长，它的发展也大致可以分为三个时期，即：生活功能发展迟缓的 10 年（1985—1993）；生活功能稳步发展时期（1995—1999）；生活功能快速发展时期（2000 至今）。

1. 早期以小规模的住宅建设为主的起步开发时期（1985—1993）

泰达早期的开发活动主要集中在工业区，故直至 1992 年除少量单身职工外，还没有正式家庭入住，1993 年随着第一批住宅先后建成，开始迎来居住人口，至 1994 年年底共建设居住建筑面积约 36.9 万平方米，3000 套住房。这一时期生活区的建设与快速发展的工业区相比要慢得多，住宅开发的规模不大，没有配套设施较全的住宅小区，多是以住宅团组规模零散开发，住宅类型单一，基本上是多层的住宅楼。住宅的出售比例很低，大多是以出租房或单位集体宿舍为主，表明这一时期居住人口的流动性很强。据1994年统计资料显示，当年居住于泰达的人口约8880人，其中仅有380人为常住人口（户籍人口），其余均为暂住人口。

这一时期生活服务功能的开发大体集中于1.2km^{2}的起步区内，不过由于住宅分布较零散，且定居人口不多，无法集中建设较为齐全的生活配套服务设施。公共服务设施的规模小、数量少、功能不全，较高层次的文化、娱乐、商业设施还是空白，还不具备一般的城市服务功能。生活区的环境也不甚理想，绿化稀少，城市面貌散乱，道路不成系统。

2. 以大规模住宅开发为主要特征的生活服务功能稳步发展时期(1994—1999)

随着泰达工业生产的高速发展和经济实力的迅速提高，对于居住、服务等需求相应不断增长，对生活环境质量的要求也越来越高，泰达生活区的开发开始成为城市建设的重要内容。泰达管委会相继出台了一系列鼓励生活区开发的政策和措施。1994年发表《机关职工入区政策的白皮书》，开始了以机关职工为起端的居民入区工程，同时还对各类已批未建土地进行了清理，要求限期开发或收回用于重新批租，由此带动生活区的开发建设进入到了一个新的阶段。据统计资料显示，在1996年至1998年三个年度，共计批准住宅建设项目30多项，住宅面积100多万平方米。住宅建设也表现出新的特点：

(1) 单个项目的开发规模较大，出现了完整开发的居住小区。

(2) 住宅类型出现了多样化趋势，除了多层公寓住宅外，还开发了一定量的小别墅及大户型的高级公寓。住宅户型也有了较大变化，更适合家庭生活的单套面积较大的户型占了比较大的比例，这从该时期建设的几个较有代表性的居住小区的情况就能清楚地反映出来（见表4-10）。泰达的居住人口稳步增长，至1998年年底总居住人口数已达3.30万人。

由于经济活动日趋活跃和居住人口不断增加，这一时期的公建设施建设得到加强，文化教育、商业、体育休闲等一批公建设施相继建成使用（见表4-11）。这些公建项目除个别宾馆外，基本都是以区内居民和企业职工为服务对象，高等级、辐射面广的公建设施不多。生活建成区的环境质量在这一时期有了较大提高，建设了一批公园、公共绿地，为居民的生活休闲提供了较好的环境。

表 4-10　泰达 1994—1999 年间开发的主要住宅小区概况一览表

项目名称		用地面积（万 m^2）	建筑面积（万 m^2）	住宅套数	每套建筑面积（m^2）
翠亨住宅小区	多层	144000	176900	1474	80～90
	高层（东区）	10800	62500	710	60～135
	高层（西区）	14700	58000	616	60～135
泰丰家园		81600	133290	960	80～160
海望园小区		50400	6400	494	90～110
雅园小区		28900	37000	360	—
阳光花园（别墅）		36800	44270	261	—
翔实路住宅小区		24600	25200	175	—
合计		391800	601160	5050	—

资料来源：引自天津经济开发区管委会．群策群力　共创泰达明天，2000

表 4-11　1994—1999 年间泰达新建主要公建项目概况一览表

项目名称	性质	建筑面积（m^2）
大荣超市	商业	—
农贸市场	商业	5000
金帆大厦	宾馆	6580
泰达国际会馆	宾馆	28583
泰达俱乐部	娱乐	10393
高尔夫球俱乐部	娱乐	5400
泰达青年宫	娱乐	4340
泰达第一幼儿园	教育	3095
泰达国际学校	教育	12533
泰达中小学	教育	31953
培训中心	教育	4412
泰达体育馆	体育	3000
泰达体育场	体育	—
泰达第一医院	医疗	10628
管委会办公楼	行政	15122
动植物检验检疫局大楼	行政	10741
政法大楼	行政	16339

资料来源：天津经济开发区公建项目用地现状统计表，1999

生活区的开发活动在这一阶段开始突破起步区的范围沿主干道向东扩展，依然以滚动式开发为主，没有出现工业区布局零散化的情况。这期间一个引人注目的事件是1998年泰达新城中心的开发进入到了实质阶段，成为下一阶段泰达生活区快速和跳跃式向东发展的前奏。

3. 城市生活服务功能以辐射滨海新区、天津市的多样化、高等级化为特征的快速发展时期（2000年至今）

泰达的经济发展经过前一时期的优化调整，自2000年以来转入到了一个新的发展时期，其特征就是城市功能的快速综合化。主要动因一是大量房地产开发商涉足泰达的居住、商业服务等方面的开发；二是泰达新城中心进入大规模的建设，从而推动了泰达生活区进入到了一个建设高潮；三是城市发展战略的调整。泰达在“十五”社会经济计划发展报告中明确提出了建设现代化新城区的新发展战略。具体就生活服务功能方面，提出应以发展高质量居住、高品位生活与娱乐、高档次商业、教育为一体的具有综合性的城市化功能，而低层次的居住生活（如打工者等蓝领职工）需求则依托周边邻近的塘沽城区来解决，泰达则重点发展补充周边地域欠缺的城市功能。这一时期泰达生活服务功能出现的新的转型变化主要体现在以下几个方面：

（1）住宅建设

住宅质量明显有高档化趋势。住宅类型以低层（3层或以下）的连排独户住宅、别墅和高层公寓两头居多，单套住宅面积较上一阶段又有较大增长，150m² 以上的大户型占了很大比例，大众型多层住宅虽也有开发，但已不占主导地位。各种设计新潮、环境品质优良的个性化居住小区不断涌现，反映了这一时期泰达入住居民对住宅的多样化需求。住宅的租让方式也发生了根本改变，基本上都是以售卖方式出售给个人，表明泰达开始形成不断稳定增长的居住人群。而早期开发的一批住宅由于质量不高，相当一部分转为了单身职工租用的宿舍。为泰达良好的生活环境的吸引，泰达周边邻近地域（塘沽、港口、保税区、北塘镇）的部分高收入家庭开始移住泰达，而原来居住于泰达的一部分低收入人员（主要是蓝领工人）则移住到周边消费较低的城区。城区居住人口增长明显加快，至2002年年底已达5.39万人（如图4-18所示）。

（2）新城中心及公建设施建设

泰达新城中心的开发是从1995年开始酝酿，于当年完成了《天津经济技

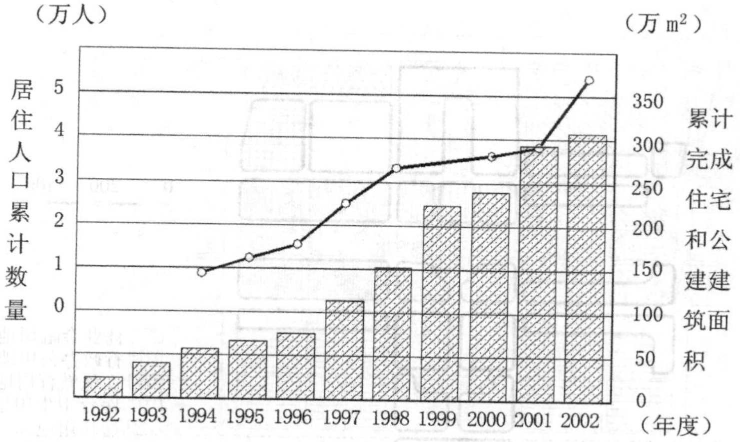

图 4-18 泰达居住人口及生活区建设规模变化情况

资料来源：根据天津经济开发区年度发展报告（1992—2000）数据整理绘制

照片 4-4 泰达的住宅区

术开发区新城中心控制性详细规划》。新城中心总规划面积约 270hm²，位于泰达生活区中部。最初定位于泰达的行政、商业、金融中心，但随着天津市建设滨海新区战略决策的实施，根据《天津市总体规划》（2000）的要求，并为适应泰达城市发展战略的调整，2000 年又对新城中心原有的规划进行了修编，定位调整为天津滨海新区的商贸、金融中心和天津市的副中心（如图 4-19 所示）。新城中心的建设始于 1996 年，第一个项目翠亨村居住小区于 1998 年建成并投入使用，成为泰达第一个等级较高、配置齐全的居住小区。1998 年泰

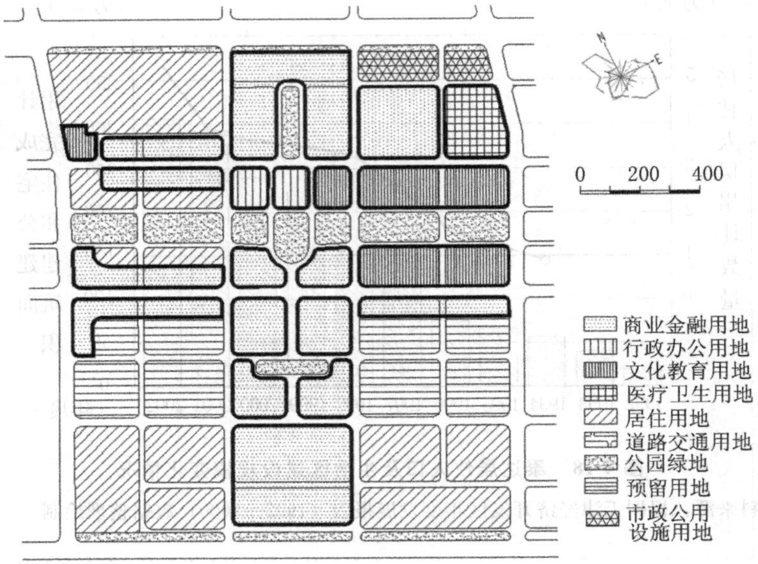

图 4-19 泰达新城中心土地利用规划图

资料来源：根据天津经济开发区新城中心控规（2000）绘制

达管委会新办公楼开始在新城中心兴建。但直到 2000 年前，由于该地区离基础设施相对完善的起步区较远，其开发的推进速度非常缓慢，建设项目很少。从 2000 年泰达管委会移驻中心为开端，迅速带动了新城中心的开发。一批大型公共建筑相继建成或开工建设，基础设施得到迅速完善，吸引了众多开发商投资于新城中心，掀起了新城中心开发的高潮。目前这种开发热潮依然方兴未艾。另外，随着天津海关大厦的建成及天津海关办事机构的迁入，天津边防总局办公楼的建成以及天津滨海新区管委会的入驻，使泰达新城中心事实上已承担起天津滨海新区的行政管理职能。在新城中心的行政、金融、商业服务、文化教育等功能不断得到开发充实的同时，一批高档的个性化住宅也兴建起来，带动了泰达住宅的多元化发展。

伴随中心城区的大规模开发，同时也是为满足城市功能多样化的发展需求，一批规模大、功能种类多样的大型公建设施相继得以开发建设，极大地推动了泰达城市功能向综合化发展（见表 4-12），并大大提升了泰达城市功能的辐射能力，使之迅速成长为滨海新区的金融商务中心和环境优良的高级居住地。

表 4-12　2000 年以来泰达已建、在建大型公建项目一览表

项目名称	性　质	建筑面积（m^2）	建设情况
友谊明都	商业	50000	已建
翠亨商城	商　业	31810	已建
白云宾馆	酒　店	14500	已建
万丽达酒店	五星级	56000	在建
市民广场	娱　乐	130000	在建
滨海电信大楼	公共服务	—	已建
会展中心	会　展	90000	在建
图书馆	文化教育	66700	已建
南开大学泰达学院	文化教育	97925	已建
足球体育场	体　育	36000 座	在建
泰达国际医院	医　疗	69860	在建
天津外商投资服务中心（管委会大楼）	行政办公	64000	已建
天津海关大厦	行政办公	48650	已建
天津边防总队	行政办公	8886	已建

资料来源：根据天津经济技术开发区重点项目介绍书（2000）整理

（3）城市空间扩展

生活区的空间在这一时期得到迅速扩展，原来夹在建成用地之间的闲置土地近三年来基本都得到了开发，生活区的城市面貌发生了较大改观。过去不连续的街道立面已连成一体，形成了具有现代化气息的城市街道景观。生活区也突破了最初的规划范围，向北突入原为工业区用地的临海岸线地段（如图 3-20 所示）。而起步区的一些地段则因老化而面临改造。

（4）环境建设

城区环境质量在这一时期有了质的提高，泰达提出了建设“可持续发展的生态型城区”的构想，以滨海广场、新城中心长达 2 千米的百米绿化带为代表的一批绿化、开敞空间相继建成，区内的道路网络系统日趋完善，使泰达城区生活环境的可达性、舒适性都有较大提高。

照片 4-5　泰达新城中心模型（局部）

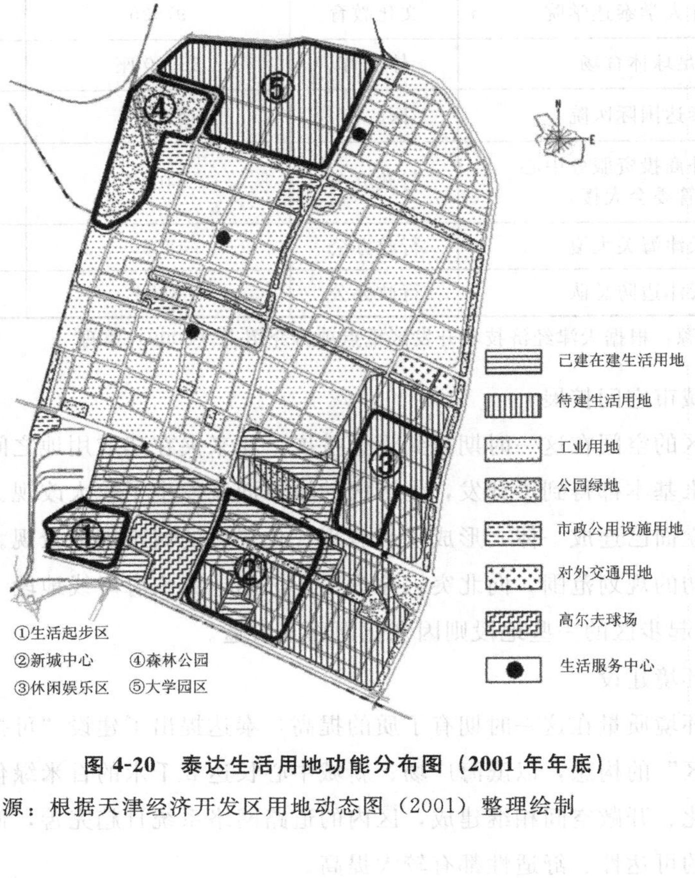

图 4-20　泰达生活用地功能分布图（2001 年年底）

资料来源：根据天津经济开发区用地动态图（2001）整理绘制

（5）社区建设

随着泰达居住人口的不断增加，新城社区建设也被提到了正式议事日程上。泰达 2001 年提出了“以人为本、服务居民、资源共享、责权统一、管理有序、扩大民主、民主自治”的社区建设方针，开始启动有关社区建设的项目。不过，总体来看，泰达的社区建设还处于起步建设阶段，无论是组织结构方面还是社区活动设施方面都很不完善，不能满足居民及企业的需求。

照片 4-6　泰达生活区鸟瞰

照片 4-7　天津海关

照片 4-8　泰达中心酒店

4.4　泰达外部地域功能与空间的演变过程和特征

有关城市外部地域功能与空间的内涵与范围本书已在 2.1.3 中进行了论述与界定，新城的外部地域功能与空间就是指新城在发展的过程中，逐步形成的

照片 4-9　泰达图书馆

照片 4-10　南开大学泰达学院

照片 4-11　综合精品商场—友谊商场

由新城与其所在地域其他相邻的城市（区）共同组成的新的功能与空间体系。本书所研究的泰达外部地域空间主要是指泰达所处的天津滨海新区的核心区，

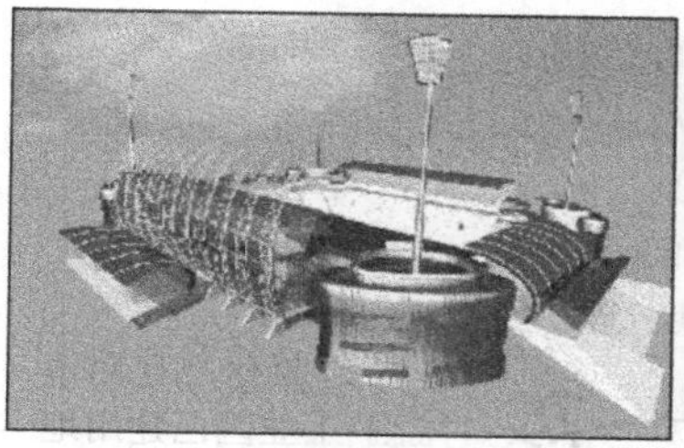

照片 4-12 泰达体育场

照片 4-13 泰达万丽达五星级酒店

照片 4-14 泰达会展中心

即与泰达相邻的“四区一港”，具体包括：位于泰达西、南两侧的塘沽城区、海洋高新区，泰达东侧的保税区、天津港，北侧的北塘镇（如图 4-21 所示）。另外，同处天津滨海新区的汉沽、大港以及海河下游工业区属于上述区域的外缘，对泰达的发展也有一定影响。以上地域是泰达发展所直接依托的区域环境，随着泰达的开发与发展，它对该地域产生的影响越来越大，并引起了该地域空间结构发生了显著变化。

4.4.1 区域交通网络

1. 铁路

泰达西临国家铁路干线——京山铁路，它是连通本地区与天津市中心、北京及全国其他地区的唯一客货运铁路线。但在 1999 年以前，泰达区内没有铁路通过，也没有铁路站点，区内人员要利用铁路交通需先乘汽车前往塘沽铁路客运站，很不方便，所以在此期间泰达与天津市中心和北京的客运交通主要靠

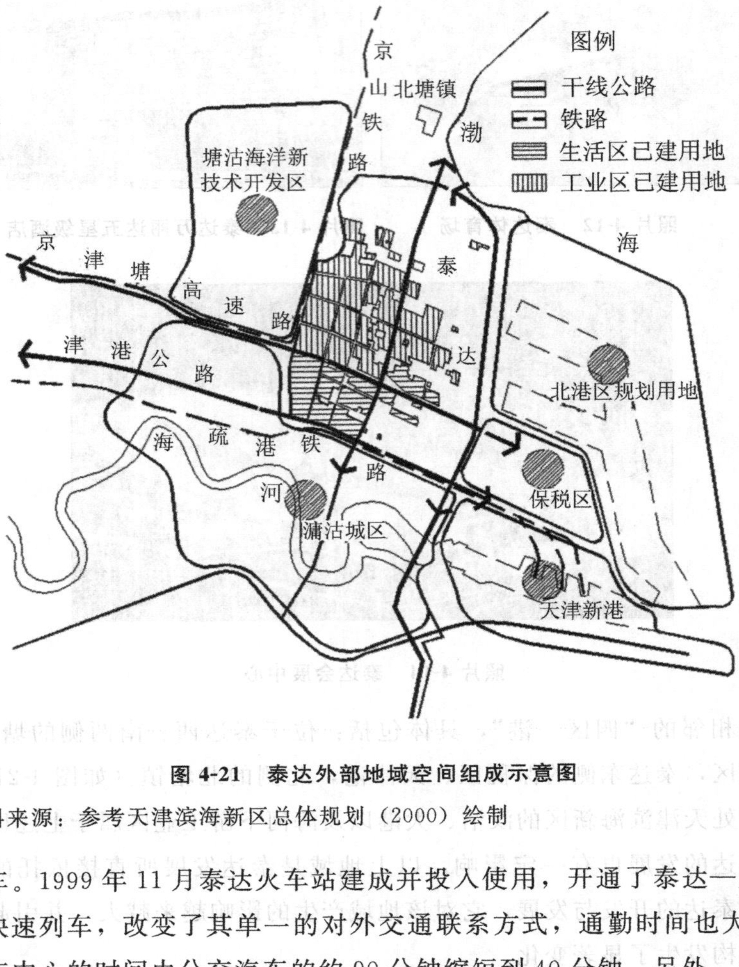

图 4-21　泰达外部地域空间组成示意图

资料来源：参考天津滨海新区总体规划（2000）绘制

公共汽车。1999 年 11 月泰达火车站建成并投入使用，开通了泰达—天津—北京城际快速列车，改变了其单一的对外交通联系方式，通勤时间也大为缩短，到天津市中心的时间由公交汽车的约 90 分钟缩短到 40 分钟。另外，由于城际高速列车运量大、速度快且在塘沽火车站停靠，也在一定程度上方便了周边邻近地区的居民前往天津中心市区和北京。不过，这种以长途客运为主的铁路运输方式相对于泰达和天津市中心、北京之间每日往返的大量通勤人口，无论是在运输能力上还是班次频率和灵活性方面都无法满足实际的需求。为此，2001 年由泰达联合塘沽区、天津港、保税区共同成立了天津滨海快速交通发展公司，用以规划建设由滨海新区至天津中心市区的津滨快速轻轨工程，该工程已于当年 5 月正式动工，计划 2003 年年底建成通车。轻轨路线沿途共设 9 个站点，起点与天津市正在建设中的地铁 1 号线相连，终点位于泰达。津滨快速轻轨的建设和开通将彻底改变泰达及其周边地域的客运通勤方式，并把泰达与港口、保税区、塘沽区和天津中心市区更紧密地联结起来。

另外，随着北京申办2008年奥运会成功，为了进一步加强作为分场馆地之一的天津与北京之间的联系，有关京津磁悬浮列车建设项目已经被提上议事日程。未来磁悬浮列车的兴建将进一步提高泰达与北京和天津市中心的联系，对其空间扩展及其周边地域空间结构的变化会带来重大影响（滨海时报，2002.4.12）。

就目前泰达已建和在建的铁路客运项目的作用来看，它对于缩短泰达及其周边地区与天津市中心和北京的通勤时间具有明显成效，也在一定程度上加强了泰达与周边地域的空间联系，但对于缩短泰达与周边地域之间的通勤时间和提高交通的便捷程度而言作用则要小得多，特别是对改善与滨海新区中的汉沽和大港的交通联系则几乎没有影响。为此，建设泰达与周边相邻地域之间的轻轨环路系统就成为现实需要，目前该轻轨环路系统的规划已在制定中，期待未来该轻轨系统的建成能够成为加强泰达与周边地域之间的联系并促进地域一体化的动力。

2. 区域干线道路交通

在泰达未与外部地域建立起快捷的轨道交通系统之前，将不得不依靠区域干线公路承担其与外部地域的交通联系。因此，建设便捷的区域干线公路交通网络对于泰达的对外联系就显得尤为重要。

泰达建设初期与外部交通联系的公路只有其南侧的天津至港口的津港公路，其余几个方向处于与外部完全隔绝状态，这种状况一直持续到1992年京津塘高速公路开通，才得到较大改观。京津塘高速公路终点设在泰达与塘沽交界处，其延长线自西向东贯穿整个泰达城区，直达港口，将北京、天津中心市区、塘沽、港口与泰达连接起来，成为泰达目前最重要的对外联系通道。为了适应泰达及天津滨海新区经济发展对交通运输不断增长的需求，天津市1999年又全线改建了津港公路，车道由4车道改为8车道，沿线主要交叉口全部实现了立交化，大大提高了通过能力。2001年4月又建设开通了连接天津中心市区与泰达的第二条高速公路——津滨高速公路，进一步便捷了天津中心市区与泰达之间的交通联系。以上区域性交通道路的建设也同时大大改善了泰达与周边相邻地域之间的交通条件，加强了彼此之间的空间联系。

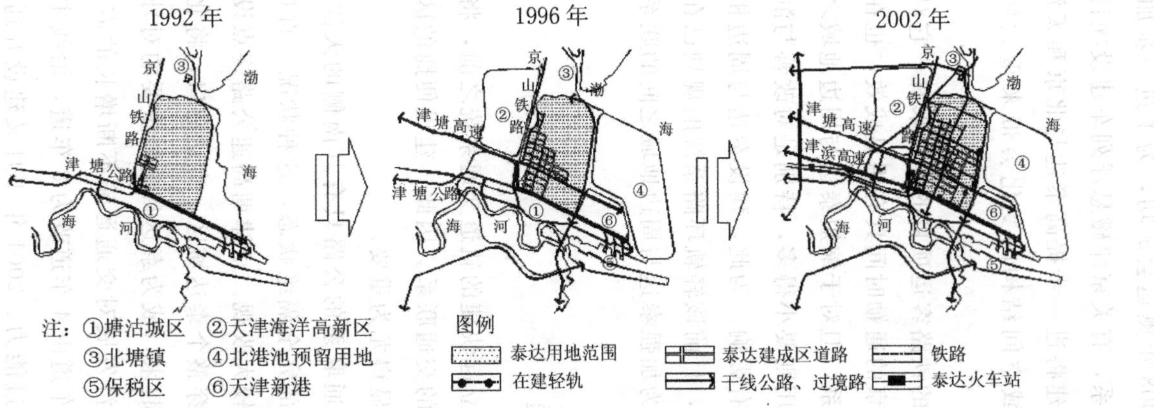

图 4-22　泰达外部区域交通网络的演化过程

资料来源：根据天津经济开发区总体规划（1996，2001）、天津滨海新区总体规划（2000）、塘沽区总体规划（1986、1996）整理绘制

泰达外部区域交通网络是随着泰达的成长而逐步形成的。在进入 20 世纪 90 年代中期以后，泰达逐渐成为带动地区发展的主导力量，与周边地区在人、物、资金等方面的往来日趋频繁，通畅与周边地区的交通联系通道就成为现实的迫切需要。1995 年塘汉公路拓宽，1998 年由泰达投资兴建的跨越永定河入海口的彩虹大桥建成通车，由此形成了连接汉沽、北塘镇、塘沽、港口、天津中心市区与泰达的最便捷通道；2001 年由泰达投资兴建的全国最大的互通式立交桥——滨海立交桥建成通车，同时连接泰达与塘沽城区的南北向干道——建材路修通，彻底改变了泰达与周边地域南北交通不畅的状况。这一系列跨地区道路交通设施的建设，大大加强了泰达与周边地域的交通与空间联系，初步形成了成体系的区域交通网络。随着交通网络的完善，连通泰达与周边相邻城区的公交路线也从无到有，目前已开通 14 条公交路线，其中除两条为泰达区内专线外，其余均是通往周边城区和天津中心市区的，形成了较为便捷的公交运输网络。不过，从目前区间交通的运行状况看，泰达与周边各城区的联系通道还是偏少，无法满足彼此间快速增长的交通流量，局部地区交通拥挤现象比较严重，各城区空间割裂的问题依然存在。目前天津市相关部门已开始着手解决这一问题，根据滨海新区最新修编的总体规划，未来泰达所处地域——天津滨海新区将建设三条跨地区的环线公路，总长达 96.7 千米的滨海大道已经动工建设。预计未来随着地域交通网络的进一步完善，泰达与周边相邻城区的通勤时间将不断缩短，彼此之间在空间上将日趋融合。

从以上泰达周边地域交通演化的过程来看，其主要动因是泰达经济的高速发展和对周边辐射力的增强，促进彼了此间交流的日趋频繁，而新城高效的运作方式和强大的经济实力则是其实现的基础。因此，可以认为泰达的开发和发展是其周边地域交通网络形成的最大推动力，而事实上泰达为了自身的可持续发展，增强区域竞争力，也往往是这些区域性交通设施建设的主要发起者和投资者。

4.4.2　外部地域功能与空间

1. 泰达外部地域城市化功能的发展

开发泰达的一个明显作用是在相当程度上抑制了周边地域无序的城市建成区的蔓延，并促进了地域城市化功能的发展。这种作用具体表现在以下几个方面：

(1) 首先表现在周边地域城市土地利用的变化方面

据资料统计，自泰达成立以来，特别是20世纪90年代以来，泰达所处的滨海新区的公园、绿地等公共空间用地所占城市用地的比例显著提高，从1993年的2.67%提高到2000年的5.4%，这其中泰达的示范带动作用功不可没，泰达高水平的规划与建设更是直接提升了周边地域的城市环境质量。泰达2000年已拥有公共绿地256.32hm^2，占整个滨海新区城市建成区公共绿地面积865.18hm^2的29.5%，占滨海新区核心区比例更是高达49%以上。泰达对周边地区城市土地利用的影响还表现在紧邻泰达周边用地功能的变化。虽然没有具体的统计数据，但从周边用地的利用状况就可以反映出来。最明显的就是临泰达西、南两侧的原为荒地、仓储用地、违章乱建的棚屋区目前正通过大规模的房地产开发而逐步为居住、商业等功能所替换。另外，由于泰达的开发和迅速成长，促进了该地域新型城市用地功能的产生。例如，由于泰达区内相继建成泰达职业技术学院、南开大学泰达学院和天津大学科技园区，正在规划建设的大学园区也将吸纳天津轻工业学院、天津职业技术学院等入驻，这些项目的建设和使用填补了滨海新区普通高等教育的空白，大大强化了该地区科学研究与文化教育的功能。

(2) 表现在地域城市化水平得到迅速提高

随着泰达及其周边地域产业规模的不断扩大，对就业人口的需求量也日趋增大，促进了该地域城市化的发展，相当一部分本地区农业人口转变为了产业工人，还吸引了一大批前来打工的非户籍人员。据资料统计，至2000年约有30余万的外来打工人员在泰达及其周边地区工作生活，而在泰达打工的就有约15万人，其中大部分散居于泰达周边的相邻地区。大量的从业人口和居住人口带来了城市消费的旺盛增长，促进了该地区居住、商业等的大发展，不断推动该地域城市功能趋于完善（如图4-23所示）。

(3) 伴随以泰达为中心的地域城市化的发展，各相邻城区功能发生了明显变化，出现了向专业化、特色化发展的趋向

例如塘沽城区就利用其原有商业服务体系相对比较完善的优势，大力发展商业服务业，建设了一批商业设施，并通过外引内联、集资开发等方式大规模改扩建了原来的商业街——解放路，使之成为滨海新区商业服务设施最为集中的地区，吸引了大批泰达及其周边地区的居民前往购物消费。泰达还与汉沽联合，投资设立了化学工业开发区，以吸引外资化学工业企业，这又进一步加强了汉沽化学工业生产的功能；与港口、保税区联合成立了“保泰

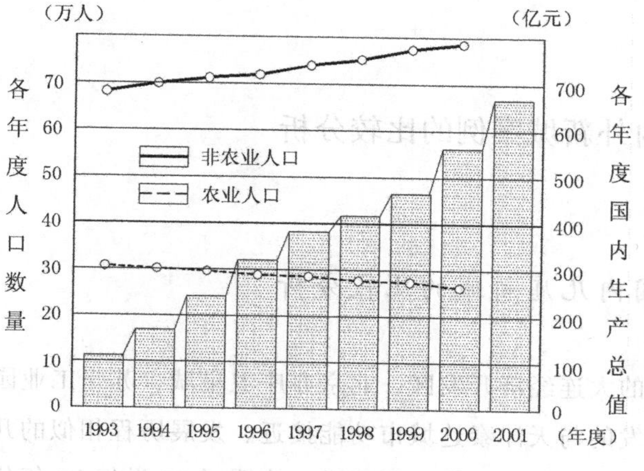

图 4-23　泰达所在地域（滨海新区）经济及人口变化情况

资料来源：根据天津滨海新区统计年鉴（1994—1998，2000，2001）整理绘制

工业园”，用以发展贸易、物流等产业。

2. 区域交通网络的形成对新城地域空间结构的影响

如 4.4.1 所述，目前以泰达为中心的区域交通网络已初步形成并处于不断完善的过程中。通过体系化的交通网络建设加强了泰达与周边地域各城区（镇）之间的空间联系和功能互补协作的关系。现在以泰达新城中心为起点，基本实现了 30 分钟汽车时间距离以内可以到达滨海新区核心区的任何一处（“四区一港”）和汉沽城区。未来滨海大道建成后，从泰达到大港也将能够实现 30 分钟时间距离。随着泰达及其周边地域交通便捷程度的不断提高，该区域居民的生活出行的便利程度不断得到提高，为新的城市空间格局的形成奠定了基础。泰达与相邻各城区的中心将由便捷的区域交通网络紧密地串接起来，沿线的空地、荒地及产出效率不高的用地将为环境优良、产出高的用地功能所替换，最终形成以泰达为核心的新的地域空间结构和空间扩展轴。

由以上分析可以看出，地域交通网络的形成对新城外部地域功能与空间具有以下几方面的影响：伴随着新城的开发而不断得到充实、完善的交通网络，①可以引导地域城市化空间的有序发展和合理地域空间结构的形成；②为新城及其周边地区的居民可以提供更多的工作、生活方式选择的可能性，方便了各城区居民的流动；③为该地域各城市（区）功能的优化调整创造了条件。

4.5 与国内外新城案例的比较分析

4.5.1 与国内几座新城的比较分析

这里选取的大连经济开发区、北京亦庄卫星城、苏州工业园区均是中国改革开放以来开发的与天津泰达城市功能接近、发展历程相似的几座比较有代表性的新城。通过对它们的比较，可以进一步明了20世纪80年代中期以来中国工业开发先导型新城的规划建设特征。

由表4-13可以看出，这几座新城，除北京亦庄开发区距大城市中心较近（16.5千米），其余均较远，在27.5～70千米之间，这基本上反映了中国这一时期设立的工业开发先导型新城大多选址于大城市的中远郊，这为城市的独立发展提供了可发展的空间。从他们的规划目标看，都是以发展工业生产为主，表明中国由于目前正处于快速工业化的发展阶段，以发展地区经济为主要目标成为这一时期中国新城功能开发的主要特征。但这些以工业开发为重要内容的新开发地区并不是仅仅停留于单纯的工业区或出口加工区，这从它们规划的用地规模和人口规模就能很清楚地反映出来。从它们的区位、用地规模、规划居住人口规模上看，都是按中型城市来规划建设的，所不同的只是各新城的功能定位有一定的差异。主要原因是与它们和母城的关系以及大城市发展战略的不同密切相关。如北京亦庄，由于距离北京市中心较近，被总体规划确立为北京十四个卫星城之一，因此它的发展受母城的作用力更强，要成为独立开发的新城很难实现，未来很可能与北京市区连为一体而成为其城区的一部分，为此，北京亦庄在定位上就强调了其特色化，提出作为北京的新经济区，以发展高新技术产业为主，社会功能配置上不是以吸引母城人口与产业作为主要目标，而是以保障区域经济发展为主要目的。苏州工业园区则又有所不同，由于其距离区域中心城市上海较远，但同时又紧邻苏州旧城的特点，提出了将苏州工业园建成为“60万人口的家园”“与现有城市相结合，成为高效率的城市实体，提供良好的居住、商业环境”

(潘云官、周志方编，1999)，完全是按照一个大城市规模来规划建设的。大连开发区则与天津泰达比较相近，都距离母城较远，同时又是处于母城空间发展战略重点转移地区，其发展目标均是成为与母城相抗衡的反磁力中心，以平衡大城市空间布局，所以在城市功能的层次、多样化方面与北京亦庄和苏州工业园又有较大不同。当然，各新城由于在其发展过程中的内外部条件的变化，其功能定位也在不同时期有所调整。

表 4-13　各新城基本情况一览表

新城名称	与母城距离 (km)	规划面积 (km^2)	规划居住人口 (万人)	规划目标	备　注
天津泰达	50 (距天津)	33.8	15	技术先进的外向型工业基地，天津市金融商贸副中心	1984 年设立。目前正在准备扩大用地面积
北京亦庄	16.5 (距北京)	64.3	49	北京的 14 个卫星城之一，发展新兴高新技术产业的重要基地	1992 年设立。其核心是北京经济开发区
大连开发区	27.5 (距大连)	70	25	现代化、外向型、多功能的东北亚地区国际经济活动中心	1984 年设立。
苏州工业园	70 (距上海)	63.4	60	发展高新技术为先导，现代工业为主体；第三产业和社会公益事业相配套的现代化城区	1994 年设立。指苏州工业园核心区，扩展后的大苏州工业园面积为 $250km^2$

资料来源：根据苏州工业园二、三期总体规划报告，1995；北京亦庄卫星城总体规划，2000；天津经济开发区土地利用规划，2000；大连经济开发区年度发展报告，2001 整理。

表 4-14 是四座新城土地利用构成情况（规划）。从各新城的土地利用构成可以看到这几座新城从功能布局上均考虑了一定规模的城市生活用地，这为它们未来城市功能的综合化奠定了基础。从各新城的土地利用构成看，工业用地

均占有最大比例，体现了工业新城的特点，但各新城的土地利用构成也有一定的差异：

(1) 与其他新城相比，泰达工业用地所占比重最大。其原因一是泰达在发展初期定位于单纯的出口加工区，这种发展的惯性延续至今；二是在泰达开发范围原为盐田荒地，本身没有原住居民，在开发初期定居人口很少，对生活功能设施的需求在发展前期并不迫切，需求的规模也不大。而北京亦庄、苏州工业园规划范围内本身就有村镇存在，原住居民数量较多，这使得新城在开发初期就必须考虑原有居民的安置问题。另外，二者均是20世纪90年代开发的新城区，在吸取上一代开发区经验的基础上，一开始就在生活功能的设置与开发上投入了较多力量。

(2) 泰达的公共用地所占比例要比其他新城高，而居住用地所占比例较低，反映了泰达所承担的城市功能与北京亦庄、苏州工业园不同，这在泰达城市定位上已有所反映，它是以天津金融、商贸副中心为目标，它的公共设施的规模和辐射范围更大，而居住功能则是以高档住宅为重点开发方向，中低档居住需求则分散于塘沽等周边地区。北京亦庄只是作为北京外围14个卫星城之一，在生活服务功能的设置上主要是以吸纳当地居民和满足产业发展对生活功能的需求为主；而苏州工业园区则是按一个较大规模的新城市来规划的，其用地结构总体上更为均衡。从大连用地结构来看，与泰达比较相近。不过，随着新城的开发，新城发展战略的调整，以及用地规模的扩大，其用地构成也会发生相应改变，从表4-14可以看出，北京亦庄、天津泰达新修订的用地规划与现状用地结构已有了较大不同。

表4-14 各新城土地利用平衡表

用地类别	天津泰达				北京亦庄				苏州工业园	
	2000年用地现状		2015年土地利用规划		2000年用地现状		2020年土地利用规划		1995—2010年土地利用规划	
	面积(hm^2)	%	面积(hm^2)	%	面积(hm^2)	%	面积(hm^2)	%	面积(hm^2)	%
居住用地	224	13.1	367	9.5	679	33.7	1214	18.9	1588	24.6
公共设施用地	281	16.5	573	14.9	106	5.3	615	9.6	406	6.4

续表

用地类别	天津泰达				北京亦庄				苏州工业园	
	2000 年用地现状		2015 年土地利用规划		2000 年用地现状		2020 年土地利用规划		1995—2010 年土地利用规划	
	面积(hm²)	%	面积(hm²)	%	面积(hm²)	%	面积(hm²)	%	面积(hm²)	%
工业用地	806	47.3	1811	47.1	732	36.3	2260	35.1	2120	33.4
仓储用地	37	2.2	65	1.7	31	1.5	150	2.5	163	2.6
对外交通用地	11	0.6	29	0.8	—	—	—	—	112	1.8
道路广场用地	239	14.0	515	13.4	321	16.0	1257	19.5	949	15.0
市政公用设施用地	51	3.0	136	3.6	120	6.0	322	5.0	181	2.9
绿　地	56	3.3	331	8.6	22	1.1	601	9.3	684	10.8
其　他	—	—	17	0.4	2	0.1	6	0.1	167	2.6
总　计	1705	100	3844	100	2013	100	6433	100	6370	100

资料来源：根据苏州工业园二、三期总体规划报告，1995；北京亦庄卫星城总体规划，2000；天津经济开发区总体规划，1996；大连经济开发区年度发展报告，2001 整理

图 4-24 反映的是其中三座新城的居住人口和从业人口的变化情况（北京亦庄资料缺）。由图可以看出，泰达居住人口的增长速度较其他几座新城要慢，自 1993 年开始有正式家庭入住以来，至今十年的时间，平均每年增加人口约为 4000 人，年平均增长率为 10%，但从 2000 年以来，每年居住人口明显增多，表明居住人口开始进入快速增长阶段。与此相对，其他几座新城的居住人口要明显多于泰达，大连的居住人口自 1992 年起即超过了从业人口的增长；苏州工业园的居住人口变化不大，反映了其开发范围内原住居民数量较大，在开发过程中一部分农民就地转化为产业工人，还有相当一部分原住民从其职业、居住地的分布判断，还没有转化为新城的市民，北京亦庄也有类似的特点。从业人口方面，泰达增长的速度相对较快，数量也最大，其次为大连开发区，北京亦庄与苏州工业园从业人口数量较少，但近年其增长速度则明显加快。总的来看，作为以工业开发为先导的新城，在开发的前期，随着工业生产规模的扩大，从业人口的增长速度要快于居住人口。北京亦庄、苏州工业园、大连经济开发区若除去原住的农业人口，也基本上反映出了这一特点。在进入城市发展的优化转型期后，居住人口的增加则明显加快，这从开发时间较长的泰达与大连开发区的住从比的变化状况就可以看出（如图 4-25 所示），表现出这类新城在开发初期生活功能外置的特点和城市功能综合化的发展趋势。

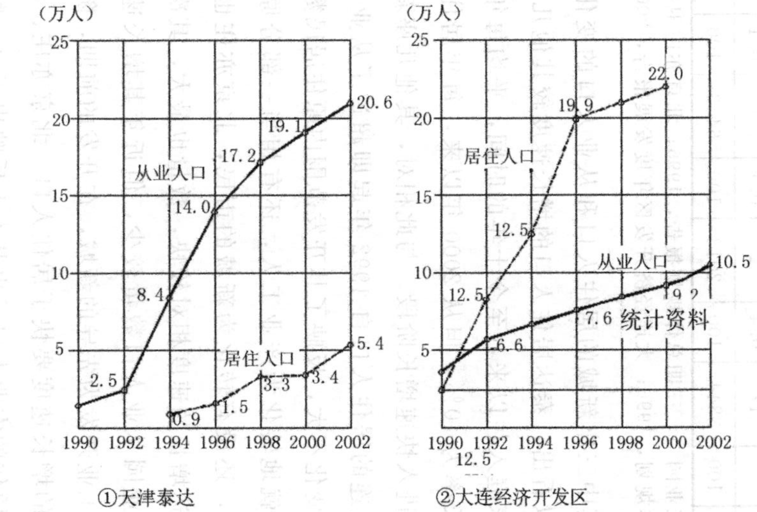

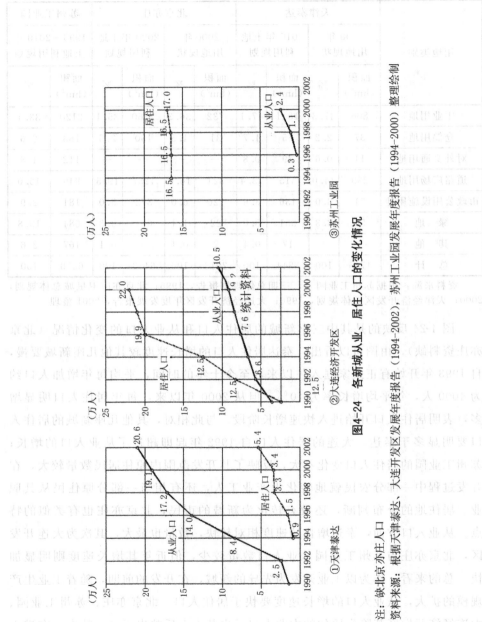

图4-24　各新城从业、居住人口的变化情况

注：缺北京亦庄人口

资料来源：根据天津泰达、大连开发区发展年度报告（1994-2002），苏州工业园发展年度报告（1994-2000）整理绘制

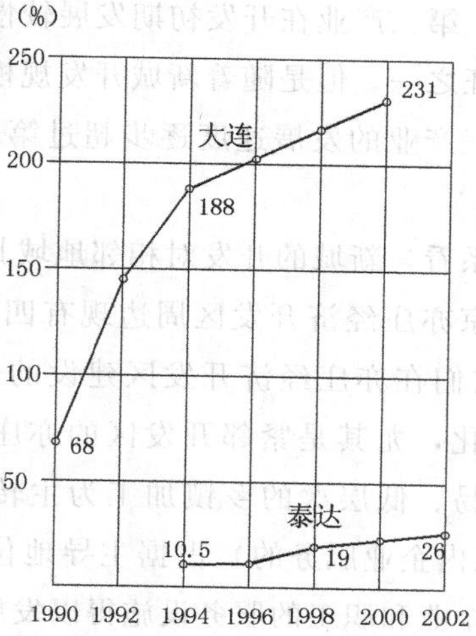

图 4-25　泰达、大连开发区人口住从比变化情况

注：住从比，指新城的居住人口与从业人口之比。它在一定程度上反映了新城生产和生活功能的构成状况

图 4-26 是各新城产业结构的变化情况。从二、三产业的变化来看，各新城的变化趋势比较相近：即工业生产在各新城的经济中均占据主导地位，而生

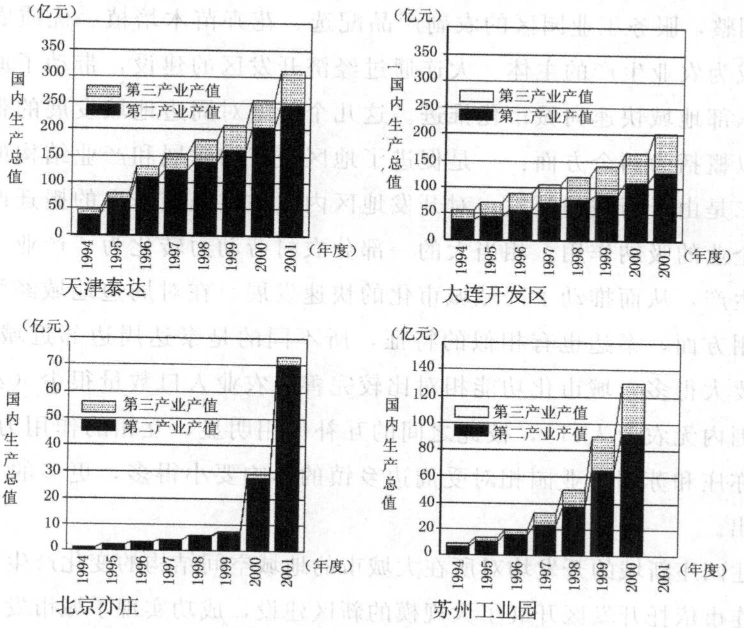

图 4-26　各新城 GDP 和二、三产业变化情况

资料来源：根据中国经济特区、开发区统计年鉴（1994—2001）数据整理绘制

活功能的开发相对滞后，第三产业在开发初期发展较慢，这也是以工业开发为先导的新城最明显的特征之一。但是随着新城开发规模的不断扩大，对生活功能的需求日趋增强，第三产业的发展速度逐步超过第二产业，在 GDP 中所占比例不断扩大。

从与周边地域的关系看，新城的开发对相邻地域其他城镇（区）的发展具有明显的带动作用。北京亦庄经济开发区周边现有四个镇（亦庄镇、瀛海镇、马驹桥镇、次渠镇），它们在亦庄经济开发区建设的带动下，经济增长迅速，产业结构发生了明显变化，尤其是紧邻开发区的亦庄镇，更是实现了质的飞跃，产业结构由集市贸易、低层次的乡镇加工为主转向高层次的配套加工业（相当一部分是为开发区内企业服务的）占据主导地位，第三产业也得到很大发展，一批面向开发区企业和职工的服务设施得以发展起来。苏州工业园在快速发展的同时，也带动了辖区内（大苏州工业园 250km^2 范围）5 个乡镇的发展，其辐射带动效应十分明显。据资料统计，至 2000 年年底 5 个乡镇的国内生产总值达 37.7 亿元，是苏州工业园开发前（1994 年）的 2.9 倍。外资利用从无到有，仅 2000 年新增合同外资即达 3.1 亿元。各镇的产业结构也发生了根本变化，工业生产已占据经济的主导地位，同时原有的农业生产结构也进行了较大调整，服务工业园区的农副产品配选、花卉苗木培植、优质农副产品的生产成为农业生产的主体。大连通过经济开发区的建设，带动了原来相对落后的东部地域快速向城市化推进。这几个新城对周边地域发展的带动作用总的可以概括为两个方面：一是促进了地区经济的发展和产业结构的调整和升级；二是由于新城的开发，对开发地区内原住农民定居点的搬迁改造以及新城内企业的吸纳作用，相当大的一部分农村劳动力转化为了产业工人或从事非农生产，从而推动了区域城市化的快速发展。在对周边地域经济发展的带动作用方面，泰达也有相似的特征，所不同的是泰达周边邻近城市（区）的规模要大得多，城市化功能相对比较完善，农业人口数量很少（泰达开发用地范围内无农业人口），彼此之间的互补作用明显，互相的作用力均较大，而北京亦庄和苏州工业园相对受周边乡镇的影响要小得多，更多的是单向作用力输出。

上述四座新城的开发均对所在大城市的地域空间结构的变化产生了很大影响。大连市依托开发区开展了大规模的新区建设，成功实现了城市发展重心的战略东移。北京则提出了依托开发区建设亦庄卫星城的规划构想，作为北京边缘 14 个卫星城之一。苏州在中新合作开发区的基础上，将范围进一步扩展至

250 km^2，提出了建设新苏州的发展思路。泰达则成为推动天津滨海新区发展的主导力量。

4.5.2　与日本几座新城的比较分析

中国近邻日本的新城规划与开发始于20世纪60年代初的经济高速成长时期，最初主要是为了解决因大城市快速扩张而带来的诸如城市拥挤、居住条件恶化等问题而进行规划建设的。日本20世纪60年代初经济的发展状况与中国目前的情况有些类似，并且它的几个大城市圈在人口密度、区位等方面的特点与中国沿海大城市地区比较接近，故而通过与日本新城的比较，也可以进一步明晰目前中国新城规划建设的特点和问题，引借日本在新城规划与开发方面的经验。

这里选取了位于日本首都圈的多摩新城、千叶新城、港北新城和筑波研究学园新城等四座具有代表性的新城作为比较对象。这四座新城初始规划与开发的时间大致在20世纪60年代中期至末期，正是日本经济高速成长的阶段，如前文3.2.2所述，其中除了筑波作为国家兴建的科学城而在开发方式和功能定位有所不同外，其余三座新城均是作为满足城市人口对大量的住宅需求而以居住功能开发为目的进行建设的，故在早期发展阶段它们基本上属于“卧城”，日本学者川上光秀将这种类型定名为“城市功能外插型新城”[1]。

表4-15反映的是这几座新城的基本概况。这四座新城距东京中心区的距离大致在25～60km，规划用地面积在19.6km^2～29.8km^2之间，与泰达的情况比较相近（距离母城50km，面积33.8km^2），但在居住与非居住用地的比例看则与泰达有较大差异。多摩、千叶、港北三座新城是以居住为主要功能，故其居住用地所占总用地比例要远远大于泰达。筑波作为科学城，其研发等非居住用地比例最大，但居住用地也占有相当比例。相反，泰达的工业生产用地则是最高的，这与其工业开发为先导的特点相符。它们的这种功能差异也反映在规划的人口密度上，泰达单位面积的居住人口数要大大低于其他新城。

表4-16是各新城的土地利用构成情况，从中比较可以看出，这几座新城的住宅用地、文化教育等公益设施用地（还包括研究、社会福利设施等）的比例明显高于泰达，公共用地整体水平也比泰达高，反映了日本新城规划对空间环境的标准要求方面要高于泰达。其中筑波的研发等用地（设施用地）占总用地的54.3%，这与其研究型新城的性质是相符的，而各新城的生产型用地

资料来源：根据高桥贤一. 连合都市圏の计画学，1998；东京都都市计画局総

表4-15　日本多摩、筑波、港北、千叶新城概况

	多摩新城	筑波研究学园新城	港北新城	千叶新城		
位置	东京以西约30公里	东京东北60公里	东京西南25公里	东京东北约35公里	天津东南约50公里	
规划面积	2,984hm^2	2,696hm^2	2,530hm^2	1,933hm^2	3,378hm^2	
开发主体	东京都住宅、都市整备公团	日本政府，住宅、都市整备公团	住宅、都市整备公团	住宅、都市整备公团和千叶县	天津市（天津经济开发区管委会），开发区建设总公司	
规划居住人口	240,700	220,000	300,000	194,000	144,000	
规划就业人口	133,300	100,000	220,000	194,000	234,000	
土地利用　居住用地比率	36.0%	24.7%	54.2%	35.6%	9.5%	备注 2000年总体规划修编数据。非居住用地包括：工业、仓储、公共设施用地；公共用地包括：道路交通、绿地、市政设施用地
土地利用　非居住用地比率	27.4%	58.6%	14.8%	28.8%	63.7%	
土地利用　公共用地比率	36.6%	16.7%	31%	35.5%	26.8%	
开发初始时间	1965	1966	1969	1967	1984	
土地开发进度	72.6%(1994)	完成(1994)	85.9%(1994)	75.7%(1994)	90.3%(原范围) 79.3%(扩展后)	

资料来源：根据高橋賢一. 連合都市圏の計画学，1998；東京都都市計画局総合計画部編. 魅力ある多摩の拠点づくり；住宅. 都市整備公団筑波開発局. 筑波広域都市圏整備基本計画策定調査報告書，1994；天津经济开发区总体规划（1996—2010），1996整理

合计画部编. 魅力ある多摩の拠点づくり；住宅. 都市整备公团筑波开発局. 筑波広域都市圏整备基本计画策定调查报告书，1994；天津经济开发区总体规划（1996—2010），1996 整理（特定业务设施用地）则比例不高，均在 15％以下，个别如港北新城甚至为零，而泰达则达到近 50％的比例，这反映了日本新城生产功能外置型的特点。不过，20 世纪 80 年代以来，日本新城出现了“多功能复合化”、追求职住接近的新的发展趋势，受此影响，许多新城的用地结构也发生了一定变化，其中生产型用地（特定业务设施用地）的比例明显提高。日本新城的这种特征还明显地反映于居住人口与从业人口的变化情况上。如图 4-27，从图中我们可以看到，这四座新城中，筑波作为教育研究为主要功能的新城，其从业人口始终大于居住人口，且住从比（从业人口与居住人口之比）远远小于 1，不过筑波相当一部分从业人口是居住于其相邻的周边地区，

如将居住于周边的从业人口包括在内，则筑波的住从比接近于 1，其余的三座新城在开发前期住从比要远大于 1，居住功能的特点突出，不过随着时间的推移，各新城的从业人口在不断增加，除港北新城的从业人口增长较缓慢外，多摩新城与千叶新城的从业人口在 1993 年以后增长速度开始超过居住人口，而千叶新城在 1996 年住从比已小于 1，表明其城市功能已由“卧城”转变为自立性的新城。以上四座新城的住从比的变化也反映了日本新城由初始的居住功能为先导而逐步充实就业功能、不断向城市自立化方向发展的过程。这四座新城中筑波的人口变化情况与泰达有些相近，即新城内居住人口的增长要大大慢于从业人口的增长，而从业人口居住于周边邻近地区的数量则增长较快，表现出由依赖母城转向与周边地区联合的趋势，这与它们非居住功能强的特点是相吻合的。图 4-28 反映的是上述几座新城对母城依赖程度的变化情况和新城与外部地域关系的变化趋势。除筑波由于本身独立性很强，与东京的依赖程度变化不大外，多摩与港北的依赖程度呈下降趋势（千叶缺资料），也表明了其城市自立化程度的不断提高。

表 4-16　日本四座新城土地利用构成一览表

土地利用构成		多摩新城		筑波研究学园城		港北新城		千叶新城		天津泰达	
		面积（hm^2）	%	面积（hm^2）	%	面积（hm^2）	%	面积（hm^2）	%	面积（hm^2）	%
居住用地		853.0	36.5	665.0	24.7	762.8	57.9	689.0	36.0	367	9.5
公共设施用地	教育设施用地	246.4	10.5	92.0	3.4	65.2	5.0	132.0	7.0	—	—
	商业设施用地	76.2	3.2	25	0.9	77.9	5.9	45.0	2.0	—	—
	诱致设施用地（研发用地）	238.4	10.2	1465	54.3	—	—	200.0	10.0	—	—
	小计	561.0	23.9	1582	58.6	143.1	10.9	377.0	19.0	573	14.9
公共用地（道路交通、绿化、市政用地）		881.8	37.7	449	16.7	411.0	31.2	689.0	36.0	1028	26.8
特定业务用地（工业、仓储、办公等）		43.8	1.9	—	—	—	—	178.0	9.0	1876	48.8
合计		2339.6	1080	2696	100.0	1316.9	100.0	1933	100.0	3844	100

资料来源：根據高橋賢一．連合都市圈の計画學，1998；东京都都市计画局综合计画部编．魅力ある多摩の拠点づくり；住宅．都市整備公团筑波开发局．筑波広域都市圈整備基本計画策定調查報告書，1994；天津經濟開發區總體規劃（1996—2010），1996 整理

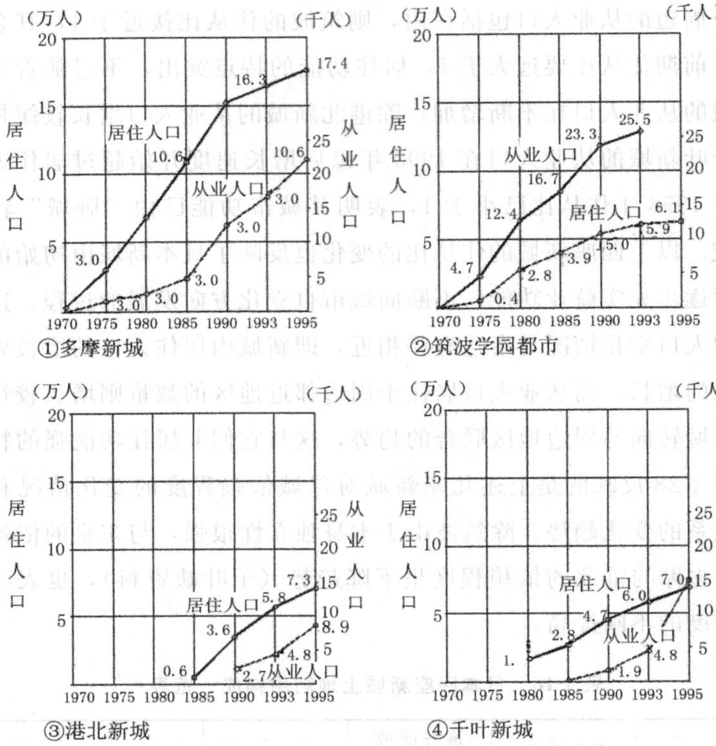

图 4-27　日本各新城居住与从业人口变化情况

资料来源：引自高橋賢一、鈴木奏到．新都市開発に伴う地域通勤圏の生成とその要因に關する考察，1994

从各新城的功能形成过程来看，多摩、港北、千叶新城是以居住功能为先导开发的，它们的发展过程具有相似性：在开发的中前期，非居住功能用地的开发规模较小，发展缓慢，在进入开发中期以后，非居住功能用地规模迅速增加，城市功能向多样化转变。不过，各新城的城市功能发展情况也有一定差异：多摩新城的非居住功能在开发的最初阶段多是与居住生活密切相关的内容，如学校、商业服务等，企业规模偏小，只是在进入 20 世纪 90 年代以后，非居住功能中的商务办公、高科技研发和生产才开始逐步占据主导地位，在这一点上多摩与泰达的情况比较相似。而开发稍晚的港北新城和千叶新城则从一开始就很注重吸引研究机构、大学等，故在其非居住功能中，研发、高等教育所占比重较大，外资企业也比较多。与这三个新城不同的是，筑波是国家主导建设的，其开发是以大规模的综合建设为特征，从一开始城市的非居住功能就被作为重点开发内容，研发设施与公共设施占了最大比重（如图 4-29 所示）。

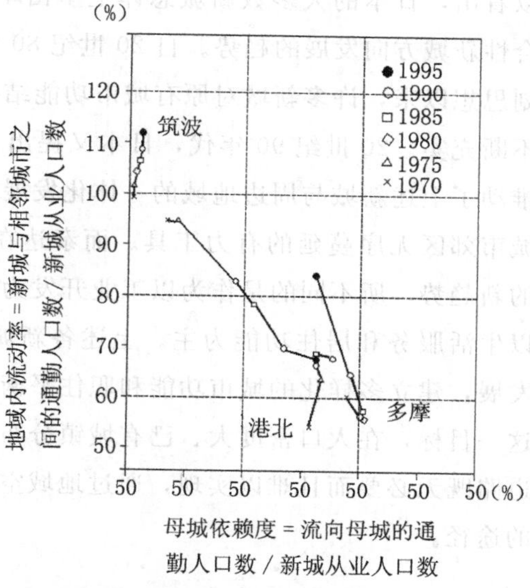

图 4-28　日本各新城与所在地域和母城（东京）的通勤变化情况图示

资料来源：引自高橋賢一．連合都市圏の計画学，1998

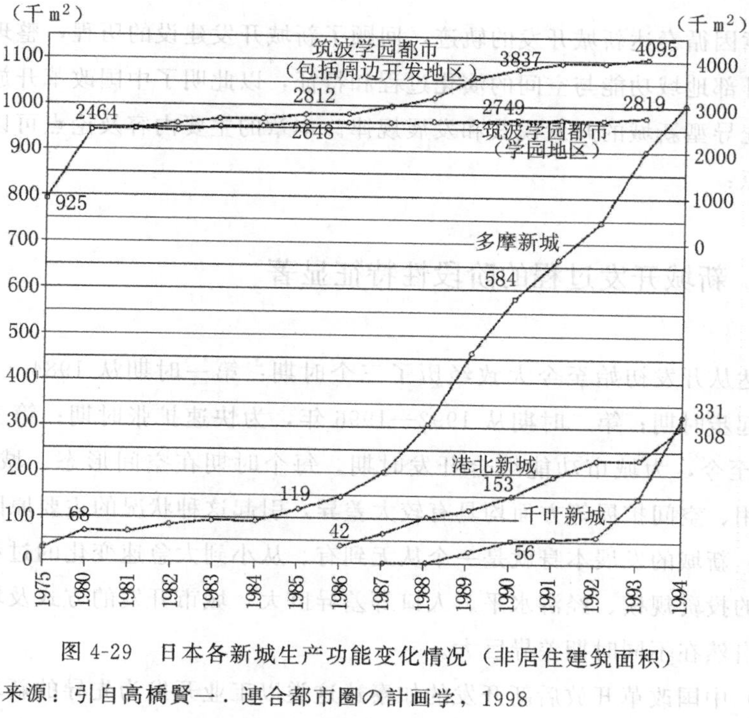

图 4-29　日本各新城生产功能变化情况（非居住建筑面积）

资料来源：引自高橋賢一．連合都市圏の計画学，1998

由以上分析可以看出，日本的大多数新城总体上呈由单一功能的“卧城”向功能自立化的综合性新城方向发展的趋势。自 20 世纪 80 年代日本提出“多功能复合化”的规划思想以来，许多新城对原有城市功能结构进行了调整，使得各自的功能得以不断充实。20 世纪 90 年代，日本又提出了地域联合的新城发展构想，进一步推动了上述新城与周边地域的一体化发展，成为平衡大城市空间布局，抑制大城市郊区无序蔓延的有力工具。而泰达在进入 21 世纪以来也出现了这种发展的新趋势，所不同的是作为以工业开发为先导的新城，其目前所补充的功能是以生活服务和居住功能为主。上述各新城的发展趋势表明：新城要实现可持续发展，建立多样化的城市功能和职住平衡的功能结构是重要的条件，而要实现这一目标，在人口密度大、已有城镇分布多的地区要走完全独立式的新城开发道路既无必要而且难以实现，通过地域空间连合的发展模式则是一条便捷可行的途径。

4.6 小结

本章因循泰达新城开发的轨迹，回顾了新城开发建设的历程，整理分析了泰达内外部地域功能与空间的演化过程和特征，以此明了中国改革开放以来工业开发先导型新城的开发模式和发展规律。本章的主要内容及论点可以归结为以下几点：

4.6.1 新城开发过程的阶段性特征显著

泰达从开发初始至今大致经历了三个时期：第一时期从 1984—1991 年，为开发起步时期；第二时期从 1992—1996 年，为快速扩张时期；第三时期从 1997 年至今，为城市功能综合开发时期。每个时期在空间形态、城市功能、土地利用、空间扩展等方面均具有较大差异，引起这种状况的主要原因在于：

（1）新城的发展本身就是一个从无到有、从小到大急速变化的过程。由于各阶段的投资规模、经济水平、人口等差异巨大，城市开发的方式及城市功能的构成自然在不同时期差异巨大。

（2）中国改革开放后新开发的如泰达这类以工业开发为先导的新城是在完全没有经验的条件下，边实践边总结的过程中不断调整发展思路进行建设的，因此，它的开发组织方式与土地开发模式在不同时期有着不同的特点。

(3) 如泰达这种新城的开发方式不同于国家有计划且全方位支持开发的新城市（如深圳、上海浦东），而是以贷款方式进行初期资金的筹措，从一开始就走的是市场经济的发展道路。这就决定了它的发展在开创初期不可能进行跳跃式的大规模开发，而只能根据市场发展的需要渐进开发。

4.6.2　从泰达的发展特点及其城市功能组成现况看，泰达属于生活功能外置型新城

以工业开发为先导的新城，在其发展的前期阶段主要是以工业开发为主，而生活功能的开发则要相对滞后，在开发的中前期，新城的生活服务功能需求主要依赖于母城。随着新城工业生产规模的扩大和从业人口的不断增加，生活功能才逐步得到开发而发展起来。但即使如此，与居住功能开发先导型新城和一开始就以职住平衡为目标的新城相比较，其生活服务功能尤其是大众型的生活服务功能无论是在数量上还是种类上都与实际需要有一定差距，加之受早期规划功能布局和原有经济发展惯性的影响，在较短时期内很难完全实现新城的自立化。这就提出了通过新城与其周边地域联合的方式实现功能相对自立化的课题。

4.6.3　工业开发先导型新城的城市功能综合化的发展趋势

从泰达城市功能的演变过程及其与大连经济开发区、北京亦庄和苏州工业园比较中，都可以看到这类新城存在着明显的城市功能综合化的发展趋势，这主要表现在：

(1) 在新城进入快速发展阶段后，其生活服务功能的开发规模日趋增大，随着新城基础设施的不断完善，房地产开发事业也日趋活跃。特别是在新城进入相对成熟的优化成长期后，生活服务功能的发展速度很快超过工业生产的发展，城市功能向多样化、高品质化方向转变。

(2) 伴随城市功能的不断充实，居住于新城的人口开始大量增加，出现了稳定增长的居住人群，这又进一步促进了城市生活功能的发展，形成了良性互动的发展局面。

4.6.4 新城开发引起其外部地域功能与空间发生了显著变化

(1) 随着新城大规模有序的开发，可以有效地抑制周边地域分散、无序的城市建设活动。

(2) 伴随新城的开发，由于新城自身生产与生活活动而产生的供给与需求促进了整个周边地域新型供需市场的形成。

(3) 由于新城的基础设施水平和环境质量大大高于周边地区，加之发展的限制因素少，开发政策优惠，这为其吸引企业和人才前来发展创造了优越的条件，使之在与周边相邻城市（区）的竞争中处于优势地位，而有可能在较短的时间内迅速发展成为带动周边地域发展的核心。

(4) 随着新城的开发而带来的区域性基础设施，如与母城之间的铁路、轻轨、干线公路以及水电设施的建设与完善，也在相当程度上改善了周边地区的交通条件与基础设施水平，为这些地区的发展创造了新的机遇，带动了周边地区的发展，加强了地区之间的空间联系。

(5) 由于新城的开发而形成了新的城市结节点和劳务市场，随着区域交通条件的改善，新城的企业从业人员及居民的活动不断向周边地区扩散，带来了周边相邻城市（区）功能及其空间扩展方向发生变化，促成了地域通勤圈的形成，加强了各相邻城市（区）之间在人、物、信息等方面的交流。通过与日本新城案例的比较分析表明：在人口密度大、已有城镇分布多的地区要走完全独立式的新城开发道路既无必要而且难以实现，通过新城与其周边相邻城市（区、镇）建立功能有机互补的地域空间连合体的发展模式则是一条便捷可行的途径。

注释：

[1] 川上光秀（1990）针对东京周边新城多以居住功能为主，就业功能则依赖于母城的特点，而提出的新城类型概念。

第5章　新城有机生长的成因与模式

本章将根据城市有机生长的内涵和理论，参照新城有机生长状态下所表现的基本特征，选取相关评价因素，并以泰达为实证案例对中国当代工业开发先导型新城有机生长的实际状况及其发展趋向进行评价分析。在此基础上，进一步深入分析影响新城有机生长的主要因素，并提出新城有机生长的模式。

5.1　新城有机生长状况评价

有关新城在有机生长状态下所表现的基本特征已在前文2.1.3节中进行了分析和总结，从新城内部地域功能与空间来看，它表现为城市功能的自立化和空间环境的生态化；从新城的外部地域功能与空间来看，它表现为地域功能与空间的一体化发展。对于新城有机生长状况的评价就是以上述基本特征为参照标准，并选取相关因素进行考察，以此判断有机生长的实际状况及其发展趋向。下面我们分别从新城内、外部地域两个层次，选取能够反映新城城市功能自立化程度、空间环境质量、外部地域功能与空间一体化发展状况的若干因素结合实证案例进行分析评价。

5.1.1　新城有机生长的评价因素

1. 新城内部地域功能与空间有机生长的评价因素

（1）城市功能自立化

城市功能的自立化就是指建立起类型多样、结构合理的城市功能，从而达到城市生产与生活功能的平衡，实现就业与居住的接近。新城功能的自立化可以大大减少新城与母城之间的交通量，避免大城市的交通拥挤及污染，更可赋予新城丰富多彩的活动，激发城市活力，保持新城自我持续发展的能力。新城功能的自立化体现在以下几个方面：

① 城市形态

从城市空间形态看，应具有完整独立的城市空间和健康的城市肌理，反映出城市空间扩展是在有序的条件下进行的，不会出现无序蔓延式的开发情况。

② 城市功能构成

从新城功能及其设施构成来看，应具有完备的如商店、学校、医院、图书馆等日常生活服务功能和设施，拥有可以提供充足就业机会的机构，而不只是强调某一方面功能的单一工业生产区或纯居住的“卧城”。新城功能的总体构成状况可以通过“住从比”（新城居住人口与在新城内就业的人口数之比）反映出来。

③ 城市功能布局

即是否实现职住接近（就职地点与居住地点接近）。从城市居民的出行看，新城居民的出行活动应主要发生于新城内，而不必由于就业、居住、购物等原因奔波于新城与母城之间。

④ 人口构成

从新城居住人口的结构特点来看，其人口在年龄、职业、经济地位等方面，应具有混合平衡的特点。

新城功能的自立化因国家、地区的不同，其具体含义也有一定差异。以英国为代表的西欧新城强调新城功能的完全自立化，在阿伯克隆比（Abercrombie）的大伦敦规划中，就新城自立化确定了两个原则：一是新城应能达到自给自足；二是新城应能就地平衡工作岗位和生活设施，保证新城居民能就地生活和就地工作。

日本的新城虽然最初也是按照英国的新城模式来规划的，但在实际开发过程中，由于开发历史、制度、国土政策、区域条件以及大城市发展战略等方面的不同，发现很难实现新城的完全自立化。经过对实践经验的总结，日本提出了连合城市圈的概念，即通过新城与其周边相邻的城市（区）在功能方面的互补联合，而实现在一定地域范围内城市功能的自立化，达到职住的平衡与接近。以中国目前的现实条件来看，后一种新城自立化的模式更为可行。

（2）城市空间环境的生态化

一个有机生长的城市从其空间环境来看应是生态化的城市，是一个紧凑、充满活力、高效节能、与自然和谐共存的聚居地。生态化的城市空间环境规划建设是一项涉及经济、社会、人口、资源与环境等众多因素的复杂、动态、开放的巨系统工程。

联合国在《人与生物圈计划》（MBA）第 57 集报告中指出：生态城市规划要从自然生态和社会心理两方面去创造一种能充分融合技术和自然的人类活动的最优环境，诱发人的创造力和生产力，提供高质量的生活方式。1984 年 MBA 报告中又提出了生态化城市的规划 5 原则：生态保护战略，生态基础设施，居民生活标准，文化历史保护，自然融合城市。城市生态学家理查德·雷吉斯特（Richard Register）也于 1984 年提出了建立生态化城市的原则，即：

① 以相对较小的城市规模建设高质量的城市。

② 就近出行（access by proximity），就是要有足够多的土地利用类型都彼此邻近，实现基本生活出行就地解决。

③ 小规模集中化，即要求城市在物质环境上应该更加集中，根据参与社会生活和政治的需要，适当分散。

④ 有益于健康的物种多样性。该原则表明了建立在混合土地利用理念上的城市规划是正确的方向。

1996 年，理查德·雷吉斯特领导的“城市生态”组织提出了更加完整地建立生态化城市的 10 项原则：

① 修改土地利用开发的优先权，优先开发紧凑的、多种多样的、绿色的、安全的、令人愉快的和有活力的混合土地利用社区，而且这些社区靠近公交车站和交通设施。

② 修改交通设施的优先权，把步行、自行车和公共交通出行方式置于比小汽车优先的位置，强调“就近出行”。

③ 修复被损坏的自然环境，尤其是河流、海滨、山脊和湿地。

④ 建设体面的、低价的、安全的、方便的、适用多种民族和经济收入的人生活的混合居住区。

⑤ 培育社会公正性，改善妇女、有色种族和残障人的生活和社会状况。

⑥ 支持地方化农业，支持城市绿化项目，并实现社区的花园化。

⑦ 提倡回收，采用新型优良技术和资源保护技术，同时减少污染物和危险品的排放。

⑧ 同商业、产业界共同支持具有良好生态效益的经济活动，同时抑制污染。

⑨ 提倡自觉的简单化生活方式，反对过多消费资源和商品。

⑩ 通过提高公众生态可持续发展意识的宣传活动和教育项目，提高公众的局部环境和生物区域环境的意识。

从以上介绍可以看出，有关生态化城市的规划原则及其内涵是在不断发展充实中，概括起来大致包括了土地开发、城市交通、城市经济和生活方式、社会公平、公众的生态意识及强调物种多样性的自然特征等方面内容。

生态学是城市有机生长规划理论的一个主要来源之一，空间环境的生态化是一个城市达到有机生长状态所必须具备的基本条件。不过，与生态城市规划理论相比，有机生长的规划理论更为注重对城市发展过程的状态及其在这一动态过程中的城市功能活动与空间结构组织的研究。新城空间环境生态化主要体现在以下四个方面：

第一，土地利用——多样化集约式土地利用。这种模式的土地利用为使用具有高标准的各种功能空间提供了条件，能够创造出一种足够紧凑的具备高度可达性和联系性的城市形态。多样化集约式土地利用集中体现在定性的空间密度和混合土地利用两方面：一方面，它可以确保土地承载多种功能和生活环境（生活、工作、娱乐、自然等）；另一方面，可以改变由于功能单一、未经整合的土地使用方式所带来的城市功能紊乱和景观的破碎化等问题。

第二，空间扩展方式——有序、高效的空间扩展。通过细致合理、弹性灵活的城市规划的引导下，以高度系统化的开发方式和渐进的推进速度进行城市空间的向外扩展，空间扩展具有明确的范围和阶段，有层次之分。目前国外比较成功的生态化城市空间的扩展模式（如巴西的库里蒂巴）是充分利用交通与土地利用之间的紧密关系，把公共交通规划与高密度混合土地利用规划合为一体。这种规划模式能够构建起城市一体化的高效轨道交通网络和道路网络，将城市空间的扩展引导到沿轨道交通和公共汽车交通网络构成的空间廊道上，以高可达性促进城市土地沿交通走廊滚动集中式开发。同时，这种方式的空间扩展除了高效的原则外还确立了以人为本的原则，以行人为基本尺度而非以汽车的道路系统决定城市基本的网络结构。

第三，城市空间环境——高品质、良性发展的城市生态环境。具体指：①环境与空间容量适宜。在土地集约化开发的同时，也要有适宜的人口规模、容积率、建筑密度等。②结构清晰，活动方便。即城市的空间形式结构清晰，可识别性强，有利于生活与生产活动的开展。③景观优美，特色突出。城市空间环境与自然有机结协调，整体城市形象能够体现出地域特色与个性。④拥有完善的环境保护设施和循环回收再利用系统。

第四，社会功能——以人为本，提倡公平的社会功能。通过建立完善的社区，提供充实而丰富的社会公益设施和项目，开展多种多样的社区活动，使全体市民均共同致力于改善提高所有居民生活质量的工作，让全体市民参与城市规划与建设的过程，最终实现自由和秩序统一、个人利益和社会利益统一的可持续发展的健康社会。

2. 新城外部地域功能与空间有机生长的评价因素

(1) 新城外部地域向有机生长方向发展的一般过程

如 3.2 节所分析的，中国新城的特点不同于以英国为代表的完全自立化的新城，在其开发的初期阶段往往偏重于某一主要功能，或以工业为主的工业城，或以居住为主的大型居住区（卧城），或以行政办公为主要职能的行政新城（区），或以发展科学技术和高新技术产业的高新技术园区、大学城等，由于受到初始发展目标以及内外部社会、经济、土地、环境等条件所限，很难通过自身的发展在比较短的时间内实现完全自立。这一点在人口密度、历史、文化背景与中国比较相近的日本、韩国等东亚国家或地区有些相似，新城并不是功能齐备、职住平衡的完全自立城市，而是有一部分功能（或就业或生活等）要依赖于母城或周边邻近的其他城市，即所谓的“城市功能外置型”新城。中国当代以工业开发为先导的新城，即是这种新城类型的典型。就如泰达，在其开发初期阶段，城市生活功能几乎完全依赖于天津中心市区，随着开发规模的不断扩大和经济实力的增强，泰达与周边地域相邻城区（镇）之间的联系不断加强，逐步建立起一定的功能互补关系，原来依赖于母城的一部分城市功能转移到了周边邻近城区。目前，泰达相当一部分大众性消费、居住等需求更多的转向生活服务功能日趋完善的塘沽城区，而在泰达开发建设的众多高公档共设施又补缺了该地域高等级城市功能的不足。随着这种功能互补关系的建立，逐步使泰达职住完全分离（依赖于母城）的状况转向与周边相邻城区（镇）联合，形成职住在一定地域范围内接近的相对于大城市中心市区而实现功能自立的城市群地域空间连合体，随着这种地域联合深度的不断推进，将最终演化成为功能有机互补、协调统一发展的空间一体化新型城市圈，实现新城外部地域功能与空间的有机生长。

这种向有机生长方向演进的过程可以分为三步，即：

第一步，新城功能实现综合化；

第二步，初步形成职住接近型的城市群地域空间连合体；

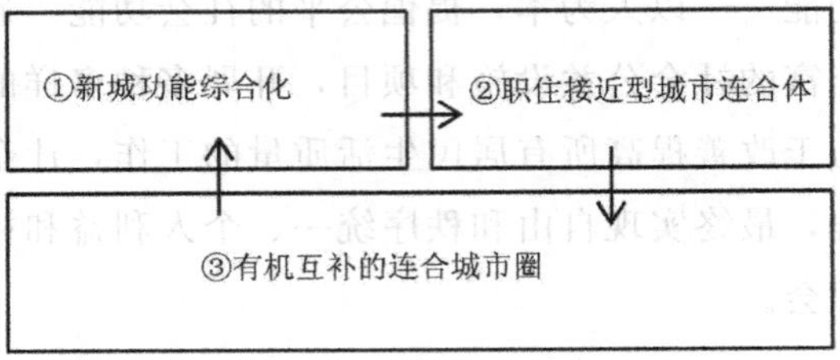

图 5-1 新城外部地域有机生长演进的三步过程概念图

第三步，建立起以新城为核心的功能有机互补，协调统一发展的新型连合城市圈。

这一发展过程并不是单向的演进，而是互动和螺旋上升的一个过程，由此不断推动地域空间连合化的深度，直至达成新城外部地域功能与空间一体化发展。

(2) 评价因素

参照新城有机生长的基本特征，判断一个新城外部地域功能与空间有机生长状状况主要看新城与其周边地域相邻城市（区）之间是否实现了一体化发展，可以通过以下几方面因素来反映。

① 功能互补关系

即新城与其周边相邻城市（区）充分发挥各自优势形成具有互补关系的特色化、专业化功能。一方面，新城（工业开发先导型）自身短期内无法解决的大量就业人口的居住需求可以就近在周边相邻城市（区）得到解决；另一方面，新城也可以解决周边地区一部分人口的就业或对新型城市功能的需求。从而，通过彼此的功能互补联合形成自立型的城市群地域空间连合体。

② 地域通勤圈

地域通勤圈是以城市之间通勤流的状况来判断城市彼此联系强度的地域范围。按一般通勤圈的概念（通勤量 5%以上）日本学者将这一范围大体划定为以城市为中心约 30 分钟左右的汽车交通活动圈域，空间距离约 10km 半径。（高桥贤一，1998）地域通勤圈的形成标志着新城与周边相邻地域建立起了较为完善的区域交通网络和功能互补关系，实现了在一定地域范围内的功能自立化。

③ 区域协调组织机构

一个地区能否协调统一发展，其中一个重要的条件就是需要建立起统一协调地区发展的机制，它体现在政府组织机构的协调能力及其完善程度，区域各部门、城市之间的协调沟通渠道的是否畅通与有效。

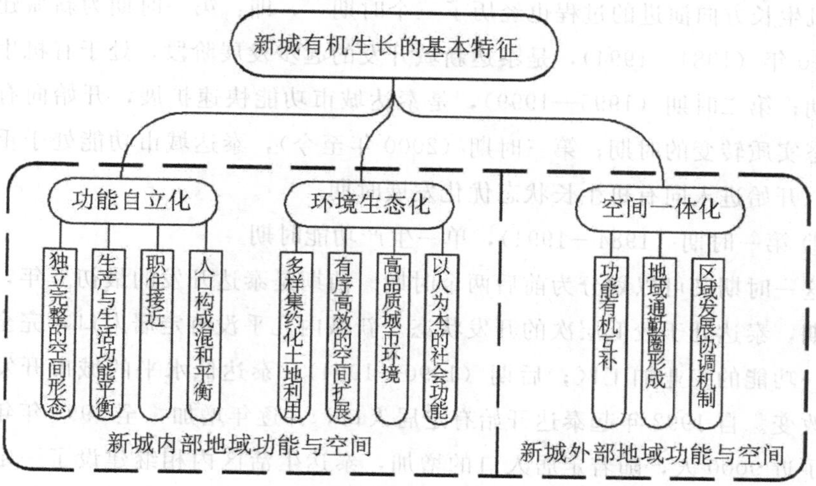

图 5-2　新城有机生长的基本特征及其评价因素

5.1.2　天津泰达城市有机生长状况评价

一个城市犹如生物有机体一样，要经历出生、发育、成熟、衰落的过程。城市的发展具有不同的阶段性，新城向有机生长状态发展的过程就是其从诞生、发展到成熟而不断调适优化，走向良性发展的过程。在这一过程中，城市组成要素在不同发展阶段具有不同的特征。第 4 章中详细介绍了泰达不同时期内外部地域功能与空间发展变化的过程，它基本上反映了中国当代以工业开发为先导的新城为适应内外部条件的变化而进行的自我调适和向有机生长方向发展的趋势。下面就以泰达为实证对象，在第 4 章对泰达生长过程分析的基础上，以城市有机生长的基本特征及其具体表现为参照，对其内外部地域功能与空间的发展状况进行分析与评价，并进一步分析预测中国工业开发先导型新城向有机生长方向发展的趋向。

1. 泰达内部地域功能与空间向有机生长演进的趋向及其实际状况评价

(1) 向有机生长演进的趋向

本书在 4.2 节中详细分析了泰达城市功能与空间布局的形成过程和特征，其总的生长过程大体经历了三个阶段，与此相对应，泰达内部地域功能与空间向有机生长方向演进的过程也经历了三个时期[1]，即：第一时期为新城建设的最初10年（1984—1994），是泰达新城开发的起步发展阶段，处于有机生长的萌芽期；第二时期（1995—1999），是泰达城市功能快速扩展，开始向有机生长状态实质转变的时期；第三时期（2000年至今），泰达城市功能处于重大转型期，开始进入向有机生长状态优化发展时期。

① 第一时期（1984—1994），单一生产功能时期

这一时期又可以划分为前后两个时期。前期是泰达开发的最初五年，是初创时期，泰达处于较低层次的开发状态。新城内几乎没有定居人口，完全是一个单一功能的工业加工区；后期（1990—1994），泰达低水平的城市开发状况有所改变。自1992年起泰达开始有定居人口，并逐年增加，至1994年年初时达到了近9000人，随着定居人口的增加，泰达生活区内相继建设了一定规模的日常生活服务设施和住宅，单一的工业生产功能开始得到改变。再有，城区环境质量较初创时期有所改观，生活区内开始出现成片的公共绿地，绿化率不断提高。

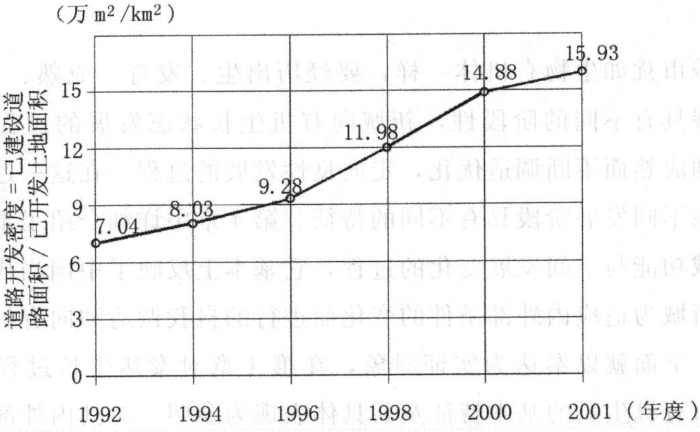

图5-3 泰达道路密度变化情况

资料来源：根据天津经济开发区年度发展报告（1992—2001）数据整理绘制

从新城有机生长的标准来判断，这一时期泰达内部地域功能与空间还处于非有机生长状态，这主要表现在：

第一，单一的工业生产区的性质并未发生明显变化，功能自立性差。这从就业人口中的大多数依然居住于天津市区可以反映出来。据统计资料显示，1994年泰达全部从业人口为8.42万人，而其中仅有约11%的人口居住于泰达，而居住人口的生活需求大部分都依赖于天津中心区和邻近的塘沽城区，生

活功能外置的特点很突出。由于居民数量少，缺乏公益活动设施和社会组织机构，泰达的社区建设和相应的社会生活功能还基本处于空白。

第二，城区可达性差，道路密度较低，没有建立起便捷的公共交通网络，人们的出行极不方便。

第三，土地集约化程度不高，这反映在已开发土地单位面积的产出上，据有关资料推算，1994 年每开发 $1Km^2$ 的土地，所创造的 GDP 为 2.57 亿元，处于较低水平。

第四，用地的均质度高，已建成区被严格的划分为生产和生活两个区，工业区中除了工业生产及其配套设施外，几乎没有其他功能用地。

第五，城区景观单调，建筑以厂房为主，绿化率不高，至 1994 年年底，已建成区的绿化率仅为 7.4%，这对于一个新开发地区来说指标过低。

第六，城区内还未建立起环境保护和相应的环境监管体系，生态环境处于非良性发展状态。

总体而言，这一时期泰达城区无论是从城市功能的自立化程度还是从空间环境生态化的实际状况来看，还没有表现出有机生长的特征。不过，在后期修订的城市规划已开始着眼于城市功能的综合化，在实际的城市开发中，进入 20 世纪 90 年代以来，城市的环境质量已经越来越受到重视，城市功能有向多样化发展的趋势，泰达处于有机生长的萌芽时期。

② 第二时期（1995—1999），城市功能多样化与空间环境质量改善的转变时期

泰达在这一时期进入了城市功能快速扩展的时期，生活功能的开发成为城区建设的重要的内容。同时，产业结构也发生了明显变化，技术密集型、资金密集型的产业开始占据主导地位，高新技术产业迅速崛起，泰达进入了向有机生长方向发展的实质阶段。这主要表现在：

第一，城市功能趋于多样化，一批公建设施相继建投入使用，在一定程度上满足了泰达生产、生活的需求。居住人口稳步增加，城区功能的自立化程度有所提高。

第二，土地产出效率较上一阶段有较大提高，1999 年每平方千米的 GDP 达到了 10.97 亿元。（如图 5-4 所示）

第三，城区生态环境建设逐步得到重视，泰达全面推广了 ISO14000 审核认证制度。环境保护工程全面启动，一批环保设施相继建成使用，大大提高了泰达整体污染防止和治理能力。城区绿化面积有较大增长，至 1999 年年底，

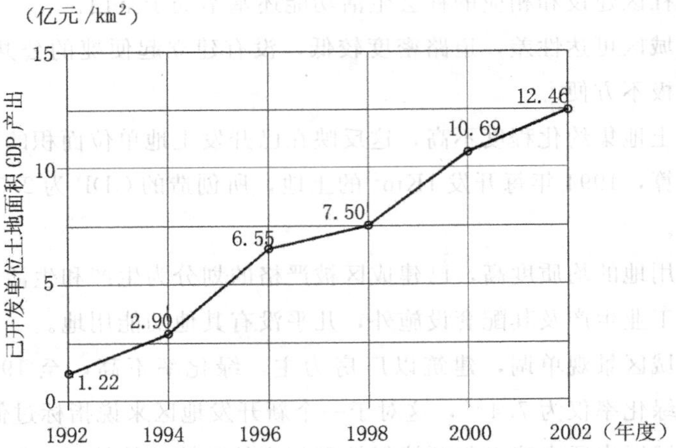

图 5-4　泰达已开发土地面积 GDP 产出变化情况

资料来源：天津经济开发区年度发展报告（1992—2001）数据整理绘制

建成区绿化率迅速上升到 22.8%。相继建成了一批公园、公共绿地，使得城区景观有了较大改善。

第四，泰达道路建设取得了明显进展，道路网密度较上一阶段有了一定提高，1999 年已开发地区的道路面积密度为 13.32 万 m^2/km^2。公共交通有了较大发展，公交路线由 1994 年的仅两条增至 10 余条，城区的可达性明显提高。

不过，这一时期也存在一系列的问题成为泰达内部地域功能与空间向有机成长状态转化的障碍，突出表现在：

a. 城区功能的自立化总体水平依然不高，这反映在居住人口仅占到全部从业人口的 18.3%，大多数从业人员属通勤人口。据 2000 年问卷调查显示，通勤人口的大多数又来自于天津中心市区，占到了总通勤人口的 69.7%，表明泰达对母城的依赖程度依然很大。城市功能虽然趋向多样化，但工业生产占绝对主导地位的状况依然未变。

b. 这一时期伴随城市开发活动和规模的迅速增加，泰达城市空间扩展出现了无序化、分散化的现象，项目牵引空间拓展方向的特点突出。从整个已开发土地的利用状况看，土地利用的集约化程度较上一阶段没有明显提高。

c. 城区环境质量虽然较上一时期有了一定提高，但总体质量依然不高。城区景观比较混乱，没有特色。

d. 公共交通网络还未形成，城市整体的可达性依然不高。

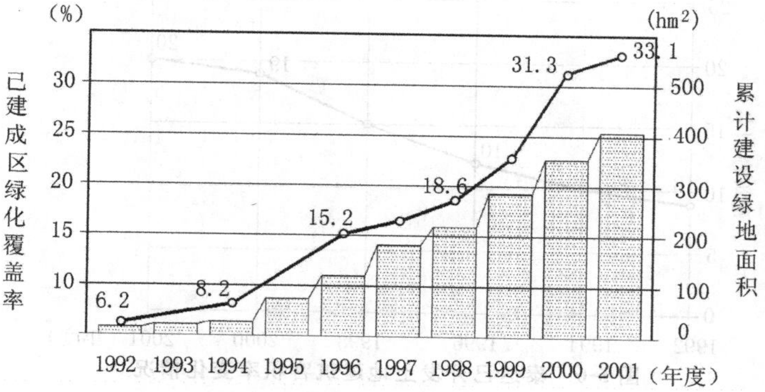

图 5-5　泰达绿化建设发展状况

资料来源：天津经济开发区年度发展报告（1992—2001）数据整理绘制

e. 社区建设滞后，缺乏公益活动设施。

③ 第三时期（2000 年至今），城市功能迅速综合化与空间环境生态化的优化发展时期

这一时期，泰达的城市功能与空间环境开始向有机成长的良性状态发展，具体表现在：

第一，新城中心进入大规模开发阶段，生活服务功能多样化、高级化的发展趋势明显，有些公共服务功能已不仅仅局限于泰达，开始辐射至整个滨海新区甚至天津市。居住人口增长的速度开始加快，随着生活服务设施的完善，居民日常的生活需求基本可以在泰达城区内解决。社区建设进入实质阶段，2001 年制定了《加强社区建设暂行规定》和《社区建设实施方案》，目前正在全面推行中。

第二，土地利用集约化程度明显提高，2002 年每平方千米开发土地的平均 GDP 产出进一步提高至 12.5 亿元，建成区建筑容积率有较大幅度提高（如图 5-6 所示）。建成区空间由无序化、分散化向集中连片发展。

第三，城区可达性进一步提高。道路面积密度 2001 年达到了 14.8 万 m^2/km^2 的较高水平（如图 5-3 所示）。公共交通事业得到进一步发展，1999 年开通了泰达通往北京、天津中心市区的客运铁路运输，泰达至天津市区的轻轨也已经进入最后建设阶段，预计 2003 年年底通车，公共线路增至 20 余条。

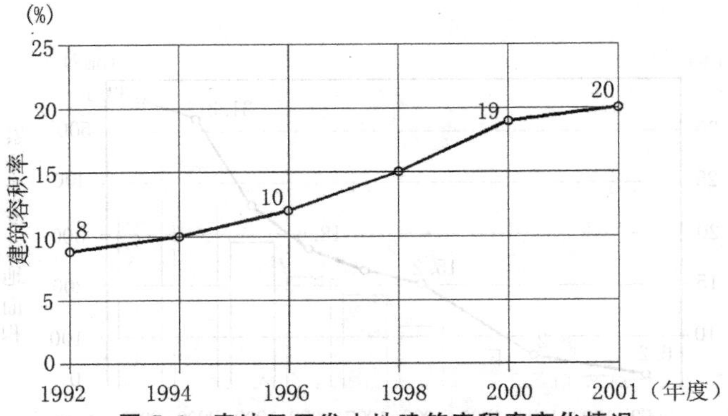

图 5-6　泰达已开发土地建筑容积率变化情况

资料来源：天津经济开发区年度发展报告（1992—2001）数据整理绘制。注：由于没有已建成土地面积的具体统计资料，此处容积率的计算为已完成建筑面积与已开发土地建筑面积之比，较实际容积率低，但也大体反映了泰达土地利用的集约化程度。

第四，城区环境质量得到进一步改善。2003 年建成区绿地率增至 25.9%（如图 5-5 所示）。中水回用工程也于 2002 年开始投入使用。进入 21 世纪以来，泰达实施了“三新”（新水源、新能源、新土源）的可持续发展工程，取得了相当好的生态和经济效益。

表 5-1　泰达内部地域功能与空间向有机生长方向发展的三个时期

发展过程		内部地域功能与空间的生长状况	有机生长的发展趋向
第一时期 1985—1994	前　期 1985—1989	单一功能的加工区，无生活服务功能，处于低层次的开发状态	非有机生长
	后　期 1990—1994	单一的工业生产区，出现少量生活服务功能和少量居住人口。土地利用集约化程度低，空间环境质量低，景观单调，社区建设空白。	出现有机生长萌芽趋向
第二时期 1995—1999		城市功能趋于多样化，居住人口稳步增加，城市环境质量有所提高。土地利用集约化程度低，城市空间扩展无序化，分散化，空间景观无特色，缺乏公益活动设施。	进入向有机生长状态实质化发展阶段
第三时期 2000 至今		城市功能综合化，生活服务功能多样化，高级化居住人口增长快速，城市功能自立化水平迅速提高。城市空间向集中连片发展，空间环境质量达到较高水平，空间可达性明显提高，但通勤人口依然较多，住从比低，社区建设处于起步阶段。	进入向有机生长状态良性的发展阶段，但还未达到有机生长状态

(2) 有机生长状况评价

通过以上泰达三个时期的发展状况可以看出，泰达内部地域功能与空间向有机生长的良性状态发展的趋向日益增强。城市功能快速扩展，产业结构不断升级，生活功能成为新城开发工作的重要内容。城市空间环境方面，在空间的可达性、市政基础设施、环境保护、绿化水平均较上一阶段有较大提高。至目前，从用地的产出效益、环境保护设施的水平、环境管理体系建设、城区绿化水平等方面来看，泰达的城市建设已达到了比较高的水平。但也存在较为突出的问题：

① 从土地利用的状况来看其集约化程度还有待进一步提高（尤其是工业用地）。

② 完善便捷的公共交通网络还未形成，空间可达程度还不理想，公共交通对空间的导向作用不明显。

③ 国外发达国家城市的 GDP 中第二产业所占比重目前一般不超过 10%，即使考虑到泰达工业生产所处的主导位置，70%的比重依然过高，不利于城市长期可持续发展。

④ 通勤人口数量过多，住从比不高，职住分离，生活功能外置的情况依然突出。

⑤ 城市景观的特色不强，缺少地域文化内涵，社区建设还仅处于起步建设阶段，没有形成完善的社会功能。

由此可以判断，目前泰达内部地域功能与空间正处于向有机生长的良性方向发展，但无论从其城市功能的自立化程度还是空间环境的生态化水平来看，都还没有达到完全有机成长的状态。

2. 新城外部地域功能与空间向有机生长演进的趋向及其实际状况评价

(1) 向有机生长演进的趋向

城市外部地域空间的演化过程已在 3.1.1 中有所描述，它大体要经历：独立城镇生长、城镇空间定向蔓生、城镇空间向心发展、城市连绵带等四个不同阶段。以工业开发为先导的新城在具有一般城市共有特征的同时，也表现出自身独有的一些特点。泰达外部地域功能与空间的演化是与其内部地域紧密相关的，是随着其城市功能的综合化、自立化以及空间的拓展而引起外部地域发生相应变化的结果。故，对应于泰达内部地域功能与空间生长变化的过程，其外部地域功能与空间向有机生长方向演进的过程也可以大致划分为三个时期，不过由于评价的内容和标准有所不同，这三个时期的时间段与内部地域功能和空间的演进过程存在一定差异，而与泰达城市开发的三个时期基本相一致。这三个时期是：第一时期，孤立生长时期（1984—1991）；第二时期，外部地域一体化萌芽时期（1992—1997）；第三时期，外部地域一体化发展时期（1998年至今）。

① 第一时期，孤立生长时期（1984—1991）

这是泰达起步发展时期，其开发范围集中在起步区内，泰达与周边地域的联系微弱，呈现出孤立发展的状态，即所谓的“孤岛现象”。引起这种状态的主要原因在于：

第一，城市开发政策差异大。泰达作为国家设立的第一批经济开发区之一，开发初期主要是以吸引外资与技术为主要目的，它所实行的开放优惠的政策与当时一般城市地区的城市开发政策有很大的不同，这直接导致其经济结构与一般城市地区有着很大差异，以“三资”企业为主的生产活动具有明显的超前性，与周边地区的生产几乎没有生产链的关系，彼此缺乏联系与互补。泰达的城市开发从一开始就引入了市场运作机制，这与以传统的计划经济为主的其他城区也完全不同。

第二，城市功能单一。泰达在这一时期的城市功能呈现为单一的出口加工工业生产，加上产业结构与技术水平的巨大差异，而很少与周边发生经济联系。

第三，区域交通条件差。这一时期泰达对外联系的道路仅有南侧的津港公路，该路以南为天津碱厂和荒地、疏港铁路所阻隔。西侧有京山铁路，东侧为未开发的盐田和滩涂，与周边地域几乎处于完全隔绝的状态。1992年以前泰达还没有通往周边地区的公共交通线路，各单位职工的通勤主要依靠班车解决。

第四，行政边界的限制。由于没有协调泰达与周边地域共同发展的行政机构或组织，加上各城区（镇）之间狭隘的地方观念，造成了彼此没有往来或缺乏实质性的合作意愿与行动，这也是造成泰达孤立生长状态的一个重要原因。

泰达孤立发展的状况可以通过它的通勤人口数量和分布情况反映出来。自泰达开始建设以来，其从业人口增长迅速，但由于缺乏必要的生活居住设施，在20世纪90年代中期以前，居住人口很少，绝大部分为通勤人口，通勤人口中的大部分又分布于距泰达40km以上的天津市区，而居住于周边相邻的塘沽、港口等城区的比例则很低（如图 5-7 所示）。因此，可以认为：这一时期泰达外部地域功能没有互补协作的关系，空间处于割裂状态，还未出现地域一体化的有机生长趋向。

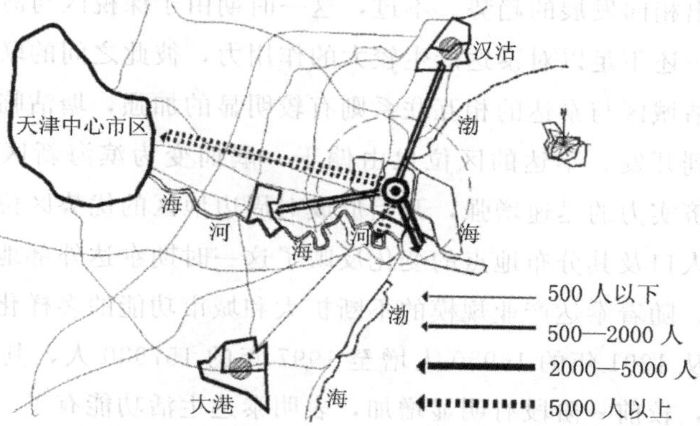

图 5-7　至 1992 年泰达通勤人口流向分布示意图

资料来源：参考《天津经济开发区人口规划》(2002) 绘制

② 第二时期，地域一体化的萌芽期 (1992—1997)

1992 年以后，中国对外改革开放进入到了一个新的发展阶段，泰达的城市开发也随之步入高速成长时期，其外部地域功能与空间的演化对应于城镇群体地域空间的发展阶段，相当于推进到了“定向蔓生阶段”，这主要表现在以下几个方面：

第一，泰达城市规模迅速扩大，城市土地开发面积由 1991 年的 9.5km^2 增至 1997 年的 22.0km^2，经济总量占滨海新区的比例迅速提高（见表 5-2），城市功能开始突破单一的工业生产为主的局面，生活功能不断充实。城市功能的多样化促进了泰达与周边地域尤其是相邻的塘沽城区和港口之间在人员、物资、信息等方面的交流。但是，泰达与周边相邻城区之间在产业结构方面依然有较大差异，彼此功能的互补性很小。

第二，区域交通条件有所改善。一是 1992 年京津塘高速公路开通，极大改善了泰达外部的交通联系条件，成为泰达与天津中心市区、北京及周边相邻城区最为便捷的连接通道；二是泰达东侧临海岸干线过境道路的修通，强化了泰达与保税区、港口、北塘镇及汉沽的联系。区域交通网络雏形已开始形成，成为新城外部地域一体化发展的主要诱因之一。不过南北交通联系不畅，铁路与河流对泰达周边地域的分割状况依然存在，影响到泰达外部地域一体化的发展。

第三，1992紧邻泰达东侧的保税区正式运作，1994年位于泰达西侧隔京山铁路相望的国家级开发区——塘沽海洋高新区成立，随着两个新区的开发建设，使泰达原来东西两侧为荒地、盐田所包围的局面有较大改观，它们依托主要交通线呈现出相向发展的趋势。不过，这一时期由于保税区与海洋高新区的开发规模很小，还不足以对泰达产生较大的作用力，彼此之间的联系不强。而位于南侧的塘沽城区与泰达的相互联系则有较明显的加强，塘沽临近泰达一侧的土地开始得到开发。泰达的区位也由偏于一隅而变为滨海新区核心区的中心，加之其经济实力的迅速增强，开始形成对周边地区的优势区位。

泰达通勤人口及其分布地点的变化反映了这一时期泰达外部地域功能与空间的演变状况。随着泰达产业规模的不断扩大和城市功能的多样化，其从业人口迅速增加，从1991年的16950人增至1997年的157930人，其中15.9%为泰达居住人口，较前一阶段有明显增加，表明泰达生活功能有了一定发展。不过通勤人口依然为主要多数，占到了从业人口的84.1%，达132900人。从通勤人口的流向分布看，通往天津中心市区的占了大多数，虽然没有具体的统计数据，但从1997年时泰达与周边相邻的城区之间仅有两条公交线路（中巴车）来看，即使考虑到有少量班车通往塘沽等周边地区，其每日单向运量也难以超过5000人，加上当时泰达南北交通为铁路所分割，以步行和自行车作为通勤手段非常困难，因此，可以估测到泰达通勤人口中最多只有不足5%的人口分布于周边地区，约95%以上的通勤人口则居住于天津中心市区及其边缘地带(如图5-8所示)。由通勤人口分布变化情况可以看出，这一时期泰达与周边地区的联系虽然有所加强，但联系依然较弱，作为衡量地域一体化程度的地域通勤圈（以新城为中心约30分钟左右的汽车交通活动圈域，空间距离约10km半径）还未形成。另外，1994年成立了协调泰达及其周边地区发展的政府机构——天津滨海新区管理办公室，从政府管理体制上为泰达外部地域功能与空间的一体化创造了条件。但这一时期该机构的职能还未能清晰化，而且没有行政权力，很难承担起协调统一该地区发展的职能，故所起的作用很小。

从以上几方面的分析可以推断，在这一时期泰达与周边相邻城区之间开始发生联系，彼此产生了一定的作用力，泰达完全孤立的生长状态有所改变，外部地域功能与空间处于一体化发展的萌芽期，但是与中心市区的联系相比还很微弱，彼此之间的作用并未对其空间扩展与功能转变产生明显的导向作用。

③ 第三时期，地域一体化形成时期（1998年至今）

随着泰达城市开发由高速成长进入相对平稳的优化调整时期，其外部地域

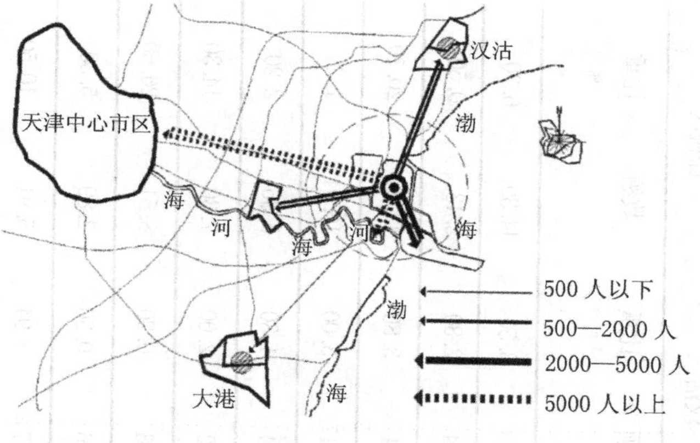

图 5-8　至 1996 年泰达通勤人口流向分布示意图

资料来源：参考《天津经济开发区人口规划》(2002) 绘制

功能与空间的演化表现出了明显的一体化趋向。对应于城镇群体空间发展的阶段，相当于推进到了“城镇间的向心发展阶段”，这主要表现在以下几个方面：

第一，泰达城市功能进入转型期，如第 4 章所介绍的，以新城中心开发为标志，一批规模大、档次高、辐射面广的公共设施相继建设和投入使用，推动泰达城市功能迅速综合化，从而对周边地区产生的影响力大为加强，与周边相邻城区之间的功能互补关系开始形成。泰达的经济实力在此期间进一步增强，并逐步成为带动滨海新区经济发展的主导力量（见表 5-2）。地域空间开始出现以泰达为核心的向心演化趋势，较为明显的现象是在临泰达生活区的南西两侧原为仓储工业用地或荒地逐渐被商贸居住功能所替换，相邻的城区在空间联系、用地功能等方面正融为一体。而东侧的保税区和港口的城市建成区则正不断向泰达方向拓展，北侧随着泰达出口加工区及国家小企业工业园的建设开始向北塘镇方向拓展。泰达外部地域功能向有机互补与联合的发展趋势日趋明显。这一时期泰达的居住人口增长明显加快，居住人口占从业人口的比例从 1997 年的 15.9%上升到 2002 年到 26.1%，提高了 10 余个百分点，也证明了泰达城市功能正迅速向综合化发展。

第二，泰达周边的区域交通状况发生了根本性的改变。随着南北交通的打通和东西交通的进一步顺畅，泰达周边区域交通网络基本形成，促进了该地域各城区沿东西轴向和南北轴向的向心发展，成为推动泰达外部地域功能与空间一体化发展的又一主要动力。

表5-2　泰达及其周边相邻城区占该地域国民经济指标的比重(2001)

指标名称	泰达		塘沽(含港口)		大港		汉沽		保税区	
	数额	比重 %	数额	比重 %	数额	比重 %	数额	比重 %	数额	比重 %
国内生产总值(亿元)	312.03	46.80	147.25	22.10	106.85	16.00	23.18	3.50	44.39	6.70
第二产业产值(亿元)	245.37	54.30	87.90	19.40	87.54	19.40	12.64	2.80	2.13	0.50
第三产业产值(亿元)	66.66	31.90	57.79	27.60	18.38	8.80	7.94	3.80	42.25	20.10
工业总产值(亿元)	865.11	59.10	137.59	9.40	347.35	23.70	44.17	3.00	16.94	1.20
固定资产投资(亿元)	95.01	39.00	69.28	28.50	42.29	17.40	4.44	1.80	5.36	2.20
地方财政收入(亿元)	33.65	66.10	5.06	9.90	3.53	6.90	1.02	2.00	7.30	14.30
协议外资((亿美元)	22.00	68.60	0.84	2.60	0.61	1.90	0.06	0.20	8.51	26.60
外贸出口((亿美元)	40.35	74.30	0.69	1.30	1.84	3.40	0.16	0.30	2.89	5.30
期末从业人口(万人)	19.50	34.70	14.14	21.32	12.25	18.73	3,77	7.94	5.91	10.50

资料来源：天津滨海新区年度发展报告(2001)

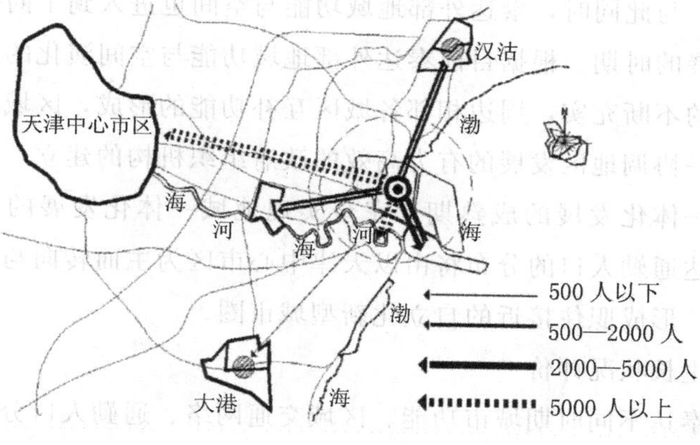

图 5-9 至 2000 年泰达通勤人口流向分布示意

资料来源：参考《天津经济开发区人口规划》（2000）绘制

这一时期泰达通勤人口的流向分布发生了较大变化。根据 2000 年对泰达通勤人口问卷调查的结果，通勤人口中流向天津市区（含近郊区）的人口比例下降至约 60%，而流向泰达周边相邻城区的比例则由不足 5%上升至 29.3%，其他流向（汉沽，大港，北京等）约占 10%（如图 5-9 所示）。这种变化从通勤人口到泰达的单程耗时情况也能清楚地反映出来（见表 5-3）。大约有 40%的通勤人口耗时在 30 分钟以内，即分布在 10km 半径范围的地域内。上述调查结果表明，这一时期以泰达为核心的地域通勤圈已初步形成。另外，政府协调管理方面也有了新的进展。为了改变泰达与周边邻近城区（镇）之间各自为政、行政分割的状况，统一协调该地域的整体发展，天津市政府于 2000 年正式成立了滨海新区管委会，并通过人大赋予了其组织协调的基本权限。自滨海新区管委会成立以后，在统一编制该区域的总体规划和统筹安排建设跨地区的区域性基础设施方面取得了一定的成效，成为推动泰达及其周边地域一体化发展的新动力。不过，由于种种原因，行政分割各自为政的现象依然存在。

表 5-3 泰达通勤人口分布范围

单程耗时	半小时以内	半小时～1 小时	1 小时～1.5 小时	1.5 小时～2 小时	2 小时以上
%	18.2	21.2	32.3	23.2	6.1

由以上分析可以推断，泰达凭借其强大的经济实力、优越的区位和综合化的城市功能，目前已经发展成为带动泰达所在区域经济发展的主导力量和新的

地域集聚核心。与此同时，泰达外部地域功能与空间也进入到了向一体化的有机生长方向发展的时期。根据目前泰达外部地域功能与空间演化的趋势，伴随泰达城市功能的不断充实，周边相邻各城区互补功能的形成，区域交通网络的完善，以及统一协调地区发展的有力高效的政府组织机构的建立，未来泰达外部地域将进入一体化发展的成熟期，完全实现地域一体化发展的有机生长状态。到时，泰达通勤人口的分布将由以天津中心市区为主而转向与泰达相邻的周边地域为主，形成职住接近的自立化新型城市圈。

(2) 有机生长状况评价

从以上对泰达不同时期城市功能、区域交通网络、通勤人口分布以及区域协调组织机构等几方面的考察和其外部地域功能与空间演化特征的分析，依据城镇群体空间演化理论，可以推断新城外部地域功能与空间有机生长的发展趋向大致要经历三个阶段，即：第一阶段，外部地域一体化的萌芽期。其特征是新城与周边地域相邻城市（区）之间一体化的发展趋势已有所表现，但彼此相互作用力微弱，新城对母城的依赖程度很高，“孤岛”现象明显；第二阶段，外部地域向一体化发展时期。其特征是新城与周边地域相邻城市（区）之间出现了较强的一体化发展趋势，彼此间的相互作用力明显加强，建立了一定的功能互补关系。新城对母城的依赖程度有所减弱，新城的优势区位初步确立，以新城为核心的地域通勤圈逐步形成，“孤岛”现象趋于消失，职住接近的城市群空间连合体处于形成过程中。但新城对母城依然有相当的依赖程度；第三阶段，外部地域一体化的形成时期。其特征是新城与周边地域相邻城市（区）在城市功能方面建立起了有机互补的关系，形成了互有优势的专业化、特色化城市功能。外部地域空间走向融合，在地域通勤圈的基础上发展为职住接近的自立型连合化城市圈，形成与大城市中心市区相抗衡的反磁力中心，达到新城外部地域功能与空间有机生长的理想状态。

总体看来，泰达外部地域功能与空间的演化已经跨越了外部地域一体化的萌芽期，而进入到了向一体化的发展时期。

5.2 新城有机生长的成因分析

根据 5.1.2 节以泰达为实证对象所分析的结果，中国当代工业开发先导型新城的内外部地域功能与空间的演化大体经历了三个不同的发展时期，总体上

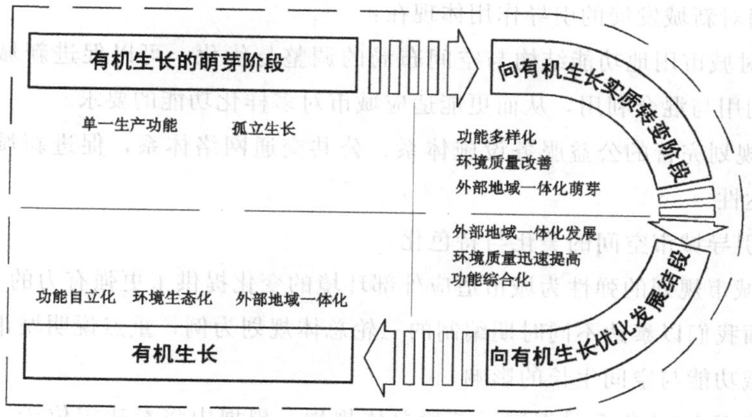

图 5-10　新城向有机生长演进阶段示意

是呈有机生长的发展趋向，引起这种变化趋势的因素来自于政治、经济、环境及社会等层面的因素，各种动力因素交互作用，从而推动了新城向有机生长方向的演进。对应于上述层面，这些动力因素可以归结为以下几个主要方面：

① 政治方面——总体规划的引导作用，新城发展战略的调整，政府统一协调机构的建立及其职能的完善；

② 经济方面——新城外部宏观社会经济条件的变化，产业结构的调整及企业区位选择偏好的变化，新城功能综合化，地域共同发展的要求；

③ 环境方面——城市可利用资源的有限性和土地开发市场化的运作机制，新城空间扩展，交通条件的改善；

④ 社会方面——人口规模的增长及其构成变化，城市居民生活需求与方式的变化。

5.2.1　政治方面的因素

1. 总体规划的引导作用

规范城市空间与功能，引导城市空间的有序发展是城市规划的最重要任务。城市规划是人类为了在城市的发展中维持公共生活的空间秩序而作的未来空间安排（同济大学，2001）。城市规划对一个城市的发展具有重要的引导控制作用，科学、合理的城市规划是促进和保证新城有机生长的基本条件之一。

总体规划对新城发展的引导作用体现在：

① 对城市用地功能结构与空间布局的调整与优化，可以促进新城用地的集约化利用与混合利用，从而更能适应城市对多样化功能的要求。

② 规划完善的公益服务设施体系、公共交通网络体系，促进新城的便利性与可达性。

③ 引导城市空间的美化与特色化。

④ 城市规划的弹性为城市适应外部环境的变化提供了更强有力的支持。

下面我们以泰达不同时期编制的三轮总体规划为例，重点说明城市总体规划对新城功能与空间生长的影响。

泰达于 1984 年 7 月编制了首轮总体规划，规划中将泰达定位于“是在天津设立的一个以发展工业为主的特定区域，是天津市改造老市区，实行工业战略东移，大力发展滨海地区的重要组成部分”。规划指导思想是从有利于发展工业和吸引外资为出发点，依托于天津市和邻近的塘沽城区，“功能上不需要形成独立的小社会，规划时可以把工业区与生活区分设”。规划总用地为 3101.3hm^2，规划常住人口 10 万（户籍人口），暂住人口 10 万。整个开发用地以规划中的京津塘高速公路为界，分为南北两个大的功能区，以北为工业生产区，以南为生活服务区，与生产相关的工业和仓储用地占到了总规划用地的约 55%（见表 5-4）。封闭式的规划建设模式再加上工业加工区的功能定位直接影响到泰达城市功能的发展。在吸引外资推动工业较快发展的同时，生活服务功能的开发并未能得到足够的重视，发展相对滞缓。而且生活服务功能是定位在为工业生产服务，故，早期泰达的生活服务功能需求基本上完全依赖于天津中心市区和塘沽城区，城市功能表现为单一的工业区的性质。

表 5-4　泰达不同时期总体规划中土地利用构成情况

用地类别	第一轮总体规划 1984 年		第二轮总体规划 1996 年		第三轮总体规划 2002 年	
	面积（hm^2）	百分率（%）	面积（hm^2）	百分率（%）	面积（hm^2）	百分率（%）
居住用地	223	7.2	284	8.4	329	8.1
公共设施用地	290	9.3	380	11.2	520	12.7
工业用地	1563	50.2	1537	45.5	1950	47.7
仓储用地	138	4.4	64	1.9	41	1.0

续表

用地类别	第一轮总体规划 1984 年		第二轮总体规划 1996 年		第三轮总体规划 2002 年	
	面积（hm^2）	百分率（%）	面积（hm^2）	百分率（%）	面积（hm^2）	百分率（%）
对外交通用地	—	—	—	—	20	0.5
道路广场用地	366	11.8	315	9.3	701	17.1
市政设施用地	—	—	51	1.5	130	3.2
绿　地	80	2.6	288	8.5	318	7.8
其　他	453（预留）	14.5	459	13.7	76	1.9
合　计	3113	100	3378	100	4085	100

资料来源：引自天津经济开发区总体规划（1984，1996，2002）

这一轮总体规划奠定了泰达的城市交通骨架和基本空间形态，成为以后几轮总体规划修编的依据。

第二轮总体规划是在上一轮总体规划的基础上于 1996 年修编完成，并成为泰达快速发展时期城市建设和规划管理的依据。该轮总体规划的指导思想与上一轮相比发生了较大变化，提出“规划要具有超前性、先进性，有利于向国际化新城区方向发展”。更加重视非工业生产功能的配置与城市功能的综合化，在发展战略上特别强调了要由单一的工业区向现代化新城区的转变，逐步建成“以工业现代化为基础，以管理现代化为支撑，以城市现代化为标志的具有国际水平的现代化城区”。这一轮总规对泰达的功能定位有所调整，它的定位是：“技术先进的外向型工业基地和天津市金融商贸副中心”。规划的用地范围有所扩大，总规划用地面积为 3378hm^2，其中工业区规划用地 2303hm^2，生活区规划用地 1075hm^2。规划居住人口 14.4 万，增加了从业人口的概念，规划从业人口 35 万人，其中规划居住人口比上一期增加了近 50%。城市用地功能布局方面，适当扩大了生活服务功能用地，规划了面积约 270hm^2 的新城中心，并在原工业区范围内临京津塘高速路北侧规划了一定的生活居住用地，突破了原规划中工业区与生活区以高速路为界南北严格分区的功能布局，成为推动泰达城市空间布局重新整合的重要因素，使得原有的封闭空间格局有所改观，促进了城市生活功能的发展和城市功能的综合化。

但规划中也存在一些问题，比如方案中的用地功能空间布局和土地利用结构并未完全按照所确立的规划原则来进行规划，规划的弹性也体现的不够，对现实城区建设的指导作用不甚理想。以工业为主导的发展惯性依然很强，造成这一时期的土地开发较为混乱，影响到城市功能布局的合理化，城市生活服务功能的建设相对于工业生产依然滞后，与周边城区之间交通不畅的状况没有得到根本改观。

在泰达城区建设进入优化调整的转型期后，又于 2002 年完成了第三轮总体规划的修编。新一轮的总体规划突破了传统城市规划的思路，借鉴了当前较为前沿的城市规划理论与实践成果，对泰达的城市功能定位调整为："经济发达、交通便捷、环境优美、设施完善的现代化生态新城"。强调生态化和社区文化建设对城区的带动作用。"可持续""现代化""生态"是集中体现本轮总规指导思想的 3 个关键词。新一轮规划用地面积为 4085hm²，规划居住人口较上一轮有所降低，主要是考虑将一部分居住人口安排于周边相邻地区居住。从用地结构来看，与上一轮总规相比，公建设施用地规模有较大增长，以适应城市功能综合化和公共服务功能高级化的发展需要。绿化用地面积也有较大增长，体现了"生态型"新城的规划思想（见表 5-4）。用地功能布局较上一轮规划作了较大调整，工业区与生活区完全独立的空间格局被彻底打破，用地功能在保持适当分区的前提下，实现了一定的功能混合。在城市功能的设置上，力求以发展本地区所欠缺的高等级的居住与公建设施项目和高新技术产业为主，强化了泰达与周边地域功能互补合作的关系。另外，规划还加强了与周边地域的交通与空间联系，将泰达的主干网络作为整个天津滨海新区道路系统的一部分融入进去。

这一轮总体规划的重心发生了明显的转变，由以工业为主转向生产与生活并重，由单纯注重经济增长而转向提高城区整体环境质量为主，引入了"以人为本"的生态规划思想。从而较好地适应了自身发展的新需求，对于新出现的问题能予以及时解决，成为引导新城功能与空间优化和走向有机生长的重要推动力。

从以上三个不同时期编制的总体规划的特点来看，它们在具有一定连续性的同时也留下了鲜明的时代印迹。随着国外先进的规划理论与实践经验的引入与借鉴，以及在实践中的不断探索和总结，新城规划的科学性与可操作性也在不断提高。面对新的发展条件、新的发展需求和新的发展趋向，泰达城市总体规划的发展目标先后由"工业出口加工区"到"现代化新城区"再到"生态型新城"而得到不断优化调整。在具体的规划手法上也更为重视多样化、弹性化，反映了在市场经济条件下规划方法的变革。泰达不同时期总体规划思想、原则及总体布局等方面的演化，在一定程度上反映了中国城市规划理论与方法的发展情况，体现出中国当代工业开发先导型新城的发展方向和城市功能的调整与变化。

2. 新城发展战略的调整

城市的发展战略是通过对城市的基本状况、地位、优势、潜力和制约因素的分析而确立的城市的全局性、长期性的发展安排，以达到城市高效、良好的环境和可持续发展（同济大学，2001）。我们通过第 4 章对泰达的实证分析可以看出，由于新城发展的内外部因素和条件的变化，如新城自身经济和规模的增长，开发政策优势的消失以及地区间竞争的日益加剧等，促使新城不断调整自身的发展目标并作出相应安排。新城发展目标、功能定位的调整及相应措施的实施直接影响到了它的发展方向和生长质量。

以泰达为例，为了保持较强的竞争力和获得可持续发展的新动力，泰达对其发展战略先后作了几次调整，发展目标也由最初的工业加工区调整为现代化、生态型新城，城市发展则转向主要依靠科技进步和高效科学的管理以及高质量的城市环境。另外，加强了与周边地区的协调配合，泰达主动承担起了一系列跨地区的交通、市政等基础设施的主要投资者和组织建设方，并为地区协调政府机构——滨海新区管委会提供了办公设施，加强了与周边相邻城区之间的互通合作关系。

3. 政府统一协调机构的成立及其职能的完善

建立一个行之有效的区域协调发展机制是新城和其周边地域以及母城协调发展的重要保证。新城大规模开发建设需要全社会的共同参与，尤其需要周边地域的支持，这就对原有的政府管理机构和体制提出了新的挑战。改变传统行政条块分割的状况，建立政府统一的协调组织和机制，将对新城的顺利发展和新城外部地域一体化发展至关重要。这从泰达实践经验可以证明。随着泰达及其周边地域一体化发展的趋势日趋明显，对于政府统一协调地区发展的要求也越来越高。为了适应这种变化，天津市政府于 2000 年在原滨海新区管理办公室的基础上正式成立了一级政府机构——滨海新区管理委员会，使之成为协调泰达及其周边地域统一发展的较为有力的组织机构。它的职能也由最初滨海办的指导作用扩展至统一编制整个滨海新区的总体规划、统一规划并组织建设跨地区的基础设施等，成为来自上层建筑的推动新城有机生长的重要力量。

5.2.2 经济方面的因素

1. 新城外部宏观社会经济条件的变化

从国际宏观大背景看，全世界范围经济的一体化和无边界化带来了世界范围内的经济结构调整和新的国际劳动地域分工。随着中国加入WTO以及北京申奥成功，将进一步促进中国融入国际经济体系中，中国的对外开放程度将会越来越高。另外，中国大城市正面临着中心城区人口和产业的疏解与功能转移以及郊区农村的工业化、城市化。这为以开放经济和政策为特征的中国当代工业开发先导型新城的发展提供了前所未有的历史机遇，同时也使其面临着巨大的挑战。一方面，它将从更加全面开放的区域经济中获得持续发展的动力；另一方面，又将面对地区间更加激烈的竞争。

以天津泰达来讲，它所处的环渤海地区是中国北方经济发展最具潜力的地区，也是中国21世纪经济增长最主要的地区之一，作为联系环渤海湾南北对外开放经济的重要节点，凭借临近京津的优势区位，泰达将获得持续快速的发展。但是，由于该区域各地经济结构差异性不大，特别是众多由经济开发区转化而来的新城的经济类型和产业结构很接近，使得彼此之间的竞争将越发激烈。因此，提高自身的经济实力和功能自立化程度，与周边地区联合发展，形成合力优势，在竞争中占据有利地位，就成为现实的需要，从而成为推动新城向有机生长方向发展的动力。

2. 企业区位选择偏好及产业结构的调整的变化

中国工业开发先导型新城初始开发的20世纪80年代中期，正处于世界新技术革命向纵深发展的过程中，技术进步成为推动经济发展的主要动力，尤其是高新技术已经成为影响产业结构变化和地域竞争格局的主要因素。随着现代交通和通信技术的发展，一些生产活动能够得以分离成不同的阶段，跨国公司根据各生产阶段的特点在全球范围寻求不同的生产区位，生产活动也随着资本流动而在世界范围内移动。在新技术革命和全球化的影响下，企业的区位选择偏好较以往发生了很大改变，自然资源和优越的地理位置已不再成为企业区位选择的决定性因素，它们更为看重的是城市或地区的创新条件和综合环境质量，是否拥有完善的基础设施、高水平的大学与科研机构、便利的交通条件、高质量的生活环境等硬环境和能否提供企业与企业之间、人与人之间正式和非正式沟通交流渠道的软环境，它们成为企业区位选择所考虑的最重要因素。为了吸引外部资金和企业前来投资，多数新城均将优化投资环境作为城市管理与建设的最重要任务。高水平的市政基础设施、环境保护设施的建设，城市工作和生活的便利性、舒适度的提高不断推动新城空间环境质量的改善与优化。

另外，伴随工业开发先导型新城产业结构的变化，主要是高新技术产业对劳动密集型产业的逐步替换和第三产业的快速发展，使得自身对生产、服务的需求日益多样化，而新城对外的辐射、扩散作用也随着自身经济实力和规模的增长不断增强，由此带来了新城的城市功能、生产与服务方式、劳动力雇佣方式的多样化，从而推动新城不断向自立化方向发展。

3. 新城功能综合化

新城功能综合化既是新城功能自立化的前提和主要体现，又是促进其外部地域功能与空间一体化发展的最重要催化剂，这种作用体现在：

① 随着新城功能的不断充实与发展，产生了大量的供给与需求活动，推动新城及其周边地域新的消费和劳务市场的形成。

② 新城开发的众多档次高、辐射面广的新城市功能可以补充该地域功能的欠缺，进而推动周边相邻城市（区）的功能重新调整与优化。

③ 新城功能的综合化为其发展成为地区的集聚中心创造了条件，以新城为核心推动地域向一体化的新型地域空间结构发展。

新城功能综合化对其外部地域一体化发展的影响从泰达近年来城市开发过程中出现的一个很典型的现象中可以反映出来：随着泰达城市环境质量的提高和生活服务功能的完善，特别是一批高档次住宅小区和公建设施的建成使用，吸引了周边地区相当一部分高收入家庭移住泰达，满足了他们对高质量生活环境和服务的需求；同时，为周边地区较低的物价水平和低廉房租所吸引，原来居住或就业于泰达的一批蓝领职工或移住或消费于周边城区，这表明了泰达城市功能的综合化引起了周边地域功能的变化，促进了彼此间人员的交流往来。

4. 地域共同发展的要求

当今世界的发展是区域整体的发展，城市发展的总体态势可以概括为区域发展的日渐城市化和城市发展的日渐区域化。城市不能脱离其所在区域而孤立的发展，新城作为城市开放经济的一部分，从长期发展的角度看，它更离不开区域所提供的发展平台的支持，而新城又可以利用其优势带动周边地区经济的发展。

作为大城市体系的组成部分，中国当代工业开发先导型新城往往是作为大城市中以新型经济为主导的对外开放的窗口，大城市地区的发展战略要求它融入整个城市空间体系中去，为大城市地区的经济发展提供先导性的作用，进而成为引导大城市空间扩展与功能调整的重要地区。从新城周边地域来看，随着周边邻近城市（区）经济的发展，彼此之间的相互影响和作用力日益增大，面对各地区之间越来越激烈的竞争，就要求同一地域之间加强联系，达到基础设施共享、优势互补、共同发展，这也成为推动新城与其周边地域一体化发展的重要力量。

5.2.3 环境方面的因素

1. 城市可利用自然资源的有限性及其开发市场化运作机制的促动作用

就一个城市而言，其可利用的自然资源包括土地、水、风景、矿产、森林等，其中土地、水和矿产影响到城市的产生和发展的全过程，决定城市的选址和规模。对于中国当代工业开发先导型新城来讲，土地和水资源状况则直接影响到其生存和发展。随着中国经济的快速发展和城市化水平的日益提高，对自然资源的利用强度愈来愈高，造成土地、水等资源的日趋匮乏。对此，国家制定了一系列保护资源和有效利用资源的法规和具体措施，例如国家对耕地的保护政策及对城市建设用地的严格控制政策的制定，在一定程度上促进了城市土地的集约化利用。而水资源的不足则促使城市向节水型方向发展，由此带动了城市节水、废水回收利用工程的建设。撇开土地，水等资源限制的不利一面，反而成为促使新城向高效益、生态化城市建设方向发展的重要促动因素。另外，随着中国城市建设引入市场化的运作机制，使得大多数城市房地产开发项目都将追求最大产出效益成为首要的目标，再加上城市土地和水的供应日益紧张、价格不断上涨，从而推动了城市土地和水的高效率利用。土地开发商作为卖方，为了保证其开发的土地和项目能够有很好的销售市场和售价，往往更为重视开发项目的环境与景观质量而在这方面有较多投资，也在一定程度上促进了城市空间环境质量的提高。

以泰达为例，为了使有限的土地资源得到较高的产出效益，近几年，泰达采用了土地开发与年度经济发展计划相衔接进行滚动式开发的模式，对生活用地实行公开拍卖方式，从而避免了过去开发商“围而不建”“广占少建”的低水平、低产出开发状况，保证了土地的有计划开发和高效利用。针对泰达地处缺水地区，水资源供应紧张的状况，泰达除了大力提倡节约用水外，还进行了“新水源”工程建设。1999 年建成 10 万吨污水处理厂和电镀废水处理中心，并依托污水厂又于 2000 年开始进行中水回用工程建设，使得污水作为可再生利用资源得以重复利用，目前已形成日供中水（再生水）1 万吨的能力。上述水工程的建设使用，不仅节约水资源，缓解了供水紧张的局面，而且减少了环境污染，提高了泰达生态环境质量。

2. 新城空间扩展

伴随新城产业规模的快速增长，其城市空间也不断向四周拓展，在这一外延扩展的过程中，带来了其外部地域空间形态发生变化。在新城集聚优势不断加强的情况下，改变了新城周边相邻城市（区）原有的空间扩展方向，与新城联系方向逐步成为重要的发展方向，从而促进了周边地域城市空间的接近与融合，有效地推动了地域一体化的发展。

我们从泰达不同时期的外部地域空间形态特征变化情况，可以较为清晰地看出空间扩展对新城外部地域一体化发展带来的影响。（如图 5-11 所示），在泰达处于孤立生长时期，其开发活动局限于很小的起步区内，空间形态表现为点状内聚生长的特征，对周边地区没有产生明显的影响，彼此处于自发生长状态；自 1992 年泰达进入高速成长期后，其空间形态由点状扩展演变为沿交通干线呈轴状定向扩展，城市空间迅速向外推进，随着其优势区位的形成，周边相邻城市（区）（这一时期主要限于紧邻泰达的塘沽城区、港口和保税区）空间开始出现倾向泰达方向发展的趋势；在泰达进入优化发展时期后，泰达在该地域的优势区位更加突显，以泰达为核心的空间积聚态势形成，周边相邻城市（区）之间向心扩展的趋势明显，特别是紧邻泰达的塘沽、港口已有部分城区逐步与泰达连为一体，相邻用地的功能也发生了演替，彼此的空间联系日趋紧密。

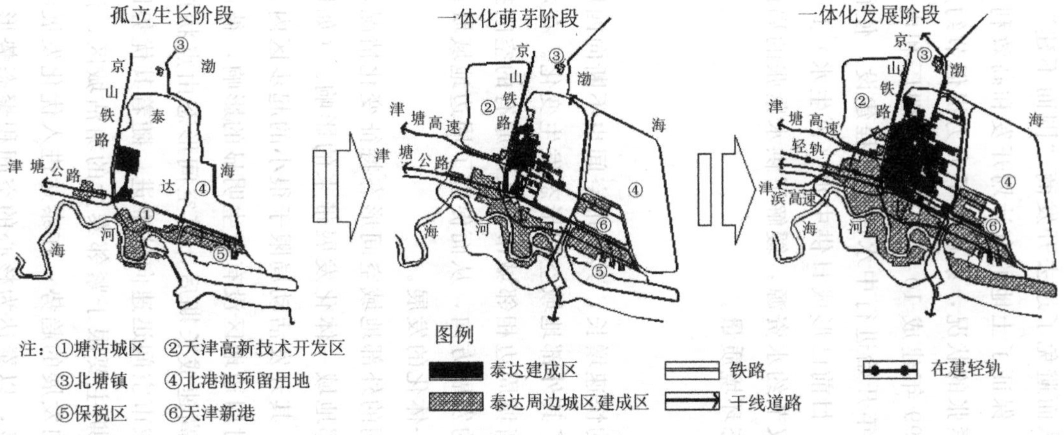

图 5-11　泰达外部地域空间发展阶段示意

资料来源：参考天津经济开发区历年拨地图（1992-2001），塘沽区总体规划图（1986，1996）整理绘制

3. 交通条件的改善

交通可达性对城市与区域空间形态演化起着决定作用。由于交通沿线具有潜在的高经济性，城市空间发展通常表现出明显的沿交通线定向推进的特征。因此，新城内外部交通条件的明显改善，影响到新城及其周边城市（区）空间布局的调整，一方面，可以促使新城空间的集约化发展和城市功能布局的合理化；另一方面，使新城与周边相邻城市（区）之间的社会、经济、空间联系得到加强，进而对它们的空间扩展会产生明显的引导作用，推动新城向有机生长方向的发展。

5.2.4　社会方面的因素

影响城市发展的社会因素很多，这里根据中国新城发展的特点，主要讨论新城人口构成的变化、居民需求与生活方式的变化及其对促进新城向有机生长方向发展的影响。

新城居民具有不同一般城市的特点：居民大部分为外来移民（包括来自母城的人口），人口以机械增长为主，暂住、流动人口比重大，居住人口不稳定，流动性强。从第 4 章对泰达城市功能与空间生长过程的分析我们可以看出，居民的生活需求与方式随着城市的发展、人口规模的增长而表现出不同的时段特征，并对新城向自立化、生态化方向发展有着不可忽视的影响，这种影响主要表现在以下几方面：

(1) 在新城开发初期，由于条件所限，加之居民数量少，新城居民对环境与服务质量的要求不高，居民生活需求主要依靠母城解决。随着入住居民数量的增加，其生活需求开始由依赖外部转向寻求在新城内部就地解决，同时，随着居民构成的复杂化及职业结构由单一走向多元，带来了对城市功能需求种类的日趋增多和需求规模的不断增大，从而使多样化的城市功能开发成为可能，促进了城市功能自立化的发展。

(2) 新城居民构成的变化，主要是高素质高收入人口比例的增加和影响力的增大，带来了对生活设施、环境质量的高标准要求。

(3) 时代发展的主潮流对人们的生活方式产生了巨大的影响，进而影响到城市建设的方向。“21 世纪是人、自然、社会协调发展的世纪”（徐巨洲，1998)，创造并追求健康、美好、文明的生活方式成为当今人类城市社会的理想，这对城市环境的质量、城市生活的便利性、舒适性等方面提出了更高要求，并成为城市制定发展战略和城市规划的一个重要参照标准。

(4) 随着新城社会功能的逐步完善，社区建设走向体系化、规范化，居民参与城市建设管理的渠道得以建立，居民的参与意识将不断增强，对城市环境日益关注，他们对城市规划的制定和城市开发将产生越来越大的影响。

5.3 新城有机生长模式的提出

以上，我们分别从新城内部地域和外部地域两个层次，深入到政治、经济、环境、社会等四个方面，从理论和实证分析的双重角度，详细分析了影响中国新城有机生长的各种动力因素。工业开发先导型新城是根据中国大城市经济发展和空间拓展的需要而人为开辟出来的，它的发展受到国家宏观政策及其具体体现的城市总体规划的重大影响。另外，能否吸引到外部的资金、技术和人才是其开发的最重要目标和开发成功的关键因素，而要达此目的，则充足的资源供给、便利的市政交通设施、满足人们生活需求的良好环境、区域的共同协作等又是不可或缺的条件，政治、经济、环境和社会等方面的各种动力因素交织在一起，共同作用，推动了新城向有机生长方向发展。

图 5-12 是新城有机生长机制与模式示意，该图表达了以下含义：

(1) 政治方面。城市规划对新城建设的引导是通过对城市用地功能结构和空间布局的优化，规划完善的市政基础设施网络、公共设施网络、交通网络以及对城市建设的强度和城市风貌的规定来实现的，它作为政府对城市建设的一项调控手段，直接参与到了新城建设的活动当中；城市的发展战略则通过确立城市的全局性、长期性的发展安排，直接影响到它的发展方向和生长质量。不断调整自身的发展目标和城市定位并作出相应的实施措施，是保证新城可持续发展的前提；建立一个行之有效的区域协调发展机制是新城和其周边地域以及大城市有机协调发展的重要保证；政府有关土地、水等资源的合理利用与保护的政策、法规对新城开发活动亦具有明确的规范作用，它们对推动新城空间环境质量的提高和资源合理高效的利用起到了重要的引导作用。

(2) 经济方面。新城外部宏观社会经济条件的变化为以开放经济和政策为特征的中国当代工业先导型新城的发展提供了前所未有的历史机遇，外部资

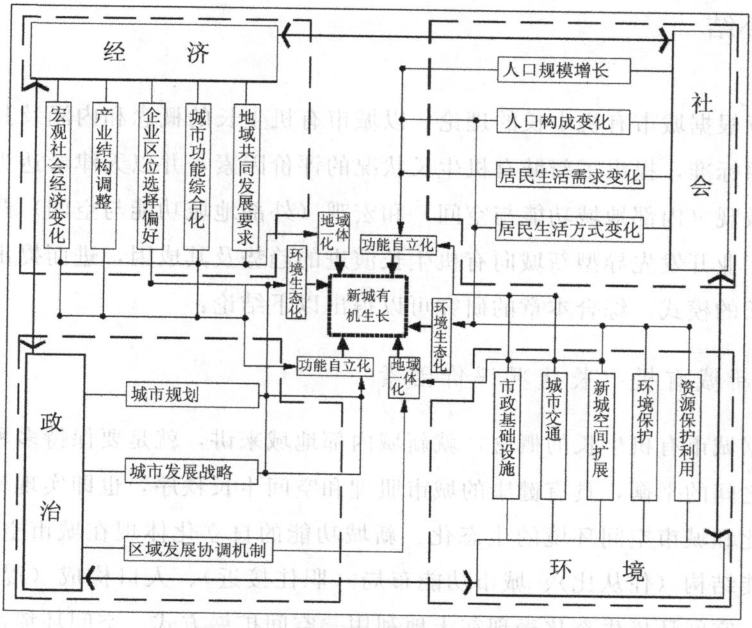

图 5-12　新城有机生长模式构想图

金、企业和技术的引进极大地促进了工业开发先导型新城发展；现代企业对区位选择的新要求，促进了新城空间环境质量的提高，而众多现代企业的入驻带来的资金和先进技术又推动了新城产业结构升级和对外辐射作用的扩大，进而推动新城功能的多样化和综合化发展；新城功能综合化和地域共同发展的要求进一步推动了新城与其周边地域一体化发展。

（3）环境方面。在政府调控和经济发展的基础上，新城的市政、交通设施和环境保护将日趋完善，城市资源将得到合理、高效的利用，城市特色逐步形成，从而推动新城空间环境不断向生态化方向发展。

（4）社会方面。新城居民数量的增加，对城市功能需求的多样化和就近得到服务的要求，促使新城功能向自立化方向发展。新城居民构成的变化带来了对生活设施和环境质量新的要求标准。21 世纪城市居民追求健康、美好、文明的生活方式以及新城居民参与意识的增强亦成为推动新城空间环境生态化的重要力量。

（5）在以上政治、经济、环境、社会等层面动力因素的共同作用下，不断推动新城向有机生长方向演进，最终实现可持续的有机生长。

5.4 小结

本章根据城市有机生长的理论，以城市有机生长的概念和内涵及其基本特征为参照标准，提出了新城有机生长状况的评价因素，并以天津泰达为实证案例，从微观（内部地域功能与空间）和宏观（外部地域功能与空间）两个层次研究了工业开发先导型新城向有机生长演进的趋势及其成因，进而提出了新城有机生长的模式。综合本章的研究可以得出以下结论：

1. 新城有机生长状况评价因素

根据城市有机生长的概念，就新城内部地域来讲，就是要保持多种多样城市功能之间的平衡，具有健康的城市肌理和空间生长秩序，也即实现城市功能的自立化和城市空间环境的生态化。新城功能的自立化体现在城市空间形态、城市功能结构（住从比）、城市功能布局（职住接近）、人口构成（混合平衡）等方面；空间环境生态化表现在土地利用、空间扩展方式、空间环境品质、社会功能等方面；就新城外部地域而言，即要建立一种城市与其所处地区之间相互依存的紧密关系，实现新城和其外部地域功能与空间的一体化发展。它体现在新城与其周边地域相邻城市之间的功能互补关系、地域通勤圈、区域协调发展机制等方面。

2. 新城有机生长状况评价

为了适应不同时期国家和地方的开发政策以及自身社会、经济的快速变化，与开发过程的阶段性相对应，新城的城市生长状况也具有明显的时段特征，表现在新城不同时期的内外部地域功能与空间的生长呈现出明显不同特征。从泰达不同时期内外部地域功能与空间生长状态的分析可以看出，以工业开发为先导的新城自诞生起，伴随规模（用地、人口）的增长、功能的多样化、空间的拓展以及区域交通条件的改善等，其发展的总趋势是由非有机生长向有机生长状态演进。在这一演进过程中，不同时期新城的生长状态和表现出的有机生长趋向显著不同。这一演进过程大致要经历三个阶段，即：第一阶段，有机生长的萌芽时期；第二阶段，向有机生长的实质转化时期；第三阶段，向有机生长优化发展时期。最后，进入完全有机生长的发展状态。目前泰达内部地域功能与空间正处于向有机生长的良性方向发展，但无论从其城市功能的自立化程度还是空间环境的生态化水平来看，都还没有达到完全有机成长的状态。泰达外部地域功能与空间的演化已经跨越了外部地域一体化的萌芽期，而进入到了第二阶段的外部地域一体化的形成发展时期，但距离实现真正地域一体化发展还有不少障碍需要克服。

3. 新城有机生长的成因与模式

影响新城向有机生长方向发展的动力因素来自于政治、经济、环境、社会等四个面的动力因素，对应于上述层面，这些动力因素可以归结为以下几个主要方面：

政治方面——总体规划的引导作用，新城发展战略的调整，政府统一协调机构的建立及其职能的完善。

经济方面——新城外部宏观社会经济条件的变化，产业结构的调整及企业区位选择偏好的变化，新城功能综合化，地域共同发展的要求。

环境方面——城市可利用资源的有限性和土地开发市场化的开发运作机制，新城空间扩展，交通条件的改善。

社会方面——人口规模的增长，人口构成变化、城市居民生活需求与方式的变化。以上各种动力因素交互作用，从而推动了新城向有机生长方向的发展。

注释：

[1] 此处的时段划分与第四章中泰达发展的三个时段稍有差异，主要是考虑到泰达生活功能发展滞后的因素。

第6章 促进新城有机生长的规划优化

“规划的本质就是调整考虑，宏观上相互调节和调控，它的基础是关心人，它的方法就是寻找各种合适的途径”（吴良镛，2001）。从可持续发展的观点看，城市的开发活动应不能损害其长远的发展能力，从而使城市功能与社会的发展循序渐进，达到有机的生长状态。通过城市规划可以为城市提供未来的发展战略，并进而实现一整套社会、经济、环境的综合目标。城市规划的一个重要作用就是引导和创造与城市社会、经济需要相一致的城市物质空间的发展和秩序。新城的开发尤如在一张白纸上描绘蓝图，其规划水平将直接决定新城开发所得到的是“一幅优美的画卷”还是无可挽回的“败笔”。综观国内外新城的开发实例，那些发展较为成功的新城无不有高水平的规划设计为前提。只有在科学、合理的城市规划指导下，新城建设才有可能高质量、高标准、高水平的进行。因此，融入有机生长的规划思想，从有机生长的规划理念出发进行新城的规划设计就成为现实的需要。

基于以上思考，在对泰达目前城市内外部地域功能与空间生长的过程、特征及其发展趋向等方面实证分析总结的基础上，综合影响新城有机生长的主要因素，下文将在规划方法、用地功能组织、交通网络系统、人居环境以及新城外部地域空间结构等几方面探讨促进新城有机生长的规划优化策略。

6.1 新城规划方法的变革

城市规划可以有效地干预城市的发展，正确的干预能够引导城市向着全面、系统、整体的方向发展，反之，则可能产生建设性的破坏。如何保证这种干预与设计的合理性？建立正确的城市发展观和规划方法显然是一个前提条件。因此，变革传统的规划理念和方法，就成为新城规划优化的第一步。

6.1.1 市场经济条件下的城市规划决策支持

城市规划的决策支持总的可以分为两个大的方面：

第一，政治决策的支持。政治决策支持具有明确遵循的社会目标和价值取向，这些目标中最重要的有两个，一是保证居民的安全、健康和适宜的生活条件。二是在城市中组织良好的功能关系；

第二，市场分配机制的支持。即通过经济的自由竞争，利用市场达到一种社会经济的“资源的理想分配”，也就是经济、合理地分配各种财富。市场分配机制对以市场经济为主导的城市土地、空间等的分配和城市规划的制定有着重要作用。

但是，以上两方面对于合理制定城市规划也有各自不利的影响。前者，由于长官意志、官僚主义的泛滥，常常使得城市规划无法从科学、理性的思维进行编制，造成规划“因人而异”的随意变动和追求短期效果而损害城市的长远利益；后者，极易导致市场经济利益至上，忽视社会利益、公众利益，造成大量投机活动出现，骚扰规划秩序，阻碍规划的实施。

中国当代新城的开发是以市场经济为主导，市场分配机制对其规划的制定具有重大影响，但同时由于受到政治体制和传统规划模式的影响，政治决策也具有不可忽视的影响，有时甚至要超过前者。二者交互作用，处于一种互相干扰的无序状态，使得两个方面的弊端都明显反映于新城规划中。要避免上述问题，就需要建立起政治决策与市场分配两者的协调关系。一方面，应明确规划的社会目标和公共价值取向，发挥政治决策的制约引导作用，保护城市的公共利益、长远利益，避免规划成为房地产投机的工具；另一方面，应充分发挥市场经济的杠杆作用，提高城市规划的可操作性，促进城市的高效益开发，并限制过多人为因素对城市规划制定与实施的干扰。

6.1.2 超前规划与动态规划

中国当前大多数新城规划都未能突破传统规划简单的计划分配式指标控制方法，预见性差，无法适应市场经济条件下的“功能现代、结构复杂、开放多元、有偿高效”的城市开发模式。对于新城未来的发展目标缺乏科学的预测，新城开发往往为时势推动着向前走，规划的不明确导致城市发展的目标难以准确把握，更多是受人为因素、突发因素而决定了新城相当长一段时期的发展和城市空间质量。另外，城市规划的编制缺少动态更新机制。中国现今仍采用5～10年进行一次城市总体规划修订，定期的规划修编虽然在一定程度上缓解了原规划与现实的矛盾，但依然是被动的，不连续的，无法适应新城高速变化的城市推进过程。城市总体规划的期限仅限定为 20 年，新城大体也是如此，由于对更长时间的发展远景仅是从用地方向上加以考虑，由于远景发展战略预测不够，常常会出现当前规划期合理的布局到下一个规划期会成为完全不合理，又需要对刚刚形成不久的城市空间布局进行调整，使得城市空间发展的连续性被打断。如泰达前后几次规划的较大变动，给城市用地功能的合理布局带来相当大的困难，并且造成了较大的社会经济浪费。

因此，新城规划应采取一种长远发展的方式，以确保将有限的资源获得最充分有效的开发。即要求城市规划具有一定的超前性和动态更新机制。

1. 超前规划

即新城规划要有准确的预见性和把握未来发展趋势的超前性，这就需要积极开展编制前的可行性研究工作。新城规划的可行性研究不能只限于在行政区划内的自然和经济条件下的分析，还应该从区域、全国，乃至全球生产力的宏观格局、经济演化和发展的趋势，从新城所在地域城镇体系结构和功能的完善、优化等角度来分析自身的变化趋势、可供选择的开发模式，从而提出合理的规划方案。

2. 动态规划

应该看到在城市规划中，有些因素是会随着城市内外部社会经济条件的变化而有不断变动的可能，而新城的这种变化几率更大，变化的显著性也较老城强得多。正如凯文·林奇所说："一个好的聚落就必须有容纳这一切（改变）的可能。一个有弹性的世界就是一个迎接未来发展的世界"（Kevin Lynch, 2000）。在新城高速发展的经济背景下，城市规划最大的困难就在于无法预见其经济发展的速度、规模和结构变化趋势，这就需要在制定城市规划的过程中，既要考虑随着时间的推移，城市功能和空间的动态变化，也要对新城开发过程中不确定因素较多的问题予以重视，充分考虑开发中可能出现的变化，制订多种备选方案，提高规划的弹性，增强其应变能力，重视多方案比较，从动态变化中寻求优化方案。在这方面新加坡所采用的概念规划和发展指导规划就是一种更长远、更灵活的规划模式，值得借鉴。

6.1.3 整体规划与综合规划

P. 盖迪斯（Putrick Geddes）在其《城市之演进》一书中指出，城市在空间与时间发展中具有系统的复杂性，因此，要求规划必须把不同地域、不同部门和工作统一起来考虑。建立城市规划的整体观、综合观就是为适应城市发展的复杂性特点所采纳的合理规划观，它反映在规划上就是整体规划、综合规划。

1. 整体规划

是指新城规划与区域规划、母城的总体规划、所在地区的区域规划以及周边相邻城市（区）的规划相结合，从宏观的、整体的视角出发，达到整体的规划，克服各自为政所带来的问题，科学规划新城发展的最适规模，做到空间布局和网络系统的合理。整体规划还体现在城市总体规划与其他部门之间的规划与计划的整合，使各部门的规划形成一个互相关联、互相推动、互相制约的有机系统，达到各部门、各种功能的协同发展。

2. 综合规划

就是要求新城规划将技术、经济、社会、生态、空间、环境等诸多方面有效结合起来，把城市规划同经济发展计划、社会发展规划相结合，保证新城各方面的功能协调发展，既适应社会、经济的发展，又能满足人们的生活需求。

从中国目前大多数以工业开发为先导发展起来的新城来看，由于规划部门直属管委会领导，新城内部各部门在管委会的统一领导下，与规划部门已初步建立起了较为良好的合作机制，其不足是这种合作还未形成一种固定的、连续的模式，合作效率也有待提高。目前存在的最大问题在于区域规划合作机制还未形成，存在着诸如：行政区划不统一，呈多头平级的状况，各城区之间的职能关系难以完全理顺，地区整体综合协调能力不强，区域规划也难以起到应有的指导、控制作用。针对这种情况，就新城来讲，应该充分发挥其经济实力强、区位优越、发展限制因素少等有利条件：

(1) 主动承担区域性协调机构运行的部分负担，如提供一定的办公设施、空间及开展活动的资金等，推进其职能的尽早开展和完善，这样也有利于确立新城的核心作用。

(2) 城市规划的制定应积极配合上一级总体规划，并以合理化的建议影响地区或大城市总体规划的制定，从上一层规划中获得实现其发展目标的支持。

(3) 与周边相邻的其他城市（区）的政府部门保持密切的合作关系，建立起彼此之间定期沟通、交流的机制，以保证新城与相邻各城市（区）之间在规划方面的协调配合。

6.2 新城用地功能与空间组织规划优化

就一个城市而言，它的物质环境是由不同功能的城市用地组成的，不同类型的城市用地及其组合有着各自不同的职能和意义。作为城市总体规划布局核心问题的城市用地功能组织，它重点研究城市各项主要用地之间的内在联系及其空间的合理性。按照“各得其所、相互协调”的原则来合理划分城市用地功能区，将城市各项用地按不同功能要求有机地结合起来，是城市用地功能组织的中心问题（同济大学，2001）。新城用地功能及其空间组织在具有一般城市用地特征的同时，又有区别于一般城市用地的特点。综观中国各地正在开发建设的众多新城的用地规划及其开发状况，从区位、用地功能布局及扩展方式等方面来考察，这些新城的用地功能及其空间组织表现出以下共同的特点：

1. 用地区位优越，开发潜力大

中国当前大城市地区建设的各类新城，如以吸引外资发展现代工业为主要功能的大型经济开发区，以居住为主要功能的居住新区多依托大城市建成区，邻近交通干线；一些以高新技术研发和教育为主要功能的科技新城一般建立在自然环境优美、邻近大学和科研机构集中的区域。这些地区用地一般在农村区域，人口相对稀疏，土地价格低，开发成本不高，且发展空间广阔，新城用地经过开发，往往可以带来巨大的经济效益，用地价值增长潜力巨大。

2. 受市场价值规律的作用，用地功能具有较大的弹性

随着中国土地市场的启动，城市土地开发已开始成为一种市场行为，尤其是新城的土地开发活动基本受市场价值规律的作用，属于利益驱动型。因此，新城的建设在一定意义上讲是需求拉动的，为了吸引建设资金，提高区域竞争

力，土地的供给必须充分考虑投资者的行为偏好，在照顾不同群体利益的同时，尽可能多的提高土地的产出效率，为城市土地开发提供良好条件。这就使得新城的土地利用无法用传统的简单计划分配式指标控制，用地的功能需要有一定的弹性和兼容性，为投资者在选址上有一定的可变余地。事实上，在近年来中国一些城市新区的土地利用规划中，已经越来越强调土地利用的弹性。另外，还由于新城土地开发不像老城区，受历史因素及原有功能的影响较小，外部客观约束条件少，再加上土地规划管理法规的不完善，也为用地功能的变更带来便利，导致用地功能的不确定性。

3. 与周边地域的用地功能分异明显

新城的开发建设是一个从无到有，又从有到无不断推陈出新的开发过程。城市建设的周期相对较短，开发速度大大快于一般城市地区，这就造成了新城与周边地域在土地功能上有明显的差异，土地使用上缺乏一定的联系和过渡，城乡之间的用地变化梯度减少，城市用地功能变化跨度大，这表现在中国许多新城在发展的早期阶段，多呈现“孤岛”发展的状态，即在空间联系上、功能互补关系上明显存在断链的不协调现象。

4. 功能分区严格，用地的匀质性显著

功能分区是根据城市不同职能的要求，对用地功能的空间分布、社会经济空间结构的设计与组织，它在城市土地利用规划中发挥着重要作用。在中国大城市独立开发的新兴地区，土地利用规划受功能分区思想的影响较大，采用大面积和模块化的功能分离的手法很普遍，具体表现为：

(1) 生产与生活功能往往严格区分，尤其在开发的初期更是如此。

(2) 地域分工明确，专业化强。比如在工业生产区中又分为生物制药、食品、电子等不同的工业生产专业园区，而生活区中也常常划分为住宅区、金融办公区、大学科研区、体育休闲区等。

(3) 用地的匀质性显著。地域功能专业化的清晰结构必然促使城市中不同地区的用地承担差别明显的功能，形成均质地域，表现出很高的均质度。

5. 分阶段的用地拓展方式，用地功能趋于综合化

新城的用地在不同发展阶段其功能组织方式与发展模式有很大不同。根据一般新城的发展阶段，可以分为起步阶段、快速发展阶段、优化调整阶

段、成熟阶段。在不同的发展阶段，其用地的扩展方式表现出不同的特征：初期开发规模小，在范围较小的起步区进行，空间形态呈现团块状；快速发展阶段空间迅速扩张，遍地开花，功能空间趋向分散；优化调整和成熟发展阶段则进入调整完善期，补充功能、完善设施以及改造老化的起步区等。而城市功能也在不同发展阶段有着明显的不同，总的来说表现为单一到综合的发展模式。

要实现新城的有机生长，就必须做到新城用地的科学规划与开发。新城规划所要实现的一个主要目标就是从新城用地功能组织的特点出发，发挥城市规划的主动、积极作用，促进新城土地的合理利用与布局，提高土地产出效率，引导城市空间的合理扩展，以适应新城社会经济的发展和人们生活居住的需要。

6.2.1 区域空间关系——从区域整体观出发，统筹安排，合理规划城市用地功能

正如芒福德所说："真正的城市规划必须是区域规划"。区域是一个整体，而每个城市只是其中的一个组成部分，一个城市与其所依赖的区域是密不可分的两个方面。因此，城市用地规划应该基于区域范围内的土地利用体系来确立城市用地的功能布局与发展发向，保持与周边区域的综合协调，才有可能达成保障区域生态完全的空间体系，为城市自身的有机生长奠定扎实的基础。

以泰达为例，作为以工业开发为先导的新城，在其发展初期由于过于单一的功能和封闭的管理而使之处于孤立生长的状态，结果是既无法带动周边地域的发展，也无法获得周边提供有利的发展支持平台。在经过近 20 年的开发建设，泰达目前已开始进入向有机生长状态转变的良性发展时期，与周边地域的联系大为加强，不过由于受到早期规划建设遗留问题的影响以及发展惯性的作用，使得泰达的用地功能及其布局从区域整体来看，还存在一些问题，如：对泰达与周边城市（区）之间相邻的用地开发没有过多的重视，各城市（区）之间缺乏沟通与协调，造成各城市（区）边缘用地开发比较混乱，功能上缺乏协调，甚至陷入"三不管"境地，严重妨碍了彼此一体化的发展与融合，也影响到新城整体功能的运转和城市环境质量的提高。在城市用地功能的安排上，各城市（区）基本上都是从自己管辖的行政范围内考虑，有些项目特别是大型公

建的选址从区域整体看并不合理，这在一定程度上降低了设施效益的发挥。另外，还存在多头重复建设等问题。因此，现实要求从区域整体的视角进一步调整新城的用地规划。

1. 首先要处理好与母城的关系

大城市的空间扩展与新城的发展是紧密联系的，是新城发展的动力源，新城不可能完全脱离大城市地域空间体系而独立存在。作为大城市产业转移、空间扩展的先导地区，新城与母城之间的产业关联与空间关系将在很大程度上影响到新城空间拓展的方向及其各功能用地的规模。新城规划应处理好与母城在产业、人口、空间等方面的区域关系，使新城的发展能够参与到大城市地区功能转型的过程当中，成为大城市空间拓展的有机组成部分和新的城市功能载体。

2. 要处理好新城与周边城乡地区在用地功能、重大基础设施布局、环境保护等方面协调配合的关系

在城市功能的设置上，充分发挥新城的优势，发展周边地区所欠缺的城市功能，以此确立自己的职能特色和优势，成为促进地区交流和空间连合的催化剂，避免过度发展邻近城市（区）已经有的较为成熟的功能，充分利用周边相邻城市（区）的设施来为自己的发展服务，以此带动整个周边地区功能结构的调整，同时也降低了新城发展的成本。

以泰达为例，其城市功能重点开拓方向应是发展所在区域——天津滨海新区目前所欠缺的城市功能如大型高档的文化娱乐设施、商务办公设施、高水平的大学、科研设施等，避免过多发展周边相邻城区已有的功能。近邻的塘沽城区已经拥有比较成熟的大众型商业服务网络和大量售价较低的住宅，塘沽、汉沽、大港等地的化工、原材料工业，港口保税区的仓储、物流等，泰达可以将这一部分功能或需求有意识地转移到这些相邻的城区，这样既可以保证自己的环境质量和优势功能得以充分发展，又可以加强与周边地区在人口、物资、信息等方面的交流，促进地域一体化的发展，最终形成由各具特色、功能互补的城市群地域空间连合体。（如图 6-1 所示）

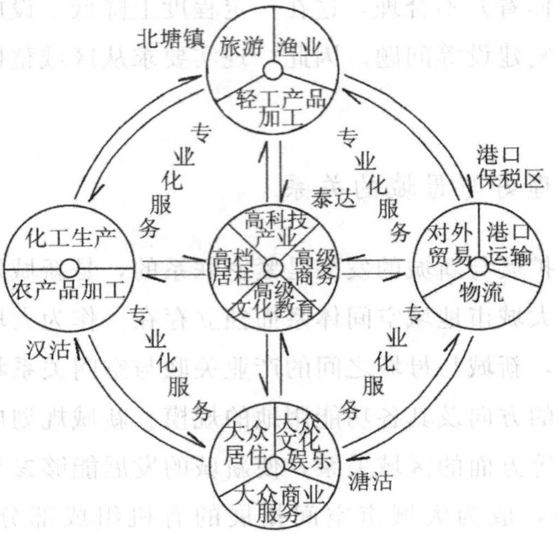

图 6-1 泰达与周边地域城区功能互补关系概念图

6.2.2 用地功能结构——调整用地功能结构，完善城市功能，提高新城自立化程度

中国目前大多数城市都正处于功能转型期，面对新的发展环境和条件，工业开发先导型新城的商业、金融、信息、高科技产业等得到了快速发展。为了适应这种发展的需求，并引导城市功能合理发展，就需要建立起可持续发展的城市用地功能结构。就泰达来看，如 4.2 节所分析的，目前无论是从居住人口占从业人口的比重（住从比）还是产业的构成来看，泰达城市功能的自立化程度还不理想。国内外新城建设实践证明，如果城市功能过于单一，这种经济活动无论多么成功，它对地区的促进也只能是短时期的。如果希望在大城市地区各节点（城区、镇）之间竞争日益激烈的情况下长时期保持发展的活力，那么该新城就必须发展为多功能的城市。因此，优化新城用地功能结构，促进新城功能综合化，就成为新城土地利用规划的重中之重。

首先，要调整优化用地结构，适当减少工业生产用地比重，增加第三产业和其他社会公益事业用地，即所谓的“退一进三”，“优二进三”，促使城市功能由“生活外置型”走向生产、生活相对平衡的功能结构；

其次，进一步提高公共服务设施的水平，改变工业开发先导型新城中普遍存在的公共绿地、公共设施不足和整体人均公共用地指标偏低的问题；

第三，针对有些功能用地内部结构体系不平衡的问题，如泰达道路网就呈现为主干道路＞次干路＞支路的倒金字塔的不合理结构。应通过优化各类用地内部结构，来保证新城整体用地的良性运转；

第四，新城的发展是一个快速变化的动态过程，不同的发展阶段，其人口、经济、社会、资源和环境条件及其相互关系会有很大不同。因此，不同的城市功能对用地的需求也因时间的推移有着很大不同。为此，有必要建立一种灵活开放的城市用地功能结构体系，以适应新城产业和功能发展的各种可能。

6.2.3　土地利用——优化用地空间布局，提高用地产出效率，构建多样化、集约式土地利用模式

如 5.2 节所分析的，包括泰达在内的中国多数工业开发先导型新城的土地利用集约化水平不理想，究其原因主要有：

（1）缺乏集约利用土地的规划技术。

（2）部分企业生产水平偏低（以早期投产企业为主）。

（3）为了吸引企业前来投资而随意降低地价，使得有些企业或房产开发商占地多而开发少。

由于上述原因，造成了土地总体产出水平不高，形成了广义的土地闲置。另外，城区特别是工业区中的均质度过高，其结果是既造成职工通勤距离不断加大，给企业生产、职工生活带来很大不便；又造成区位优越的土地不能反映其实际价值，产出效率低。多样化、集约式土地利用就是适应新城发展特点的更为主动积极的城市土地利用模式，它主要通过下列途径来实现：

1. 用地空间的集约化

城市的可持续发展要求用地空间资源利用的整体性与高效性。为确保土地承载多种功能和生活环境，从总体规划阶段就要对城市土地开发强度有一个统筹考虑，从全局对土地使用赋以强度的规定。一方面，要提高公共服务项目的容积率，适度提高居住容积率，同时可以集中建设大片的城市公共绿地等开敞空间；另一方面，应强化内部存量土地的盘活与挖潜，通过现有土地功能置换与整合，由外延粗放式扩张转向集约内涵式开发，做到“地尽其用，地尽其利”。

2. 用地功能的混合利用

罗伯·克里尔（Rob Krier）认为：“城市是包容生活的容器，它能为内在的复合交错的功能服务”，而“在一个社会中，分割导致一种混乱”。传统城市规划过于强调用地功能分区，雅典宪章提出的居住、工作、游憩、交通四种功能往往被误解为每一种功能都需要有一定严格划分的空间领域，以致造成城市各项用地空间的连接与转换成为困难。为了更加合理有效地组织用地功能，从整体上可以按照上述功能分类进行组织，但对每一块建设用地应从多种用途来考虑，在保证各种功能用地都能适得其位的同时又可以做到各种功能的有机融合，并具有适应各种可能变化的弹性，即规划用地要具有一定的兼容性。Gerd Albers（2000）提出可以概括地将城市用地分为居住（混有不干扰居住的就业场所）和就业场所（住宅远离就业场所）两种，他列出了几个主要功能用地与功能之间在居住、工作、市政服务设施、休息和居民点等功能交界面的关系，表明了城市中不同功能之间应具有的混合程度（如图 6-2 所示）。[1] 新城市主义理论提出的城市空间发展模式——公共交通主导的发展单元（简称TOD）也同样强调用地的复合功能。这种模式将商业、居住、办公和公共空间布置于适宜步行距离的范围内共同构成一个 TOD 社区，社区是包含有混合住宅、就业部门、商业服务和公共用地等内容的复合功能社区（如图 6-3 所示）。这种布局方式有利于促发步行活动，增强社区的活力与多样性。以上表

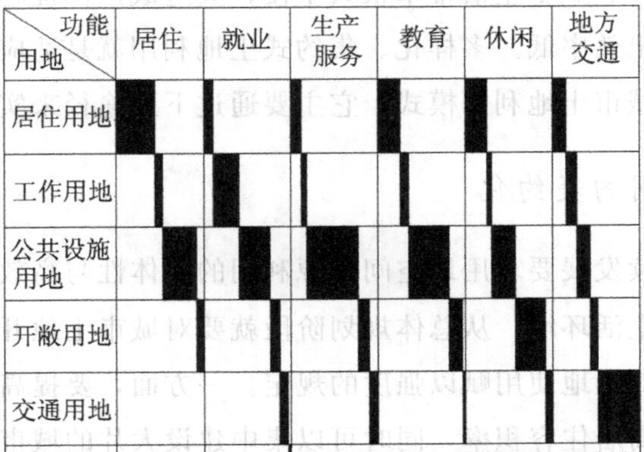
功能
用地
居住
就业
生产服务
教育
休闲
地方交通
居住用地
工作用地
公共设施用地
开敞用地
交通用地
市政用地
交通用地含有市政管道用地，部分用地只有水塔、污水处理站、变电站等。

图 6-2　功能与用地关系示意

资料来源：引自参考文献 Gerd Alberts. 城市规划理论与实践概论，2000

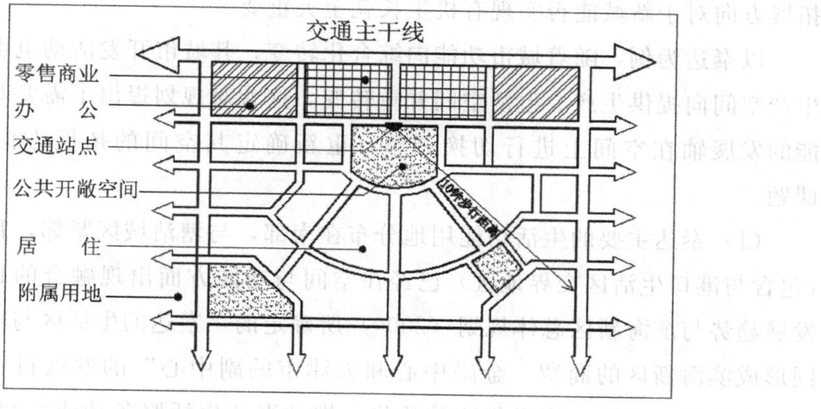

图6-3　新城市主义的TOD开发模式

明，适当的用地功能的混合利用可以有利于形成合理的城市功能布局，提高用地的使用效率。当然，这是针对大面积的和模式化的功能分离而言的，那种完全取消功能分区，任意混合功能的观点也是不可取的。

3. 城市公共等级服务网络的体系化

从中国工业开发先导型新城的规划与实践来看，大多数新城都规划建设有一定规模的生活服务设施，在一定程度上满足了新城居民和企业的需求。但是，不少新城的公共服务等级网络不成体系，有的规划范围内仅有一级服务中心，中间等级的生活服务设施缺失，很难为整个城市的生产、生活提供便利完善的服务，特别是在工业区范围内，公共服务设施的量少且布局分散不成体系的问题很普遍，阻碍了城市用地功能的多样化与集约化开发。由此提示规划师在制定新城规划时，应当有意识地强化公共服务等级网络体系的建设，将配套齐全的公共设施按不同等级和服务范围进行布局，如商业设施不仅要有服务于整个城市的中心，而且各个功能小区（如居住区）中也应配置次一级中心或更低一级的商业网点；公园绿地也应按不同等级进行布局以满足不同层次的需求，最终建立起开放式的多中心等级服务网络体系。

6.2.4　城市空间拓展——确立合理的城市空间拓展方向

空间的扩大并不等于空间的良性发展，只有建立在区域整体性之上才能保证城市空间健康、合理的生长。因此，从区域整体出发，确立合理的城市空间拓展方向对于新城能否实现有机生长就至关重要。

以泰达为例，随着城市功能向综合化转变，其城市开发活动也由单纯提供生产空间向提供生产、生活空间并重转变，这就对规划提出了需要对于不同功能的发展轴在空间上进行切换调整，重新确定其空间的拓展方向和次序的课题。

（1）泰达主要的生活功能用地分布在南部，与塘沽城区紧邻，目前该地带（包含与港口生活区交界地区）已经在空间与功能方面出现融合的趋势，这种发展趋势与滨海新区总体规划（2000）所确定的“泰达的生活区与塘沽城区共同形成滨海新区的商贸、金融中心和天津市的副中心”的发展目标是相一致的，从规划上应进一步强化这种趋势，推动泰达生活服务功能空间以沿临海、临港、临塘沽的东南方向为主要拓展方向，建立起与塘沽、港口、保税区互为补充，分工协作的生活发展轴。

（2）在工业用地布局方面，应处理好与西侧海洋高新区、东侧的保税区和规划的港口北港区、北侧的北塘镇之间的关系，保证新城工业生产区在市政基础设施、道路交通及生产环境等方面与周边地区相互协调，资源共享，避免相互产生干扰，并以这三个方向作为泰达工业生产的主要扩展轴向。

（3）依目前的开发速度，泰达在未来若干年内将面临无地可开发的局面，突破现有用地范围将势所必然。目前，泰达以北还有可以开发的荒地、盐田，向北发展是一条可选之路，但开发的前期费用较大，且距离现在的生活区过远。因此，这就需要调整原有的用地功能布局，同时改变以往政府主导前期土地开发的方式而引进更为市场化的运作机制，走企业开发的方式，充分利用西邻海岸、北临海港渔镇的条件，发展旅游、娱乐及生产等各种功能，从而推动泰达北部地域空间有机协调的发展，也可促进泰达城市功能的均衡布局。另外，尝试与周边地区联合开发的方针也不失为一条好的发展途径。紧邻泰达西侧的海洋高新区已建成一定规模的基础设施，土地建设条件较好且发展空间广阔。泰达东侧规划待建的天津港北区也有较大拓展空间且有紧邻港口的优越条件，如果能与二者联合开发，虽然在实际操作中较为复杂，但一旦合作成功，就可以节约大量资金，更容易实现发展目标，其综合效益将是非常巨大的，也可以此为契机，促进泰达与周边地域空间的有机融合（如图 6-4 所示）。

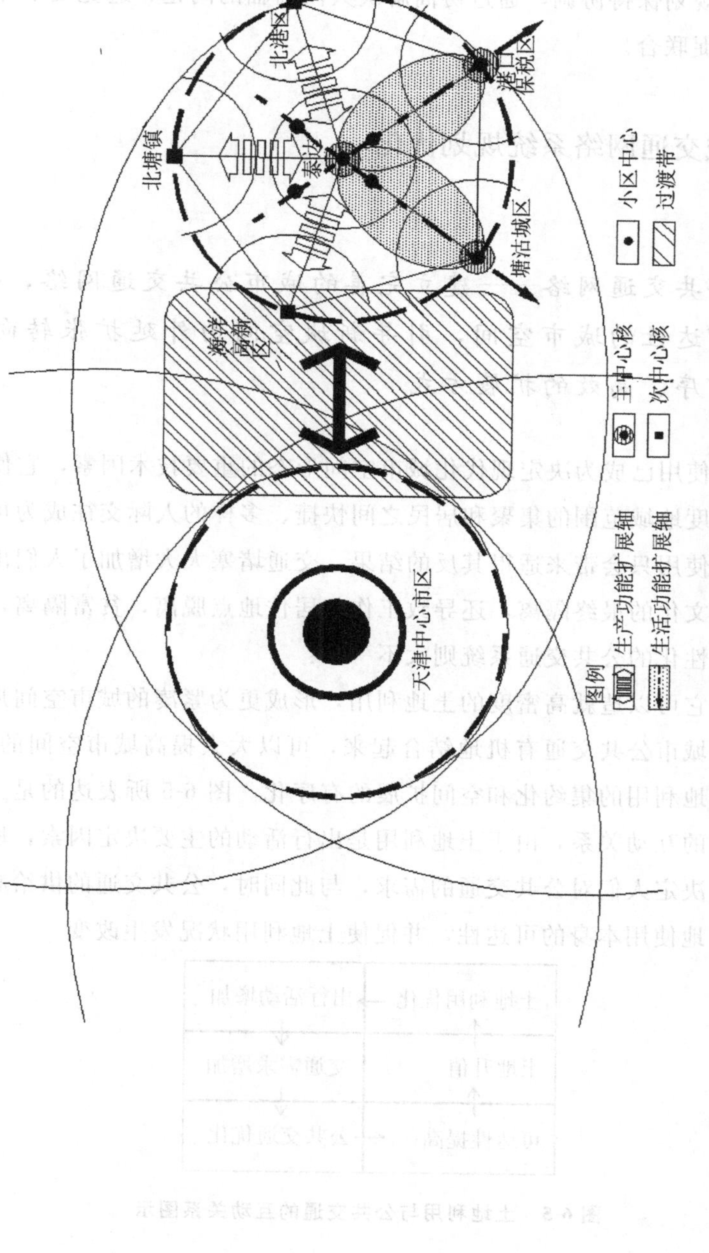

图 6-4　泰达城市空间扩展及其外部地域空间一体化发展构想图

总之，在规划方面应有意识地调整新城邻近周边地域的用地功能，发挥新城经济实力强、区位条件好等优势，在基础设施网络、交通设施网络的规划上与周边区域有机衔接，以服务新城辐射周边地区为原则，统筹安排。规划的编制与上一层的规划（如母城总体规划、地区总体规划）相一致，同时与周边相邻各城区的规划保持协调，通过协商解决共同面临的问题，避免发生冲突和矛盾，以规划促联合。

6.3 新城交通网络系统规划优化

6.3.1 公共交通网络——建立完善的城市公共交通网络，规划高可达性的城市空间，引导新城空间由外延扩张转向内涵、有序、高效的扩展方式

汽车的使用已成为决定现代化城市空间形态的重要技术因素，它使得大量人口在大尺度地域范围的集聚和居民之间快捷、多样的人际交往成为可能。但汽车的过量使用只会带来适得其反的结果：交通堵塞大大增加了人们出行的时间，助长了文化的最终隔离，还导致工作与居住地点脱离，贫富隔离，老幼分开等。但人性化的公共交通系统则大不一样：

第一，它可以造就高密度的土地利用，形成更为紧凑的城市空间形态。将土地利用与城市公共交通有机地结合起来，可以大大提高城市空间的可达性，促使新城土地利用的集约化和空间扩展的有序化。图 6-5 所表达的是土地利用与公共交通的互动关系，由于土地利用是出行活动的主要决定因素，所以土地利用状况将决定人们对公共交通的需求，与此同时，公共交通的供给状况则直接影响到土地使用本身的可达性，并促使土地利用状况发生改变。

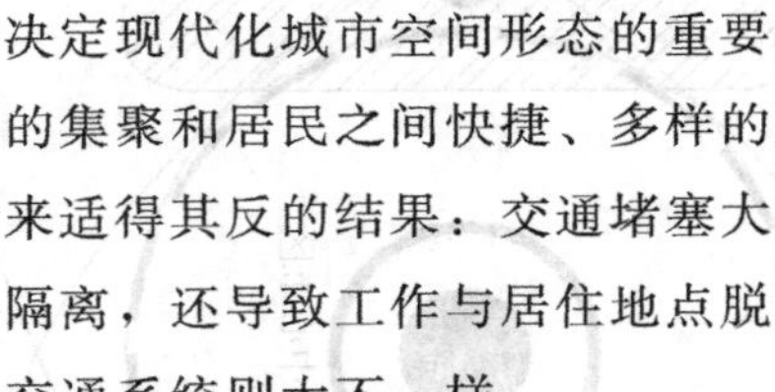

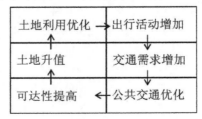

图 6-5　土地利用与公共交通的互动关系图示

第二，快速公共交通与步行系统相结合，既能够满足人们对高效率交通的需要，又使得城市空间能够整合连续发展，有利于创造富有人情味的城市空间，同时还减少了汽车对能源、空间的浪费。

目前，国外已在这方面广泛开展了一些相关的研究和实践活动。如前文所介绍的 TOD 模式就是结合公共交通进行用地功能组织而提出的一系列新的规划设想，其主要内容是以公共交通站点为中心，以适宜的步行距离为半径的范围内布置复合功能的社区，其中又可分解为两个层面的内容：

一是在邻里的层面上，规划适宜步行的社区，以减少对小汽车的依赖程度，形成良好的城市生活氛围。

二是在城市层面上，沿区域公共交通干线或换乘方便的公交支线呈节点状布局，形成整体有序的网络状结构。

巴西的库里蒂巴则是以公共交通导向城市开发进行生态城市建设较为成功的范例。在该城于 1964 年制定的总体规划中，确立了城市主要沿 5 条交通轴线进行高密度线状开发的指导思想，各轴线也是公共汽车系统的主要线路。规划以城市公共线路所在的道路为中心，对所有的土地利用和开发强度进行了分区，并把高密度混合土地利用规划与已有的交通规划合为一体。一体化道路系统提供的高可达性促进了沿交通走廊的集中开发，使库里蒂巴走上了低成本（经济成本和环境成本）的交通方式和人与自然尽可能和谐的城市有机生长的道路，避免了城市依赖小汽车交通发展的定式。

中国目前多数工业开发先导型新城的规划对于公共交通网络的作用及其建设还未予以足够的重视，以泰达来看，至今还未形成体系化的公共交通网络，总体空间可达性不高，这在工业区中表现得尤为突出。现有的公共交通对空间扩展的引导作用微弱，沿交通干线没有形成集中开发的廊带，这也是造成有些地块开发强度偏低的重要原因。为了改变这种状况，就需要在制定城市规划的过程中充分考虑城市土地开发利用与公共交通协调互动的关系，建立起完善的公共交通网络体系，从而实现土地利用与公共交通一体化开发。

6.3.2　对外交通系统——优化对外交通系统，推动一体化区域交通网络的发展

城市之间各种功能的联系以及人和物的空间移动主要是通过城市外部区域交通网络来实现的。新城及其周边地域整体运转的效率在很大程度上取决于区

域交通网络的完善程度。因此，拥有完善、高效的外部区域交通网络是推进新城外部地域有机生长的基础条件。

从对泰达实证分析的结果看，这类工业开发先导型新城的外部区域交通网络的建设往往较新城发展的实际需要滞后，从地域一体化的标准来衡量，还远未达到理想状况，这主要表现在：

(1) 对外交通联系不顺畅。

(2) 对外交通联系方式单一，主要以道路运输为主。

(3) 自身的道路系统与周边交通干道还存在部分衔接不顺畅的问题，内部也没有辐射周边的公共交通枢纽设施。

针对以上问题，有必要采取相应的规划措施来优化自身的对外交通系统，推动区域交通网络的发展。

(1) 理顺新城承担对外交通联系的干线道路与周边城市（区）干线道路、过境交通的衔接关系，通过立交化、环路等方法，消除阻隔新城与周边地域交通联系的障碍。

(2) 与周边相邻城市（区）共同规划建立连接本地域各城市（区）内部的快速轨道交通（轻轨、地铁）。

(3) 开辟更多通往周边相邻城区的公共交通线路，建设相应的公共交通设施，主动承担起规划建设服务于周边地域的交通枢纽设施的任务，如公交调度中心、轨道交通总站等，有意识地逐步发展成为地区性的交通枢纽。

通过以上规划措施，可以进一步加强新城的核心地位，为新城发展辐射周边地区的城市功能创造了条件，其所获得综合效益要远大于为此而付出的成本，更由于区域交通网络的形成与完善，可以大大加快新城外部地域功能与空间一体化发展的进程。

6.4 新城人居环境规划优化

6.4.1 空间环境——以人为本，重视新城空间内涵的挖掘，规划组织适宜人居的新城空间环境

中国多数以工业开发为先导的新城，在早期建设时期，由于投资企业的层

次不高，自身经济实力较弱，加之城市规划与管理经验不足，往往造成城市空间在较长时期内处于低水平的外延扩展状态，居住与公建服务设施相对滞后于工业发展。如泰达至目前尚未形成完备的金融服务体系、技术交换市场、产品市场，居住环境虽有较大改善，但离“生态化”新城的要求还有一定差距，缺乏具有地域特色的城区景观和文化氛围。这直接或间接地成为阻碍新城有机成长的不利因素。为克服这些不利因素，新城规划就需要更加注重提高城市空间环境的质量和居民的生活质量，促使城市空间由外延扩张转向内涵提高，即要遵循两个原则：

一是以人为本，强调建成环境的适宜居住性；

二是尊重历史和自然，强调规划与自然、人文、历史环境的和谐。

1. 一个聚居地是否适宜，是指其空间和当时的城市肌理是否与其居民的行为习惯相符，在行为空间和行为轨迹中的活动和形式是否相符

具有适宜人居的城市空间环境应是形态与功能两者相适宜的，它表现为：

(1) 有足够的空间容量满足人们各种活动的需要。

(2) 具有高可达性，保证人们能够很方便地获得信息，取得所需的服务和资源。

(3) 城市整体功能协调，有较强适应外部变化的能力，不致因局部的变动而引起整体的混乱。

就新城规划来讲就是要做到：

第一，为城市提供充足的发展空间，为未来的空间拓展留有余地，为城市居民提供布局合理、数量充足的公共绿地等开敞空间。

第二，规划组织完善的城市交通与市政基础设施网络，为城市各项活动提供高效优质的服务。

第三，规划要有适度的弹性。在新城从无到有，由小变大这一快速发展变化的过程中，对于其经济发展速度和功能结构变化的特征无法准确预见的情况下，城市用地功能与空间结构的弹性应该成为规划追求的重要方向。

2. 达到与自然、人文、历史、环境的和谐

(1) 保护、保存自然演进过程中生态敏感地域，建立起人居环境与自然的共生体系，使城市各项功能的运行融入自然的运行过程当中。

(2) 从历史与环境文脉出发，对历史传统加以重视，使新与旧的关系更为有机。

具体到新城规划，首先要根据新城所处地区的自然条件，从城市与自然有机融合的思想出发，进行用地功能布局与城市空间景观设计，形成有强烈地域特色的城市形态与景观，同时最大程度避免建设性破坏。

其次，应发掘新城所处地区的人文要素，与母城的文化血缘联系，通过研究大城市地区及新城周边地区的城市意向元素、所处地区人们的生活方式、风俗文化等，构建起与新城所在地区人文特色密切相关的新城空间集聚形式和结构，从而避免重复平庸的“国际式”风格。

第三，任何一个具体地段的规划设计都要注重承上启下，既要以上一层次的空间范围和规划为前提，又要为下一层次的规划和空间发展留有余地，并提出控制性或指导性的设想或建议，把个性的表达与整体的和谐统一起来。

第四，规划完善的环境保护设施体系，对城市大气污染、废水、废渣以及饮食业、农副市场和大众娱乐场所等排出的各种废气物，都要按照各自的特点规划相应的处理地点和设施予以处置，同时加强对噪声的管理控制，使各项环境质量指标均达到国际城市环境质量标准，做到城市环境洁净、安全。

3. 以新城开发为契机，促进富有地域特色的社会文化的形成

“城市与区域不仅是地域的范畴，而且是地理要素、经济要素、人文要素的综合体”，“城市通过它集中的物质和文化的力量，加快了人们的交往速度”(L. 芒福德，1989)。芒福德将文化视为城市与区域发展中的重要作用力量。当今城市规划的演进一方面以传统的建筑学领域走向一个更为理性、更为严密的科学体系，另一方面，则是回归传统的感性，即重新关注被现代建筑运动所忽视的人类情感，通过对城市与地域文化、社区环境、城市景观等方面的研究和实践，塑造城市和地域的文化特色。“社会文化论”已成为当代城市规划的一个重要思想。不同的国家或地区的地域文化孕育了许多完全不同的城市及其群体组合的空间形态，它反映了在特定的环境下，社会文化因素对区域空间的整合与构建起着重要的作用。对于新城而言，要实现外部地域功能与空间的一体化发展，则规划建设与所处地域社会文化相协调，富有地域特色的新城市文化的重要性也是不言而喻的。

工业开发先导型新城由于受到以工业为主导的产业结构的制约，文化活动设施相对不足，社区建设滞后，与周边相邻城市（区）的文化交流活动少，造

成城市缺乏生活气息和文化底蕴，对周边地区的居民和政府企业部门也缺乏亲和力，在一定程度上阻碍了新城与周边地域的交流和一体化发展的进程。因此，注重对本地域社会、人文的关怀，发掘地域文化内涵，并融入新城建设中，是新城规划必须认真解决的课题，具体可以采取以下优化措施：

(1) 在用地规划中应为开展本地域的地方文化活动和相应的民间文化团体提供必需的活动空间和设施。

(2) 在城市景观的规划设计中充分利用所处地域的自然、文化和社会元素，增强周边地区居民的可感知度。

(3) 在与其他城市（区）相邻的一侧，规划城市功能与空间过渡自然的开敞地带。

(4) 主动吸纳地域性文化团体及相应的活动入驻新城。

6.4.2 社区建设——推行社区行动计划，关注社会公益项目，建设体系化的社区功能，实现公平与效率的同步提高

如前文所分析的，泰达的社会功能建设是其城市发展中的一个薄弱环节，这也是中国以工业开发为先导的新城在发展过程中普遍存在的问题，表现在：

(1) 社区建设滞后，仅处于起步建设阶段，要形成成熟的社区功能尚需时日。

(2) 社会公益项目种类少，数量不足。

(3) 居民的地域归属感差，参与意识不强，对城市的发展状况或重大决策关心少，同时也少有发表意见的顺畅渠道。这表明这类新城在城市功能结构上还有所欠缺，城市社会环境质量还没有达到较高的水平。

一个城市是否有机成长不仅只是表现在土地利用及空间环境质量方面，而且还应体现于内在的社会可持续发展方面，它至少包含了三个方面的内容，即：社区建设，社会公平，公众参与。

1. 社区建设

城市的有机成长状况可以通过健康的社区活动得到改善与加强。从区域开发的角度看，新城也可以看作是一种社区开发，通过开展社区行动计划，将社区建设作为新城总体规划的一个组成内容，有计划地进行建设，可以达到以下目的：

(1) 协调新城的各种社会关系，维护城市社会的稳定与健康。

(2) 为配置新城居民的生活服务设施提供合理化的建议与指导，从而提高新城整体建设的经济与社会环境效益，促进其经济与社会的协调发展。

为此，应当提倡新城政府与开发商将社区建设作为新城规划与开发的一个重要组成内容。对于以工业生产为重要功能的新城来说，社区的建设既指生活居住区的社区化也指生产环境的社区化。这就需要新城规划一方面要能够提供满足社区活动功能的用地，合理布局开展社区活动的公益设施，有机组织社区活动空间，为新城居民开展多种多样的社区活动创造条件；另一方面，还需要有意识地培育企业文化与地域产业文化氛围，为企业的各种正式非正式的交流提供必要的渠道，构建起新城的创新环境。

2. 社会公平

在新城开发以市场经济为主的情况下，对城市规划中的“社会公平”的关注尤为重要。城市规划是为全体市民服务的，而不能以开发商的利益为标准。它是建立在满足全体居民需求基础之上的，所有的城市居民均有权享有城市的公共设施，享受和谐的生活。体现于规划中就是：

(1) 配置完善的公共服务设施，将各种公共项目如：公园、学校、商业服务等按照不同的服务等级配置于相应的各级生活区中。居住社区应是不同年龄、性别、收入和职业的居民共同组成的。

(2) 为居民提供服务广泛的社会公益项目，从帮助无家可归的人到各种技能知识的培训计划及设施建设，规划各种体系化的服务系统，如：图书馆系统、健康医疗和福利系统、垃圾回收系统等，给每个人提供平等的服务、教育、健康、休闲的机会。

3. 公众参与

公众参与是保证规划的实施，促进城市有机生长的一个重要因素。公众的参与包含多个层次，联合国人居中心在其相关报告中将公众的参与划分为：自我动员；相互影响的参与；功能性参与；为了物资鼓励性参与；咨询与提供信息；被动参与等6种（见表6-1)。公众参与的办法也是多种多样，加拿大班伯顿新城可持续规划的经验值得借鉴。该规划的公众参与策略包括：公众意见投票；当地社区组织的会议；特定利益团体的参与；对特定规划和开发的研究；规划方案对公众及新闻媒体的完全公开等。通过建立完善的公众参与机制：

表 6-1　不同层次的公众参与

自我动员	项目由人们自己启动，并通过与外部机构联系，寻求所需要的资金和技术支持
相互影响的参与	项目由外来机构启动，与当地居民（经常是根据当地居民的要求）共同工作
功能性参与	参与被外来机构认为是达到项目目标的一种手段
为了物资鼓励性的参与	人们参与只是为了物资鼓励的实施
咨询与提供信息	人们的意见通过咨询过程获得，目的是要了解他们的要求和重点
被动参与	人们被告知将发生什么，但不征求他们的意见

资料来源：引自联合国人居中心．城市化的世界（生境篇），2000

(1) 可以获得更多有关居民生活需求和对城市发展意见的信息。

(2) 形成城市居民的自信心和集体的行动能力。

(3) 使公众认识到环境保护与当地社会经济发展的关系，从而提高对地方资源的利用水平和城市环境质量。这样就为合理制定城市规划提供了充足的信息，并有利于规划的顺利实施。

目前，中国绝大多数城市还没有形成公众参与的机制，故而，开辟公众参与的多种渠道，建立反映所有居民以及企业需求的环境机制应作为新时期规划的一项重要任务。

6.5　新城外部地域空间结构规划优化

新城外部地域功能与空间的有机生长就是新城规划从区域整体出发，谋求的一种理想与现实统一的目标。在规划中融入"区域观点"，以地域一体化发展的规划理念，充分调动地域有机生长的积极因素，以此推动新城外部地域功能与空间走向有机生长。在前文研究的基础上，本书就新城有机生长状态下的理想地域空间结构的特征及其组成提出了如下构想。

6.5.1　新城有机生长的外部地域空间结构特征

新城的开发与成长对其外部地域功能与空间的发展会带来一系列的影响，

引起所在地域功能与空间的巨大变化，这种影响本书已在 4.6 节进行了总结。通过新城大规模有序的开发，可以有效地抑制周边地域分散、无序的城市建设活动，促进了整个周边地域新型供需市场的形成，为该地域创造了大量就业及市场需求，进而带动了新城周边地域的城市化发展。另外，由于新城的开发而带来的区域交通条件的改善和交通网络的形成，大幅度改善了新城及其周边地域的对外联系条件，加强了彼此间的交流和空间联系。新城外部地域空间结构也逐步演化为以新城为核心的建立在各城市（区）功能互补合作基础之上的新型地域空间结构。本书在借鉴日本有关城市地域空间结构研究成果的基础上（见前文 3.2.2），将这种功能互补、空间连合的新型地域空间命名为“有机互补的连合城市圈”，它是新城外部地域功能与空间有机生长条件下的理想地域空间结构，该结构具有以下特征：

（1）有机互补的连合城市圈的空间延展范围大致在 30 分钟汽车通勤圈范围（地域通勤圈），空间距离是以新城为中心约 10km 半径内。不过具体的范围与规模还要取决于新城开发的规模和周边相邻城市（区）的分布状况、城市规模、各城市（区）的功能特点以及区域交通网络的形态和便捷程度等。

（2）圈域中的各城市在具有一般城市功能的同时，其功能又各具特色与优势，具有明显的差异性与互补性。

（3）这种连合城市圈是大城市地区城市体系的组成部分，但它不是作为传统大城市地区一极中心的树状结构中次一级的节点而存在的，而是与大城市中心区相对独立的功能自立型的城市群空间连合体，与中心市区的联系相比，圈域中各城市之间的联系更为紧密。

6.5.2 新城有机生长的外部地域空间结构规划构想

1. 新城有机生长的理想外部地域功能与空间结构规划构想图

图 6-6 为新城有机生长的理想外部地域功能与空间结构规划构想图，该图表达了以下含义：

（1）新城以其强大的经济活动和高等级的城市功能辐射周边地域的相邻城市（区、镇），成为带动该地域城市化、一体化发展的核心力量。

（2）完善的区域交通网络保证了圈域内各城市（区、镇）之间交流活动的顺利展开，奠定了连合城市圈的空间形态。

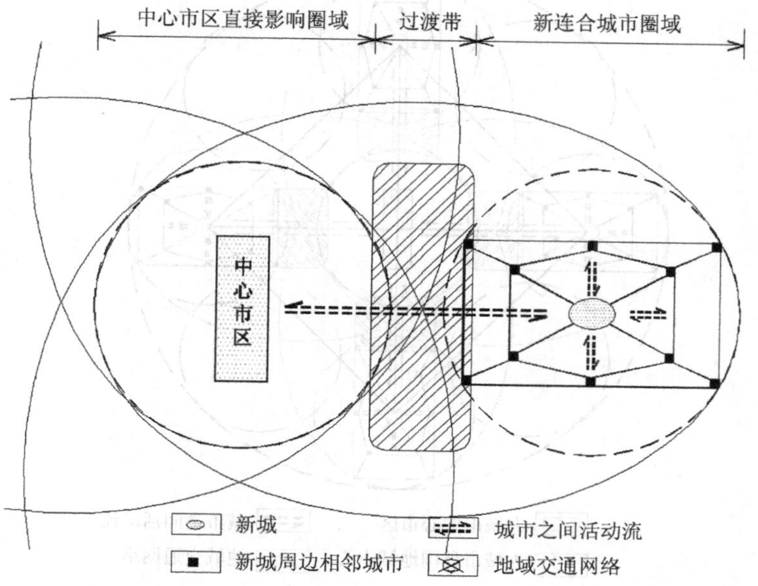

图 6-6　有机互补连合城市圈规划构想图

(3) 圈域内各城市（区、镇）以特色化的优势功能建立起有机互补的功能关系。

(4) 圈域内各城市（区、镇）以互补的城市功能、完善的交通网络和紧密的空间联系构筑起与大城市中心区相抗衡的功能自立型城市群地域空间连合体。

2. 大城市地区以多个连合城市圈构建起的多极多核的均衡地域空间模式构想

图 6-7 表达了一种大城市地区以多个连合城市圈构建起的多极多核的均衡地域空间模式构想，其意义在于：

(1) 以新城的开发为契机，以有机互补连合城市圈模式重新整合大城市边缘区的地域功能与空间，抑制城市建设活动的无序蔓延，保证持续、高效地利用大城市地区的自然、文化、历史等各项资源。

(2) 推动大城市地区整体功能与空间的均衡发展，消除一极中心“摊大饼”式的圈层扩展所带来的诸多弊端。

(3) 以多个连合城市圈与大城市中心市区形成一种既相互联系又相对保持独立的多极多核的均衡地域空间结构。

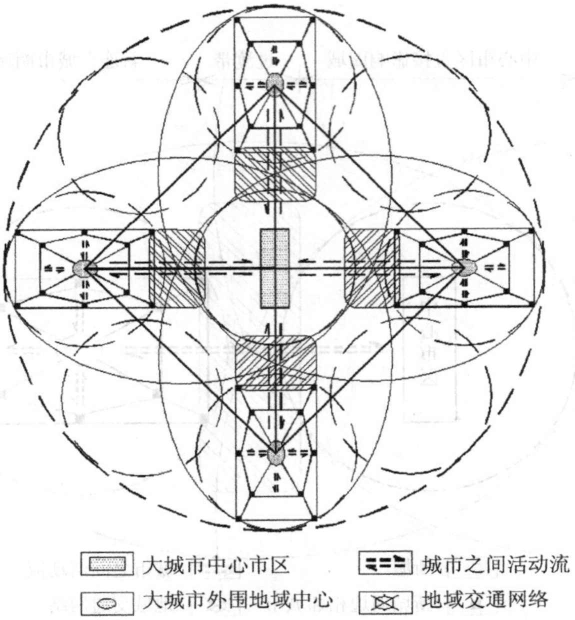

图 6-7 大城市地区均衡地域空间结构构想图

6.6 小结

本章从城市有机生长的规划理念出发，从规划方法、用地功能组织、交通网络系统、人居环境、新城外部地域空间等几个方面探讨了优化新城规划的策略。

(1) 规划方法的优化就是要变革传统的规划理念和方法，适应新的社会、政治、经济条件下城市发展对城市规划的要求，充分获得城市规划决策支持，以超前规划与动态规划、整体规划与综合规划的新规划理念取代传统的规划方法，以多层次的规划与控制实现规划的目标。

(2) 新城用地功能组织的规划优化就是从新城用地功能组织的特点出发，发挥城市规划的主动、积极作用，促进新城土地的合理利用与布局，提高土地产出效率，引导城市空间的合理扩展，以适应新城社会经济的发展和人的需要。具体优化策略有四个方面：

第一，从区域整体观出发，统筹安排，合理规划城市用地功能；

第二，调整用地功能结构，完善城市功能，提高新城自立化程度；

第三，优化用地空间布局，提高用地产出效率，构建多样化、集约式土地利用模式；

第四，确立合理的城市空间拓展方向。

（3）新城交通网络系统规划优化。完善的交通网络系统可以引导新城空间的有序发展和合理地域空间结构的形成，为新城及其周边地区的居民可以提供更多的工作、生活方式选择的可能性，方便各城区居民的流动，促进新城外部地域空间一体化的发展。新城交通网络系统的优化包括内外部地域两个方面：

第一，建立完善的城市公共交通网络，规划高可达性的城市空间，引导新城空间扩张转向内涵、有序、高效的扩展方式。

第二，优化对外交通系统，推动一体化区域交通网络的发展。

（4）新城人居环境的优化是指新城规划应注重于提高城市空间环境的质量和居民的生活质量，促使城市空间由外延扩张转向内涵提高，同时还应体现于内在的社会可持续发展方面。优化策略包括两个方面：

第一，以人为本，重视新城空间内涵的挖掘，规划组织适宜人居的新城空间环境。

第二，推行社区行动计划，关注社会公益项目，建设体系化的社区功能，实现公平与效率的同步提高。

（5）新城有机生长状态下的理想外部地域空间结构。新城外部地域空间结构伴随新城的成长，将逐步演化为以新城为核心的建立在各城市（区）功能互补合作基础之上的新型地域空间结构。本书借鉴日本有关城市地域空间结构研究成果，将这种功能互补、空间连合的新型地域空间命名为“有机互补连合城市圈”，它是新城外部地域功能与空间有机生长条件下的理想地域空间结构，具体表现为新城与其周边地域相邻城市（区）的功能与空间一体化的发展。在此基础上，本书提出了“有机互补连合城市圈”构想图和大城市地区以多个有机互补连合城市圈构建起的均衡地域空间结构构想图。

注释：

[1] Gerd Albers 认为，雅典宪章提出的居住、工作、休息、交通四种功能常常被人们误解为每一种功能都需要一定的独立空间领域。实际上，如果从城市分区来看，一方面，可以按照上述功能将城市用地分为建设用地和开敞空间用地；另一方面，建设用地又可以划分成公共设施和其他“主要”功能用地，而这种功能用地是可以看作有多种用途。（美 Gerd Alerbs，2000：168）

第7章　中国当代新城规划的若干问题与对策

根据有关资料的统计分析表明，中国目前已开始进入了城市化的高速增长阶段，可以预计，大城市地区新城的开发将随着大城市空间的急速扩展而大量增加，尤其是沿海大城市地区，各种类型的新城正如雨后春笋般发展起来。但是，由于过多重视短期的经济利益、地方的局部利益，加之又缺乏在市场经济条件下制定新城规划及其开发运作的经验，缺乏适合中国国情的新城规划理论指导，中国新城在迅速发展的同时也遇到了一些问题，这些问题在相当程度上阻碍了新城的有机生长。因此，发现问题、认识问题并加以解决，提高新城规划的科学性和可操作性就成为现实的迫切需要。本书在前几章中，以泰达为实证对象在探讨促进新城有机生长规划优化策略的论述中，已经就部分问题做了分析，本节就是在此基础上，主要是针对中国目前工业开发先导型新城的规划中普遍存在的一些客观的、政策性的及可能会出现的问题的思考分析，也是对前面内容的拾遗补阙。以下分别就新城规模、新城特色、新城老化及新城规划管理等几个方面的问题做展开讨论。

7.1　关于新城规模

如前所述，新城的设置是有其内在的理论依据和客观现实基础的，它的发展规模受到所处大城市地区社会、经济发展的制约，也与它在大城市空间结构体系中的定位及其区位条件密不可分。新城的发展应能适应大城市空间拓展的需要，促进地区经济的发展，同时也要有满足自身可持续发展需要的适当规模。

7.1.1　问题分析

随着中国城市化的快速推进和对外开放程度的不断扩大，近年来，大城市地区的新城开发活动和规模迅速增加，这其中又以吸引外资发展工业为主的新城数量最多。就规划规模而言，以工业开发为先导发展起来的新城存在着两方面的突出问题：一是规划确定的城市规模不准确和变动的随意性。城市规划中确定的新城规模不能适应实际的发展需要，造成用地范围与规模的经常变动，为城市合理布局用地功能带来了困难，影响到新城整体功能的协调发展；二是摊子大、占地多的求大求快的短期行为严重。许多新城规划用地的容量远远超过实际发展需要，造成大量土地的闲置，表现为“有台无戏、大台小戏、搭台等戏”的现象。以泰达为例，自 1984 年设立以来，其用地范围先后从最初的 3101hm² 到 1995 年调整为 3378hm²，2000 年调整为 3844hm²，2002 年又增至 4100hm²，目前又在开始征用新的开发土地，根据其征地计划，近期即达到 3800hm²。规划用地范围的不断变化，一方面，影响到城市规划的连续性和可操作性；另一方面，对原有的城市空间布局也带来很大的冲击，原有规划难以适应新的用地情况，既被动又难以达到比较理想的功能布局。这在其他新城，如前文提到的大连经济开发区、苏州工业园区、北京亦庄均有所表现，而且都有求大、求规模的趋势。例如苏州工业园区，其规划用地先后由最初的 2000hm²（新加坡工业园），扩展至 6340hm²（1995 年总规），2001 年又扩大到了 25300hm²（大苏州工业园），其面积相当于苏州城 1995 年建成区 7870hm² 面积的 3 倍还多。北京亦庄则由最初北京经济开发区的 1500hm² 规划面积扩展至 2001 年的 19510hm²，大连经济开发区也由最初的 2000hm² 扩大到了目前的 22000hm²。新城占用土地已扩大到令人堪忧的地步，如此规模的城市用地已经不仅仅是在建设新城，而是完全按照特大城市来规划的，在已有大城市可依托且作为大城市空间体系的一个有机组成部分，这样大的新城规模的现实性和必要性都令人怀疑。

造成上述新城规模随意变动、规模过大的原因很多，它是政治、经济以及技术因素综合作用的结果。

首先，中国实行改革开放以来，国家经济由计划经济向市场经济转变，对外开放的深度和广度不断推进，使得城市发展的宏观环境处于急速的变化之中，而大批外资的投入更加剧了这种不确定性，给城市发展带来了许多无法预知的因素，准确预测新城规模非常困难。

其次，是大城市宏观发展战略和总体规划对未来发展趋势出现的判断偏差以及大城市城市空间体系规划的不合理，造成对新城定位不准，无法为新城的发展提供有利的平台和合理的引导，致使其对新城发展的控制力较弱，甚至完全失效，使新城基本处于自发生长的状态。

第三，规划的编制受到传统规划思维的束缚，在确定城市规模时，采用诸如相关分析、劳动力平衡、城市化水平等“以人定地”的单向规划思维模式，造成对新城未来发展前景预测的准确性差，城市规模确定的过大或过小，而且缺乏足够的灵活应变能力，不能适应新城发展过程中出现的新变化、新情况。另外，地方政府的个别领导寻求“政绩”，贪大求快的工作作风也是造成新城规划规模过大的一个主要原因。

7.1.2 规划对策

1. 确定一个合理的新城规模限度范围

从国外新城建设的经验来看，英国 20 世纪 70 年代以来开发的新城平均人口规模约在 25 万人左右，有的新城人口达到了 40 万～50 万人，开发较成功的新城如英国的 Milton Keynes 新城规划面积为 8，900hm^2，规划人口 25 万人。经济学家认为 30 万～50 万人的中等城市是具有聚集和辐射效应的最佳城市规模，而且以国内的经验看，具有综合的职能和一定生活设施服务质量的城市，规模多在 30 万人上下，这样规模的城市，容易拥有大城市和小城市的优点，避免两者的不足，有大城市生活的便利，但没有大城市的拥挤和不便。根据中国城市用地的标准，结合以上分析和新城的特点，新城规模控制在 25 万～50 万人，用地规模在 3000hm^2～6000hm^2 比较理想。当然，不同的大城市地区，不同的区位条件、资源条件和功能定位，新城的规模都有上下变化的可能，但以在此范围内变化为宜。确定新城规模应遵循一定的原则：

（1）要满足新城自身功能发展的需要，可以实现功能的自立化；

（2）与大城市的发展战略和城市空间体系保持一致，避免出现与大城市功能调整和空间布局的总体战略不符甚至发生冲突的情况；

（3）与新城的区位条件、发展潜力相符，避免出现意愿与现实条件相差过大，造成资源的浪费。新城的用地规模和范围在科学规划的前提下，一旦确定，就应严格按规划执行，如果新城在其发展过程中由于出现新的变化和需求，确实需要调整规模，那也应该是在大城市整体框架内的和有限度的调整，不应该出现根本改变原有规划方向与规模的情况。

2. 加强宏观调控能力

主要是通过提高大城市的总体规划和城镇体系规划的科学性和预见性，以加强对新城发展方向的引导和规模调控，从全局的、区域的层次来安排新城规模，理顺新城与母城、新城与新城、新城与周边相邻地区之间的关系，保证彼此协调有序的发展。

3. 加强新城规划的可预见性和弹性，从一开始就将新城的发展规模保持在可控制的范围内，并能从容应对可能出现的变化和新的发展需求

城市规模特别是新城往往很难准确驾驭，因此，就要求对传统城市规划思维方式进行变革，改变以往的以城市人口发展规模套土地发展需求这种单向的线性思维模式，而是要根据区域、大城市地区可供建设的土地资源、环境容量以及可能的发展潜力作为新城规模的发展上限，再辅以其他方法，具体测算新城的合理容量和分时段的发展规模。

4. 在无法判断未来可能达到的理想规模前，对土地的开发切忌求大，求高标准，而是应根据实际需要，循序渐进，滚动开发。同时应注重提高土地利用的集约化程度，保证土地产出的高效率，节约用地

7.2 关于新城特色

古希腊哲学家亚里士多德曾说："人们为了生存，聚居于城市，人们为了生活得更好，居留于城市。"这清楚地阐明了人类建设城市的最本质目的。一个优美舒适的城市应具有个性化的特征，也就是要有城市特色。所谓城市特色就是城市内在元素的外部表现，是地球的分野，历史、文化的积淀，是一座城市它的内容和形式明显区别于其他城市的个性特征，它是城市物质环境与人文环境的有机统一（朱铁臻，1996）。纵观世界上许多著名的城市，无一不是如此，它们都有着各自的城市特色，张扬着鲜明的城市个性，成为人类生活的美好家园。

随着科学技术的进步，各个国家、地方之间的彼此交流和相互影响大为加强，不同的技术知识也可以方便地得到共享，这使得地方、城市之间的差异不断被缩减，加之现代工业社会的标准化、专业化、同步化、集中化原则，更加剧了各地区之间的趋同现象，现代城市就是这种文化趋同情势下的产物。雷同化的物质环境加深了人们对城市的厌倦，这是当代许多城市共有的问题，而其中又以新城最为突出。新城受益于最新的科技进步，一般较老城拥有更高的运转效率，创造更多的财富。但效率并不一定意味着舒适，财富并不等于美好，更不能保证永久持续的发展。因此，如何在保持城市现代化的同时，避免城市个性化的丧失，寻求符合地区自然、文化特征的城市特色就成为新城建设的客观需要，也是历史发展的必然。这就要求作为先期开展的城市规划和设计从促成城市个性化、地方化的条件中，为城市未来的发展制定宏观和微观的决策方案。

7.2.1 问题分析

改革开放以来，中国城市化水平得到迅速提高。在大城市地区的新城开发活动无论是在数量、规模和内容方面都较以前发生了质的改变，许多新城以其现代化的基础设施、整洁有序的城市面貌、欣欣向荣的城市活力，令人耳目一新。但在新城急速开发建设的过程中，不少新城显露出缺乏特色、个性模糊的不良倾向，这其中又以工业开发先导型新城最为严重。引起这种问题的原因主要有：

（1）过于强调经济实用，对技术盲目崇拜，出现了僵化的功能主义。误以为摩天大楼、宽阔的马路、错综的立交桥就是城市现代化的标志。一些新城在力求“日新月异”的思想影响下，一味追求所谓的城市现代化的国际潮流，而忽视了城市特色的创造，其结果是富有人情味的、充满生活气息的城市远离了生活工作于其中的人们。

（2）由于中国的新城开发多是以“项目”的形式为特点，以基础设施的建设为核心，以政府的资本投入作为初期发展的主要工具，以此途径来实现新城的发展目标，其结果是导致大多数新城的规划及其开发更多重视外部的“硬环境”建设，而较少考虑人的生活需求（尤其在开发前期更为明显），不够重视软环境的建设。许多新城在生活设施、社区文化建设方面严重滞后，缺乏供居民日常交流的设施与渠道，人们的业余生活单调。因而，新城的区位条件与基础设施条件虽然优越，但由于缺少生活的情趣与舒适度，让在此工作、居住的人们很难形成明显的归属感，造成许多工作于新城的人们更愿意居住于母城，这不但增加了大城市地区的交通量，也与建设新城疏散大城市人口的初衷相背离，使不少新城在很长时间内都“人气不足”。

(3) 规划脱离了新城所处的自然、人文环境，以抽象的设计理论为依据，套用国外流行的模式化方法，甚至不考虑与自身条件是否相符而照搬国外规划方案与空间形式，使得许多新城形成了雷同的物质环境，此城市与彼城市如果仅从外观来看，并无多大不同。那些规模宏大，似从一个模子里刻出来的建成区，几乎总是在重复单调的元素，抹去了新城本该有的个性。虽然这里有产业结构趋同、功能相似的因素，但主要还是由于对新城所处地域的自然条件、人文环境等缺乏深入的研究和理解，规划仅仅停留于物化功能的组织层面上，使得新城从一开始就失去了形成城市特色的机会，而成为毫无特色的“国际化”风格。

(4) 以工业开发为先导发展起来的新城还有一个突出的问题就是工业区的单调和无特色化。由于大多数新城规划在进行工业用地布局时都是按照严格的功能分区来安排的，工业区的用地功能单一，均质度过高，而较少考虑在互相不干扰的前提下进行适当的功能混合。其结果是在占到这类新城总用地一半甚至更多的工业区中，除了厂房，少有其他建筑，城区景观单调缺乏生气。对工业建筑设计缺乏足够的重视，在规划中很少有对其形式、体量、色彩等提出相应的控制、指导意见，造成厂房建筑（以标准厂房最常见）“千屋一面”。可以想见，如此的城区环境是难以让人产生美好感受的，也不利于企业文化与创新环境的形成。

7.2.2 规划对策

一个美好的城市是以其独特的形象特征存在于人们心目中的，没有特色就没有城市的活力和多彩的世界。从这个角度上讲，城市特色的意义已经超越了狭义的美学范畴。一个城市的特色是由城市的社会经济基础、自然环境及人文条件等几方面因素共同促成的，要塑造具有魅力的城市特色，也须从这几方面着手。

(1) 以新城自身所具有的社会经济基础与可能的技术条件来作为城市特色探求的出发点。特定历史条件下，各地方的社会经济对该地区的城市形态会产生相当大的影响。新城的规划建设由于其自身的特点，如：开发时间短，从零开始，无旧有城市因素的束缚等，更多地受到其开发时代社会经济及技术条件的影响，并反映当时、当地的社会心理和经济要求。前者反映的是人们对城市状况的理解和主观感受的城市形象，它决定了人们对理想城市空间环境的评判标准以及对城市空间形态和景观的爱好倾向，这直接影响到城市空间环境的规划方向与目标；后者则反映了城市发展的现实需求。经济发展与科技的进步，使城市形象的塑造拥有更多的可能性，也是规划能否实现的保证。Walten Bor认为："任何一个成功的城镇规划设计必须以当地的社会和经济的力量为出发点。"新城规划的制定必须以其所在大城市地区的社会和经济环境为基础，根据这种环境所提供的可能去赋予城市以适当的个性与特色。

(2) 与自然条件有机地结合。如本书在5.2节所述，与自然环境共生是城市空间有机生长理念的最好体现之一。要达成这一目标，城市规划的制定就应该建立在尊重自然规律的基础上，在"顺应自然"的前提下有机地"利用自然"。从城市的特色和个性塑造的角度看，一定地域环境的自然特征往往是独特的，无法模仿的，是构成城市特色的最主要组成部分之一，正如陈秉钊教授所指出的"最能创造城市特色的是巧于利用上天赋予的大自然"。在处理好与自然环境的关系方面，新城则具有先天的优势。由于没有历史包袱，不存在旧城的更新问题，在保持自然状态的处女地上进行规划开发，使得新城在开发的过程中达到与自然融合的最佳状态成为可能。因此，在制定规划前，有必要先行综合分析和充分利用新城开发地区的地形、地貌等地理环境要素，在此基础上综合考虑、因地制宜、统一安排。自然环境状况不同，城市空间环境特色塑造的手法也不尽相同。以泰达来讲，它处于平原地区，地势平坦，自然环境呈平缓开阔的景观特征，这有利于城市建设活动的开展，城市空间组织的方式可以有较多的选择，但处理不好也容易由于变化少而造成空间单调。为避免这种情况，可以有重点地在一些重要地段作适当的地形调整，如结合绿化、广场布局，适当挖低、添高以增加城市的三维空间变化；在建筑群的布置上，高低层建筑要配置得当，使城市获得丰富的天际线；用地功能布局方面，特别是工业区进行适当的功能混合，也能促进城市空间环境的丰富。目前国外出现了以提高城市环境质量为目标的城市环境综合设计，它的核心是研究城市公共环境形态对城市居民生活的影响，并通过行政立法和强硬的社会干预手段，保证城市新的开发项目、新建筑和城市特有的自然地理环境相融合。这种方法值得中国新城规划管理部门借鉴，在开发初始就通过编制这种规划来达到合理引导开发活动与保护自然环境。近年来，中国规划界提出了“山水城市”的规划设想，也很有启发作用。其方法之一是在建立某种城市空间结构时，尽量将城市山水空间及其自然要素有机地组织到城市空间结构体系中，由此取得城市空间与自然环境的协调。

(3) 发掘新城所处地域及其母城的人文因素，构建新城自己的城市风格。一个城市的开发建设就规划而言，其成果主要包括两个方面：一是城市的物质环境；二是物质环境所负载的人文环境。城市的文化、历史、地方的生活习惯、行为模式等是人们在决定自己城市和建筑形式时起重要作用的一个因素。正如刘易斯·芒福德所说：“未来城市的作用，将是使不同的地区、文化、个性，能够得到最大程度的发展。”然而，如前文所述，当前中国许多正在开发的新城，多是“新”字当头，忽略了城市文化这一城市“灵魂”的发掘与开发，出现了城市与建筑的风格和所处地区的人文因素、母城之间的文化血缘联系的“断裂”。对此，在制定新城规划中一是要重视新城所在地区的历史、文化元素的发掘和创新，并以高质量的城市空间环境将之承载下来，以成为新城未来历史、文化底蕴的牢固基石；二是研究具有时代精神、时代特色的城市居民行为方式、人际关系和民俗民风，正确处理现代风格与传统的人文历史文化脉络之间的关系，使二者融为一体，形成与地区特征密切相关的城市聚集形式和空间结构。

7.3　关于新城老化

一个城市一经诞生就总是处在不断变化之中。“从一个较长的过程来看，城市发展是一个曲线增长的再发展周期过程，它永远不可能是一个加速增长的无限继续”（徐巨洲，1998）。按照有机生长的概念就是它要经历产生、发展、兴盛、衰败、再发展的螺旋式上升的变化过程。从城市发展的状态来看，这一过程又可分为缓慢的初期成长阶段、快速扩张阶段、平稳的成熟发展阶段以及停滞甚至衰败的阶段。城市的老化现象是任何一个城市都无法回避的一个问题，它可能会出现在城市发展的各个阶段，表现也不尽相同。它可能是城市整体性的老化，也可能是局部地区或某种功能、结构的老化。为了防止城市老化或恢复城市活力，城市就需要不断更新、改建。

新城在其发展过程中也同样面临城市老化和更新的问题。不过，新城在这方面与大城市或传统老城有着不同的城市规划问题和更新要求。大城市主要关心的问题是早期城市分散混杂的街区和过高的建筑密度以及重构无法适应现代城市生活的街区结构，同时保护历史文物遗迹等也是其中重要的内容，设法通过保护性的更新使老化地区重新获得活力就成为其规划的重要目标。而新城由于开发时间短，历史负担与历史财富同样少，而且大多处于快速生长过程中，故而它的老化与更新主要是局部性的，呈现规模小、时间近、保护内容少的特点，局部的结构性、功能性的老化和更新是其主要内容。

7.3.1 问题分析

一个城市或地区是否出现老化，可以从两方面来判断：一是该城市或其中某个地区是否拥有健康的居住和工作条件；二是能否满足它在区位和功能方面的要求。中国自20世纪80年代改革开放以来开发建设的工业开发先导型新城，从总的发展状况来看，还正处于快速发展和功能转型的城市发展上升阶段，不存在普遍的衰退现象，但这并不等于没有出现老化的问题，从局部地区和某些功能来看，已经存在老化的问题或呈现了老化的趋势，为新城未来能否可持续有机生长埋下了隐患。中国新城存在的老化问题主要表现为局部的结构性老化和功能性老化两个大的方面。

1. 结构性老化

结构性老化主要包括产业结构、用地功能结构和人口年龄结构的老化。

作为中国改革开放后发展地方经济的先导地区和“实验田”，以工业开发为先导的新城如天津泰达、大连经济开发区等，它们的发展都基本上经历了一个“摸索—总结—提高”的过程。在其开发的初期阶段，量的扩张占据了主导地位，对于投资项目往往不加以甄别，来者不拒绝，其间引入了一些生产效率不高、有污染的项目，这些投资项目在新城进入由量的扩张向质的提高转变的发展阶段后，就成为新城优化投资环境、提高竞争力的障碍。另外，这些新城在开发初期，政府部门将大部分注意力和财力都放在了工业项目建设上，而相对忽视了第三产业的发展，造成第三产业滞后于城市发展的需求。由于城市生活设施不足，无法吸引人们前来定居，致使新城内的居住人口偏少，从业人口远远大于居住人口，带来一系列的后发问题，造成新城“人气”不足，直接影响到新城的发展后劲。目前，不少新城的政府部门已经认识到这种问题，开始重视第三产业的发展并取得了明显成效，但由于发展的惯性作用等原因，这种结构性的不足在一定时期内还难以很快扭转过来，影响到新城向良性生长状态的转变。基于上述原因，产生的一个直接后果是早期开发的建成区的用地功能结构不合理，反映在工业用地比例过高，生活服务设施用地比例偏低且种类少、功能不全，无法满足新城居民生活和企业生产的需要，从而影响到整个新城的健康运转。

另外，大多数新城还普遍存在的一个问题是居住人口的年龄构成过于单一。以泰达为例，根据“五普”统计数量显示，20～45 岁的青壮年占总人口的 64.7%，而 65 岁以上人口和 15 岁以下人口分别仅占 1.24%和 10.7%（如图 7-1 所示）。这种年龄结构的不合理性近期还没有表现出来，但随着居住人口的增长趋于稳定，城市开发进入成熟发展时期后，可能会造成新城过早、过快地进入老龄化社会，而引发一系列社会问题。这在国外开发较早的一些新城已经出现了这种问题，比如日本的多摩新城、千里新城等，其居住人口进入稳定成长的时间已有二十至三十年，城市也已基本开发完成，但由于当初迁居新城的人口大多为中青年的工薪一族，经过二、三十年后，这其中的大部分人口已

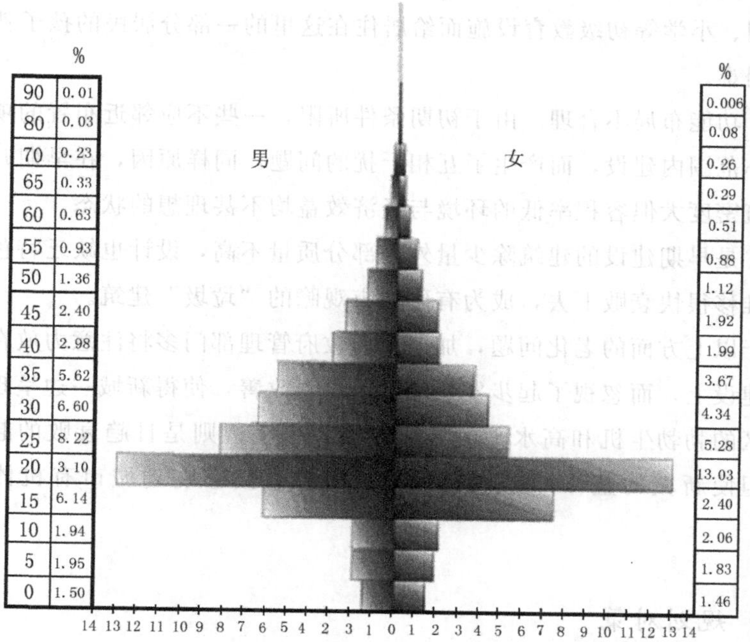

图 7-1　泰达人口年龄结构金字塔（2000）

资料来源：引自《天津经济开发区人口规划》，2000

步入老年人行列，造成新城老年人比例过高。多摩新城2000年65岁以上人口占到了总人口的9.5%，而千里则已达17.9%，均属老年型城市（国际标准为7%以上即为老年型城市），引发了一系列问题，如城市缺乏活力，不少学校因无学生可招而停办等。因此，人口年龄结构单一的问题也应尽早引起新城管理部门的重视，以免出现上述问题。

2. 功能性老化

由于中国改革开放之后以工业开发为先导的新城多是以发展地方经济为主要初始目的，故而，尽快进行土地开发和引进投资项目就成为其首选目标，加上初期资金有限，不可能有大量资金用于美化环境和建设配套齐全的高水平生活服务设施，使得早期建设地区（主要集中于起步区）随着功能更齐备、基础设施服务水平更高的地区的开发而过早出现老化衰败现象，主要表现在：

（1）环境质量不高，缺乏公共绿地、公共开放空间和高水平的市政基础设施（如环卫设施、公共厕所等）。

（2）城市公共生活服务设施少，种类不齐全。有些新城的起步区内由于缺少幼儿园、小学等初级教育设施而给居住在这里的一部分居民的孩子就近上学造成了困难。

（3）功能布局不合理。由于初期条件所限，一些不应邻近布置的项目都集中在较小范围内建设，而产生了互相干扰的问题。同样原因，在早期开发地区多呈建筑密度大但容积率低的环境与经济效益均不甚理想的状态。

（4）是早期建设的建筑除少量外大部分质量不高，设计也缺乏特色，随着时间的推移很快衰败下去，成为有碍城市观瞻的“垃圾”建筑。

由于以上方面的老化问题，加上新城政府管理部门多将注意力放在新的土地开发建设上，而忽视了起步发展地区的更新改善，使得新城一边呈现的是新开发地区的勃勃生机和高水平的城市环境，另一边则是日趋衰败的起步发展区，不但使新城的整体形象大打折扣，而且直接影响到城市有机体的健康成长。

7.3.2 规划对策

为克服新城已经或可能会出现的老化问题，需要专门制定出对老化地区的更新改善规划。就新城而言，主要是为了解决早期开发地区现实需求与其功能、结构之间的矛盾，不需要大面积的拆建改造方式，而应就局部地区、个别问题和项目逐个解决。

1. 结构更新

这是对新城结构老化而言的。结构性的更新应遵循“有机整体”的原则，老化地区作为城市的有机组成部分，它的更新应是以保持与城市整体的协调为前提，同时也包含了该地区自身相对的完整性。产业结构的调整涉及整个城市产业的发展战略，应将老化地区作为新城优化产业结构的重点地区来考虑，主要还是通过优化用地功能结构来进行调控。

(1) 按现代城市有机生长的需要，提高公共设施、绿化等公共服务用地比例，充实生活服务功能，以此促进产业结构与用地功能结构的优化；

(2) 促进新城功能的综合化，创造多样化的生活内容和就业方式，完善城市教育、文化、体育等生活服务功能，吸纳各阶层的人们前来新城定居，实现较为合理均衡的人口结构。

2. 功能更新

包括新城用地功能布局、城市环境及建筑的更新。

(1) 通过功能置换改变不合理的用地功能和建筑物的使用性质，以补充老化地区欠缺的功能；完善城市市政基础设施和其他公共服务设施，提高该地区生产、生活的便利性、舒适度。

(2) 适当对老化地区进行功能性集中，充分发挥老化地区的区位优势，以提高土地的产出效率，对于腾出的用地应主要作为绿化、公共开放空间来使用，从而达到该地区整体功能秩序与产出效率的共同提高。

(3) 明确新城老化地区的更新应该避免大拆大建的原则，它是针对局部、个别项目进行更新的一个渐进过程，从局部性的更新逐步实现整体的活力。其中重要的方法就是通过对需要更新的地段、街道或建筑群空间进行细致的城市设计和在此基础上的改建，以此提高更新地区的环境质量，形成舒适、富有特色的城市空间。在经济条件允许的情况下，应努力追求高质量、高品位，如确实条件有限，也要最大可能为未来的更新、完善留有回旋余地，以便在条件具备的情况下可以以最小的代价实现更新。

3. 规划更新

以上结构与功能方面更新的成功与否关键在于高水平的城市规划及其管理。

(1) 通过对原有城市规划的调整优化，确定合理的用地功能结构，引导城市功能的有机更新。更新规划应保持一定的灵活性，做到既要保护该地区已建立的合理的使用价值，又要为未来可能出现的变化留有改进的余地；

(2) 通过严格的规划管理来确保规划设计及建筑设计以及施工水平的高质量，避免改造地区或新开发地区重蹈起步区的老路，使得每一项建设都能成为城市的财富积累下来，而不是生产新的“垃圾”；

(3) 更新规划要遵循“共同发展”的原则，保证老化地区的更新应是在不妨碍其他区域发展的前提下进行的。

7.4 关于新城规划管理

城市规划从根本上讲是一门立足现实面向未来的科学，面对复杂的城市发展系统，其深刻的内涵是运用多种手段进行管理和协调。在城市规划工作中，规划理念及其构思固然重要，但要实现城市规划的设想，城市规划管理则起着关键的作用，“三分规划，七分管理”，城市规划管理工作的优劣在很大程度上决定了一个城市是否能够健康的运行与发展。

随着经济体制改革的不断深入，中国正迅速向市场经济体制转变，并由此引发了城市建设领域的一系列变化：多极参与的开放系统取代了传统以政府控制为中心的封闭体系，开发活动越来越多地受到价值规律的影响，城市建设领域的市场导向特征越来越明显。中国当代新城的开发建设是最早引入市场机制，引导中国城市建设向市场机制转变的先行试验地区，市场机制的引入为新城的建设带来了勃勃生机。但是，这种市场体制离成熟阶段还有相当距离，由于正处在新旧体制交替的转轨时期，不可避免地带来了一系列的问题，城市规划管理也同样处于这种现实的矛盾与困惑之中。传统体制的束缚没有完全摆脱，新的规划管理机制还未能建立起来，在这种摸索总结的过程中，出现了新旧矛盾于现实中交错纷杂的局面，为城市的有序开发和生长带来相当大的负面影响，成为制约新城合理发展的重要原因。

7.4.1 问题分析

1. 规划编制观念滞后，编制与管理脱节

目前中国新城规划基本上采用的仍是传统城市规划的编制办法，这种编制办法已经无法适应市场经济条件下新城开发建设的特点，存在着不少弊端。城市总体规划、分区规划是由城市政府组织编制，尤其是总体规划，修编内容烦琐、程序复杂、层层报批，若干年后已成为昨日黄花，实际情况已经发生变化，对实践的指导作用很小。具体编制任务则多由企业化管理的规划设计单位承担，某种意义上又部分或完全成为市场行为（这种情况在分区规划以下层次更为突出），他们更着重于从规划本身的技术理念出发，而对于社会需求则可以不必充分考虑，加上对城市建设的运作过程及其决定因素缺乏研究，使得规划常常出现与规划管理的实际要求相距甚远的情况。由于新城的规划力量较薄弱，从事规划管理的人员很少直接参与规划的编制与修改，他们对规划也往往缺少真正的理解，造成规划编制与规划管理存在着“两张皮”的现象。规划管理人员也由于没有可行的规划管理依据，而难以做到科学、规范的管理。

2. 城市规划管理体制不完善，规划执行难度大

目前中国通过城市规划来进行城市建设调控的机制还未建立起来，给规划的实施和管理带来很大难度，这主要表现在：

（1）在城市规划决策方面，行政领导与技术决策层不够紧密，技术参与决策的力度不够，大多数新城都没有相应的规划专业技术机构（如规划设计、研究、规划专家咨询等机构），即便在规划修编中有专家参与咨询，也由于没有体制保证，专家咨询意见在决策中的作用也很难得到完全认可与执行。另外，规划审查模式也有待改进。中国的规划审查多采用规划局组织专家评审的办法，由于城市规划质量评审没有一个规范化的标准和程序，对外透明度差，公众参与少，而专家由于对城市现状与方案编制过程缺乏了解，仅在很短时间从技术角度评价规划，难免顾此失彼，造成规划编制阶段不能综合、全面地解决城市发展中的问题，为城市未来发展带来许多不确定因素，造成规划管理的被动。

（2）是城市建设是由各个有关专业部门分块把关，不能及时统筹协调，造

成多数部门分头批准的繁琐、扯皮现象，影响到规划实施的效果。另外，规划审批后监督存在的漏洞也导致规划审批意见不能严格执行，使得规划管理的实际作用大大降低。

(3) 是新城规划管理部门与上级城市政府部门的关系不顺。城市规划最基本的准则就是考虑全局利益，统筹协调，统一管理。但是，当前中国大多数正在建设中的新城（以开发区最为典型），其规划管理机构呈现“小而全”的特征，规划管理部门直接由新城政府领导，使之只能从自身角度出发，考虑新城的利益，新城规划与母城及周边地区的规划发生矛盾的情况时有发生，常常出现顾小利、损大局的现象。

3. 城市规划管理的法律制度不健全，缺乏有效的监督机制

中国城市规划是以《中华人民共和国城市规划法》为基本法，它是从宏观总体对城市规划的编制与管理的规范，对于具体、微观层次的管理工作而言可操作性不强。目前，中国有关城市规划方面的法律制度还未形成多层次的体系，加之新城大多没有立法权，使得法规建设滞后、被动，有针对性的技术与管理内容的立法无法跟上现实情况的变化。法律制度不健全的另一后果是有效监督机制的欠缺。目前在新城开发过程中普遍存在着有法不依、执法不严的情况，许多新城为了加快开发速度，片面强调快节奏和眼前的高效率，而牺牲了城市的长远利益，出现了大量的违法建设，甚至为了先上项目可以先建设后办证。对违法建设的查处由于没有严格的监督制约机制且因涉及经济、稳定、人际关系等复杂原因而大受影响或不了了之。

7.4.2 规划对策

城市规划管理工作的重要性毋庸置疑，但是要真正发挥管理工作的引导作用，提高办事效率，让城市规划起到有效的调控，还需不断进行规划管理体制的变革，这是一个复杂的系统工程，需要政府部门、法制机构、规划师、城市市民共同努力。一个良好的城市规划管理制度，一般包括三个方面的成功要素，即：规范的技术操作体系、严格的控制体系、健全的法律体系。

1. 规范的技术操作体系——城市规划编制与管理的有机统一

针对目前存在的规划编制与规划管理“两张皮”现象，有必要加强规划编

制前的可行性研究及各专题研究工作，规划管理人员充分参与到规划的编制工作中去，以保证规划能够反映城市发展中的现实要求和对症下药解决出现的各种问题。编制规划的规划师和单位应保持稳定，以便使不同时期编制的规划具有连续性。另外，对规划审查模式也需进行改进，可以增加审查的环节，长期固定聘用一批了解本城市的各专业的专家作为顾问参与到规划的各个阶段的讨论审查的全过程，以提高规划的可操作性和科学性。总之，规划的编制与规划管理是不能分割的，它们应是互动一体的关系。

2. 严格的控制体系——健全的管理体制，清晰的运作流程

城市规划作为市场经济条件下政府发挥调控作用的重要手段，不仅对城市建设、环境保护，也包括对产业结构、社会各部分的利益关系进行调控。要充分发挥这种有效的调控手段，就需要对传统城市规划管理体制进行深化改革。

一是在城市规划决策方面，加强行政领导与技术决策层相结合，以适应城市规划决策技术性、综合性强的特点。建议新城政府专门成立具有权威性的规划委员会，由规划部门领导、专家和其他重要相关部门的专家共同组成，共同决策，这样既可以避免决策失误，协调兼顾各行业要求，又能提高办事效率；

二是在运用行政手段的同时，充分发挥经济杠杆的作用来引导新城土地开发行为走向公平、透明、有序；

三是运用信息技术加强管理，在具备硬件设施的同时，更应注重不断充实可靠、准确的数据，用于跟踪城市形态发展和规划分析，从而做到规范管理工作，提高办事效率，减少人为因素干扰；

四是理顺新城与母城在规划编制和管理方面的关系，将新城的规划与管理纳入到大城市统一的规划体系之中，明确新城是大城市的有机组成部分，而非游离于其外的独立体，使新城的开发建设与母城的总体规划目标、空间布局相一致，新城的规划管理在服务于新城的同时要以符合整个大城市的全局利益为前提。建议将新城的规划管理部门调整为上级规划管理部门的直属派出机构，这样既可以避免上述局部与全局利益可能出现的冲突，也可以通过新城政府与规划管理部门互相监督，防止任何一方随意变更规划。

3. 完善法制体系——充足可靠的法律支持，严格规范的法律行为

完善的法律制度是保证规划管理工作顺利开展的基本条件，它的特征应是有良好的系统性，可操作性强，具有自我动态更新的能力。为此，针对中国城

市规划法律制度的不足，有必要采取相应的对策：

（1）针对大多数新城没有立法权的情况，国家有关主管部门及新城所属大城市政府应专门设立有关新城的研究、管理机构，使之能够根据新城发展的新形势、新需要，及时、到位地制定相应的法律规章。在不断完善规划管理内容立法的同时，还要重点增补技术立法内容，立法点应选择在控制性详细规划等可操作的技术层面上，使得具体的规划管理工作都能有法可依。

（2）根据新城社会经济发展和改革的具体情况，建立起规范而又灵活的城市规划调整制度，使之既能确保规划的严肃性，又能满足社会经济发展和开发过程中不断出现的新需要，及时应对出现的新问题。

（3）建立起与法规相对应的监督执行系统，做到有法必依、执法必严，最大可能减少各种人为因素的干扰。其重点在于增加城市规划管理工作的透明度，注重规划管理内容的公开，程序规范，办事公正，处理公平。

7.5 小结

本章就中国当代工业开发先导型新城在城市规划与开发过程中普遍存在的诸如有关新城规模、新城特色、新城老化、新城规划管理等方面的一些影响新城有机生长的问题进行了分析，并提出了相应的规划对策。具体问题与对策如下：

（1）问题一，关于新城规模。目前中国许多新城的规模存在着随意变动和贪大、求全的不良趋势，脱离了新城开发的根本目的。对策：新城应在大城市总体发展战略与空间布局的框架内进行科学规划，变革传统规划“以人定地”的单向思维模式，确立合理的新城规模。

（2）问题二，关于新城特色。当前新城建设大多只重视“硬环境”，忽视“软环境”建设，城市缺乏文化内涵，景观雷同，没有个性与特色。对策：规划要以人为本，从新城的自然、社会、经济条件出发，以新城自身所具有的社会经济基础与可能的技术条件来作为城市特色探求的出发点，与自然条件有机地结合，重视新城所在地区的历史、文化元素的发掘和创新，创造出有文化内涵、与自然协调的新城特色。

（3）问题三，关于新城老化。新城也存在着老化的问题，呈现为局部的功能性、结构性的特点。对策：从三个方面入手进行老化地区的更新，一是结构更新（产业结构、用地功能结构、人口年龄结构）；二是功能更新（用地功能布局、城市环境建设）；三是规划更新（总体规划的优化，老化地区更新规划编制）。

（4）问题四，关于新城规划管理。在规划管理方面存在着诸如：规划编制与管理脱节，规划管理体制不完善，法制体系不健全等问题。对策：需要构建起三个成功要素体系，即：规范的技术操作体系，严格的控制系统，健全的法制体系。

第8章 结 论

8.1 主要结论

从世界范围来看，新城的规划理论及其实践基本上已走过了一个由摸索的尝试阶段到逐步清晰化、体系化的成熟阶段。在这一过程中，不同的时期、不同的国家和地区，新城的发展目标、开发方式、实际所承担的功能有着一定的差异。作为改革开放的产物，伴随着城市化的迅速推进，在中国大城市地区出现了一批以工业开发为先导发展起来的新城。它们通过利用外资、引进国外先进的技术和管理经验，以集中兴办外商投资企业作为初始运作方式而成长起来。目前，其中相当一部分已开始迅速向综合化功能的新城演进，不少新城已成为当地经济最为活跃、发展速度最快的地区。经过近20年的发展，无论其初衷如何，显然它们已成为当代中国卓有成效而又极富特色的城市化模式。不过，从总体上来看，中国当代新城的规划建设还处于一种自发的、缺乏宏观政策与理论指导因而实际上也不存在明确指向（如发展方向的多变）的探索过程中，其结果是带来了许多显见的或是潜在的问题，使得新城还处于非有机生长的状态，影响到其未来的可持续发展。本研究即是在这种背景下，试图尝试从城市规划的视角总结这类新城的发展规律，并以城市有机生长的理论为指导，从新城有机生长的理念出发，寻求解决目前在新城规划建设中存在的问题，提出促进其有机生长的规划优化策略。本研究的主要结论如下：

8.1.1 与西方国家的新城开发模式相比较，中国当代新城有着自己鲜明的特点，其中工业开发先导型新城建设已经成为具有中国特色的城市化模式之一

中国当代新城的特点概括起来主要表现在以下几个方面：

（1）新城绝大多数是作为区域新的经济增长点来进行规划开发的，它的开发建设主要是以发展经济为主要目的，部分承担疏散大城市的功能，但对于疏散大城市人口的作用并不明显，多数新城也难以形成独立的反磁力中心。

（2）中国的新城大多是作为大城市空间拓展的重要组成部分，它不是中心城功能简单的空间扩散，而是直接参与到大城市地区功能转型的过程当中，与中心城区是一种紧密互动的关系。

（3）与英国追求职住平衡的新城和日本以居住功能为先导然后逐步导入其他城市功能的开发方式不同，中国当代新城的相当一部分开始主要是以生产功能为主体，呈现明显的工业经济先导的特点，社会生活功能相对滞后，故其居住人口的增长速度相对于生产增长速度要慢得多。

（4）与国外新城在最初开发时已有明确的目标与时序不同，中国新城由于受到外部剧烈变动的社会、经济、政策的影响，其发展的目标、时序，包括开发范围都具有较大的变动性，故而不确定性也成为其特点之一。

经过20年的发展，以工业开发为先导的新城已经成为带动区域城市化发展的重要力量，形成了具有中国特色的城市化模式之一。它们作为大城市地区新的经济增长点，有力地带动了周边地域的城市化发展，表现出不同于国内外其他类型新城的特点，其特点主要表现在：

（1）以吸收外资、引进先进技术为初始目的，在大量外资涌入的情况下迅速成长，并由工业出口加工区转化而来。

（2）多选址于与母城有一定距离的城市外围地区，有较大的拓展空间和独立发展的潜力。在大规模基础设施建设和高水平城市环境质量以及雄厚经济实力支持的前提下，新城成为新的城市化动力，对周边地域的发展有着巨大的带动作用。

（3）此类新城不同于一般城市建设新区主要出于疏解大城市人口或截流新增人口的目的，而是呈现明显的投资导向，在其快速发展中创造了大量就业机会，吸引了大城市中心区的部分人口。同时，还吸收了大量市外、省外的自发性迁移人口（主要是农村人口），促进了中国城市化的发展。

（4）这些新城的发展呈现明显的工业经济先导的特点，社会生活功能相对滞后，城市功能发展不均衡，在开发的中前期表现为生活功能外置的特征。

8.1.2 中国当代工业开发先导型新城的开发是由于改革开放以来，伴随大城市经济的快速发展而带来的城市内部功能的重新整合与城市空间向外迅速扩展共同作用的结果

20世纪80年代末特别是进入90年代以后，中国经济改革不断向深度和广度推进，带来了经济的飞速发展，使中国城市在各方面都发生了巨大变化。大城市空间的内外部地域变化都很显著：一方面，随着大城市功能的调整与优化带来内部空间的重新整合；另一方面，在大城市外部由于城市空间的迅速扩展带来了整个外部地域空间结构向多元化、体系化发展，其主要表现之一就是特大城市的郊区化趋势。一些特大城市的城市空间开始由一核心的同心圆扩展方式向多极多核的地域空间扩展方式转变。随之，在大城市外围地区出现了大量不同类型、不同功能的新城，它们多是作为新的区域经济增长中心而发展起来的，如许多经济开发区、工业园区的城市功能正迅速综合化而发展成为带动区域经济发展的新增长极。

8.1.3 中国工业开发先导型新城的发展具有显著的阶段特征

从对天津泰达的生长过程以及与国内其他同类新城的比较分析中可以看到，这类以工业开发为先导的新城从诞生至今大体经历了三个具有明显不同特征的阶段，即：缓慢的起步开发阶段，城市功能与空间快速扩张阶段，城市功能综合化的优化调整阶段。引起这种阶段性变化的原因在于：

（1）新城的发展本身就是一个从无到有、从小到大急速变化的过程。由于各阶段的投资规模、经济水平、人口等差异巨大，城市开发的方式及城市功能的构成自然在不同时期差异巨大。

（2）中国改革开放后新开发的以工业开发为先导的新城是在完全没有经验的条件下边实践边总结的过程中不断调整发展思路进行建设的，因此，它的开发组织方式与土地开发模式在不同时期有着不同的特点。

（3）工业开发先导型新城的开发方式不同于国家有计划且全方位支持开发的新城市，而是多以贷款方式进行初期资金的筹措，从一开始就走的是市场经济的发展道路。这就决定了它的发展在开创初期不可能进行跳跃式的大规模开发，而只能根据市场发展的需要渐进开发。随着新城的不断成长，其功能总体

呈综合化的发展趋势，并引起了它的外部地域空间发生了很大变化，推动新城与周边地域向一体化发展。

8.1.4 新城有机生长状况评价

本研究从城市有机生长的内涵出发，首先明确了新城有机生长的基本特征：一是内部地域功能的自立化与空间环境的生态化；二是外部地域功能与空间的一体化。其具体的含义是：

(1) 新城功能的自立化。就是新城拥有结构合理的城市功能，实现就业与居住的接近，达到生产与生活功能的平衡。中国新城功能的自立化只能是相对的，它更强调的是与其相邻地域其他城市（区、镇）共同构建起自立化的城市群空间连合体。

(2) 新城空间环境的生态化。就是指新城应是一个紧凑、充满活力、高效、与自然和谐共存的聚居地。它表现在：多样化、集约化土地利用模式；有序、高效的城市空间扩展方式；高品质、良性循环的生态环境；以人为本，提倡公平的社会功能。

(3) 新城外部地域功能与空间的一体化。它是指新城的发展应与其相邻的周边地域保持协调，以新城开发为契机，建立起便捷的区域交通网络和功能互补的地域空间发展连合体，实现新城理想外部地域空间模式——有机互补的连合城市圈。新城功能的自立化、空间环境的生态化以及外部地域的一体化是其有机生长状态的三个方面，它们互为因果，缺一不可。

以新城有机生长的基本特征为参照标准，本研究分别从新城的内、外部地域两个层次选取了一系列相关评价因素，以泰达为实证对象进行了新城有机生长状况的分析评价。从泰达不同时期内外部地域功能与空间生长状态的分析可以看出，中国当代以工业开发为先导的新城自诞生起，伴随规模（用地、人口）的增长、功能的多样化、空间的拓展以及区域交通条件的改善等，其发展的总趋势是由非有机生长向有机生长状态演进。在这一演进过程中，不同时期新城的生长状态和表现出的有机生长趋向显著不同。这一演进过程大致要经历三个阶段，即：第一阶段，有机生长的萌芽时期；第二阶段，向有机生长的实质转化时期；第三阶段，向有机生长方向发展优化的时期。最后进入完全有机生长的发展状态。从泰达目前的实际生长状况来看，无论从其城市功能的自立化程度还是空间环境的生态化水平，都还没有达到完全有机成长的状态。泰达外部地域功能与空间的演化已经跨越了外部地域一体化的萌芽期，而进入到了第二阶段的外部地域一体化的形成发展时期，但距离实现真正地域一体化发展还有不少障碍需要克服。

8.1.5 新城有机生长的成因及其模式

本研究以泰达为实证对象所分析的结果是中国当代工业开发先导型新城总体上是呈向有机生长方向发展的趋势，引起这种变化趋势的因素来自于政治、经济、环境及社会等方面的因素。本研究从新城内部地域和外部地域两个层次，深入到政治、经济、环境、社会等四个方面探讨中国工业开发先导型新城有机生长的各种动力因素。政治方面的动力因素包括城市总体规划的引导作用、城市发展战略的调整、政府组织机构建立及其职能的完善等方面；经济方面的动力因素包括新城外部宏观社会经济条件的变化、城市产业结构的调整、企业区位选择偏好的变化、城市功能综合化、交通条件的改善及区域共同发展需求等方面；环境方面的动力因素包括城市可利用资源的有限性和土地开发市场化的开发运作机制的促动作用、基础设施的完善、空间扩展和环境保护等方面；社会方面的动力因素包括人口（规模、结构）、居民生活需求与生活方式的变化等方面。上述各种动力因素交织在一起，共同作用，推动中国当代以工业开发为先导的新城向有机生长方向发展。据此，提出了新城有机生长的模式。(见表 8-1)

8.1.6 促进新城有机生长的规划优化策略

在以上分析研究的基础上，本研究明确了城市规划的目标就是保证城市的整体协调、结构协调、运转协调，也即是保证新城可持续的有机生长，并进而提出了促进新城有机生长的规划优化策略。从规划方法、用地功能组织、交通网络系统、人居环境、新城外部地域空间等几个方面探讨了优化新城规划的策略。规划方法的优化就是要变革传统的规划理念和方法，充分获得城市规划决策支持，以超前规划与动态规划、整体规划与综合规划的新规划理念取代传统的规划方法，以多层次的规划与控制实现规划的目标；新城用地功能组织的规划优化策略有 4 个方面：①从区域整体观出发，统筹安排，合理规划城市用地功能；②调整用地功能结构，完善城市功能，提高新城自立化程度；③优化用

表8-1　新城有机生长特征及其成因表解

<table>
<tr><th></th><th>基本特征</th><th>具体表现</th><th colspan="2">影响因素</th></tr>
<tr><td rowspan="2">新城内部地域</td><td>城市功能的自立化</td><td>● 城市空间形态：完整独立的城市空间和健康的城市肌理
● 城市功能：生产与生活功能的平衡，职住接近
● 人口：从业与居住人口及各阶层、年龄人口的混合与平衡</td><td>● 城市规划的引导作用
● 城市发展战略的调整
● 政府统一协调机制</td><td>政治</td></tr>
<tr><td>城市空间环境的生态化</td><td>● 土地利用：多样化与集约化
● 空间扩展：有序高效
● 空间环境：高品质、良性循环
● 社会功能：以人为本、提倡公平</td><td>● 产业结构
● 企业区域选择的偏好
● 宏观社会经济条件的变化
● 区域交通条件的改善
● 地域共同发展的要求</td><td>经济</td></tr>
<tr><td rowspan="2">新城外部地域</td><td rowspan="2">外部地域功能与空间的一体化</td><td rowspan="2">● 地域功能自立化：新城与其相邻周边地域空间共同连合，实现一定地域内的就职与居住平衡。
● 形成城市功能有机互补的连合城市圈</td><td>● 可利用资源的有限性
● 新城功能的综合化
● 城市空间拓展
● 环境保护</td><td>环境</td></tr>
<tr><td>● 人口规模、结构的变化
● 居民生活需求与方式的变化</td><td>社会</td></tr>
</table>

地空间布局，提高用地产出效率，构建多样化、集约式土地利用模式；④确立合理的城市空间拓展方向；交通网络系统规划优化包括内外部地域两个方面：一是建立完善的城市公共交通网络，规划高可达性的城市空间，引导新城空间由外延扩张转向内涵、有序、高效的扩展方式。二是优化对外交通系统，推动一体化区域交通网络的发展；新城人居环境的规划优化策略包括两个方面：一是以人为本，重视新城空间内涵的挖掘，规划组织适宜人居的新城空间环境。二是推行社区行动计划，关注社会公益项目，建设体系化的社区功能，实现公平与效率的同步提高；本研究在借鉴日本有关城市地域空间结构研究成果的基础上，提出了中国新城外部地域有机生长的理想地域空间结构——有机互补连合城市圈，它表现为新城与其周边地域相邻城市（区）的空间一体化发展。在此基础上，又提出了“有机互补连合城市圈”规划构想图和大城市地区以多个有机互补连合城市圈构建起的均衡地域空间结构构想图。最后，还就中国当代新城在城市规划与开发过程中普遍存在的诸如有关新城规模、新城特色、新城老化、新城规划管理等方面的一些影响新城有机生长的问题进行了分析，提出了相应的规划对策。

8.2 进一步研究的课题

作为一个城市，新城的生长过程是一个复杂的不断变化的动态过程，它要涉及社会、政治、经济、自然等各方面的因素。而本人由于时间短促，资料有限，加上目前国内有关新城的规划研究还仅处于起步阶段，缺乏较为系统全面的统计数据及其研究成果，更是少有可以指导中国新城建设的理论成果，本研究仅是从城市规划的视角来探讨新城有机生长的理论、发展规律、特征及其操作层面的规划优化策略。尽管力图构建一个更适合中国新城发展特点的具备理论深度与可操作性的研究体系，但仍有许多方面未能涉及或存在一定缺陷，有待进一步作更为系统、全面和更深层次的研究。

(1) 本书对新城有机生长的研究主要是从城市规划的视角以城市功能和空间为主要研究内容，对新城有机生长的规划理论与实践开展研究，缺乏从社会、经济等方面的视角来全面深入分析和总结中国新城生长过程中的经济、社会方面的规律特征。未来，在这一方面还有待深入研究。

(2) 本书的研究重点着眼于新城自身的发展规律及其规划优化，虽然是从微观和宏观两个层次来分析的，但宏观层次偏重在与新城相邻的周边地域，对于整个大城市地区的新城布局以及新城与母城的社会、经济、空间等方面关系的研究深入程度不够，有待进一步展开研究。

(3) 案例的比较分析有待进一步扩展。本研究是以天津大城市地区和天津泰达新城为主要实证案例，虽然进行了与其他新城（国内与国外）的比较分析，但深入程度不够，而且它所反映的主要是中国沿海大城市地区工业开发先导型新城的生长过程及其规律特征，而对于内地、西部则没有涉及。未来在这方面的研究还有待加强，从而可以提出反映中国新城共同发展规律的理论成果。

当今世界，可持续发展一方面正在成为国家发展战略目标的选择，另一方面，又成为判断一个国家、地区和城市健康运行的标准。有机生长就是城市可持续发展的理想运行状态的综合表现。本书就是基于这种思想指导下展开的，虽然本研究是以工业开发先导型新城作为实证分析的对象，但所总结的有关新城发展的规律和特征、现实发展中存在的问题以及提出的规划优化策略，对处于相同发展环境，面临众多相同矛盾与困惑的中国当代其他类型的新城也是适用的。

参考文献

［1］ Campbell Carlos C，1976，New Town-Another Way to Live. Reston，Virginia，Reston Publishing Company，Inc

［2］ Peter Hall，1996，1946—1996：From New Town to Sustainable Social City. Town and Country Planning，(II)

［3］ Peter Hall and Colin Ward，1998，Sociable Cities：the Legacy of Ebenezer How ard

［4］ Friedmann，J.，1961，Regional Cities in Social Transformation-Com-Parative Stu dies in Socitey and History，4 (1)

［5］ Friedmann，J.，1966，Regional Development Policy-A Case Study of Venezuela，The M. I. T. Press

［6］ Fordor，Eben V.，1999，Better Not Bigger：How to Take Control of Urban Growth and Improve Your Community. New Society Publishers，Lim

［7］ Rubenstin，J.，French New Town Policy in the Chap6 of Golany，G，International Urban Growth Policies (New Town Contributions)，wiley Interscience，New York.

［8］ Garreau，Joel，1991. "Edge City：Life on the New Froniter". American Denographies. September

［9］ Peter Katz，1994，The New Urbanism：Toward An Architecture of Community. McGraw-Hill，Inc.，New York

［10］ Aldridge，M.，1979，The British New Towns-A Programme Without a policy，Routledge & kegan Paul

［11］ Richard Register，1984，Ecocities，In Context (a quarterly of human sustainable culture) ＃8，winter

［12］ Beatley T.，1995，Planning and Sustaina bility：The Ele-ments of a New (Improved?) Paradigm. Journal of Planning Literature，May，(4)，383～395

［13］ UNCHS (Habitat)，1997，The Global. Report on Human Settlements，1986. Oxford University Press，Oxford，(6)

［14］ ィギリス政府環境省ニコートウン管理委員會事務所，1995，ィンダランド、ニコータウンの日本企業

［15］ 家木成夫，1992，都市の限界，都市文化社

[16] 井内昇，1996，新しい都市開発と20世紀の教訓，都市問題（10）
[17] 川上秀光編，1981，都市政策の視點，學陽書房
[18] 川上秀光，1990，巨大都市東京計画論，彰國社
[19] 角本良平，1970，人間・都市・，鹿島出版會
[20] 角本良平，1987，都市交通——21世紀に向かつて，晃洋書房
[21] 角野幸博，2000，郊外の20世紀——テームを追い求めた住宅地，學芸出版社
[22] 黒川紀章，1978，都市デザィン，紀伊國書房
[23] 建設者監修，1987，明解都市再開発，ぎようせい
[24] 島恭彦、西川清治等監修，1973，現代資本主義と都市問題，汐文社
[25] 下總薫，1985，ィギリスの大規模ニコータウン，東京大學出版會
[26] 柴田德衛編，1986，二十一世紀の大都市像，東京大學出版會
[27] 柴田德衛、加納弘騰編，1986，第三世界の都市問題，アジア経済研究會
[28] 田村明，1983，環境計画論，鹿島出版會
[29] 田口芳明、成田孝三，1986、都市圏多核化の展開，東京大學出版會
[30] 高山英華，1956，高蔵寺ニコータウン計画，鹿島出版會
[31] 高橋伸夫，谷内達，1994，日本大都市圏—その変容上將來像，古今書院
[32] 高橋賢一，1993a，就業地形成に見る新都市の系譜と特徴に關する研究，第28回日本都市計画學會學術発表會
[33] 高橋賢一，1993b，多摩ニコータウンにおける計画と事業の変遷過程に關する研究，土木史研究，No. 13
[34] 高橋賢一、鈴木奏到，1994，新都市開発に伴う地域通勤圏の生長とその要因に關する考察，土木計画學研究講演集 17：479～482
[35] 高橋賢一，1998，連合都市圈の計画學—ニコータウン開発と広域連携，鹿島出版會
[36] 大塚昌利，1986，地方都市工業の地域構造—浜松テクノポリスの形成と展望—，古今書院
[37] 大谷幸夫編，1989，都市にとつて土地とは何か—町づくりから土地問題を考える，筑摩書房
[38] 竹内淳彦，1978，工業地域構造論，大明堂
[39] 住宅．都市整備公団，1981，都市開発計画標準（案）
[40] 住宅．都市整備公団，1985，筑波研究學園都市中心地景觀計画
[41] 住宅．都市整備公団，1991，豊かな都市と住まいを求めて
[42] 住宅．都市整備公団筑波開発局，1994，筑波広域都市圏整備基本計画策定調查報告書
[43] 東郷尚武編，1995，都市を創る，都市出版
[44] 東京都會企画審議室計画部，1996，第二次東京都是長期計画，東京都情報連絡公

開部
[45] 東京都都市計画局綜合計画部編，1999，魅力ある多摩の拠點づくり，東京都政策報道室
[46] 大規模ニコータウン再生研究會，1998，大規模ニコータウンの再生に關わる調査研究
[47] 团地再生研究會編，2002，団地再生のすすめ，コルモ出版
[48] 中村静夫，1989，國際都市ミコンヘン，集文社
[49] 成田孝二，1995，転換期の都市と都市圏，地人書房
[50] 日笠端編，1981，都市問題と都市計画，東京大學出版會
[51] 林上，1997，都市地域構造の形成と変化—現代都市地理學Ⅱ，大明堂
[52] 富田和曉，1995，大都市圏の構造的変容，古今書院
[53] 福原正弘，1998，ニコータウンは今—40度の夢と現実，東京新聞出版局
[54] 福原正弘，2000，ニコータウンへの期待と現実、大妻女子大學紀要社會情報研究(9)
[55] 福原正弘，2001，いま、ニコータウンは?，地域開発（9）
[56] 福原正弘，2001，甦わニコータウンー交流による再生を求めて，古今書院
[57]［米］F.J.オズボーン著，川手昭二訳，1952，ニコータウンの計画理念
[58]［米］Frank Lloyd著，1968，谷正己、谷川睦子訳，ライトの都市論，彰國社
[59]［米］ベリー著，倉田和四生訳，1975，近鄰住区論，鹿島出版會
[60] 本間義人，1986，官の都市・民の都市，日本経済評論社
[61] 北見俊郎、奥村武正編，1977，都市と臨海部開発，成山堂書店
[62] 森川洋，1990，都市化と都市シスラム，大明堂
[63] 山本泰四郎編，1974，都市空間の計画法，彰國社
[64] 山鹿誠次，1984，日本四大都市圏，大明堂
[65] 山地英雄，2002，新しき故鄉—千里ニコータウンの40年，NGS
[66] 吉田公二編著，都市計画—新時代の都市政策2，ぎようせい
[67] 渡部與四郎編，高橋賢一著，1980，21世紀の育都論，技報堂出版：51~57
[68] 北京开发区管委会，2001，北京经济技术开发区国民经济社会发展“十五”计划纲要
[69] 北京开发区管委会，2002，北京经济技术开发区主要经济综合指标统计
[70] 北京规划设计院，2000，北京亦庄卫星城总体规划
[71] 北京大学规划设计中心，2000，天津经济开发区“十五”城市发展报告
[72] 北京大学规划设计中心，2001，天津经济技术开发区人口规划
[73] 滨海时报，1999.3.28，建设美好家园 拓展泰达生活新概念——泰达入区工程实施调研报告
[74] 滨海时报，2002.4.12，“奥运”催生京津机场磁悬浮

[75] 滨海时报，2002.7.26，三大动力催生滨海金融中心

[76] 滨海时报，2002.9.20，“三新”构筑泰达可持续发展工程

[77] 驰骏、王如松，1984，社会—经济—自然复合生态系统，生态学报（4）：5～33

[78] 蔡建辉，1987 城市生命周期理论．城市规划汇刊（4）

[79] 陈树生主编，1988，天津市经济地理，北京：新华出版社

[80] 崔功豪、武进，1990，中国大城市边缘空间结构特征及其发展——以南京为例，地理学报（4）

[81] 陈清明等，1995，现代城市规划中的用地功能组织分析——以苏州工业园区为例，城市规划（5）

[82] 陈启宁，1998，借鉴新加坡的经验，促进中国城市规划管理的制度创新，城市规划（5）

[83] 陈勇，1999，生态城市：可持续发展的人居模式，新建筑（1）

[84] 陈旭东，1999，两本书和一座城市——谈罗伯·克里尔的新城实践，世界建筑（4）

[85] 柴彦威，1999，中日城市结构比较研究，北京：北京大学出版社

[86] 柴彦威，2000，城市空间，北京：科学出版社

[87] 柴彦威、史中华等，2001，地域轴的概念、形成过程及其政策意义，城市规划（5）

[88] 陈志枫，2000，津滨海新区跨世纪发展战略构想，中国软科学（2）

[89]《当代中国》丛书编委会，1990，当代中国城市建设，北京：中国社会科学出版社

[90] ［德］阿尔伯特·韦伯（Alfred Weber）著，李刚剑等译，1997，工业区位论，北京：商务印书馆

[91] ［德］Gerd Alberts，2000，城市规划理论与实践概论，北京：科学出版社：167～169

[92] 段进，1997，城市空间发展论，南京：江苏科学技术出版社

[93] 戴晓晖，2000，新城市主义的区域发展模式，城市规划汇刊（5）

[94] 大连经济开发区管委会，2001，大连经济开发区年度发展报告

[95] ［芬］伊利尔·沙里宁（Eliel Saarinen）著，顾启源译，1986，城市：它的发展、衰败与未来，北京：中国建筑工业出版社

[96] 范耀帮，1993，关于北京城市布局的若干问题，城市规划（5）

[97] 冯健，2003，北京大学博士论文：转型期中国城市内部空间重构

[98] 顾朝林、陈田，1993，中国大城市边缘区特性研究，地理学报（4）

[99] 顾朝林，1996，中国城镇体系，北京：商务印书馆：184

[100] 桂丹、毛其智，2000，美国新城市主义思潮的发展及其对中国城市设计的借鉴，世界建筑（10）

[101] 国家统计局城市社会经济调查总队编，2001，中国城市统计年鉴（2001），北京：中国统计出版社

[102] 胡序威、杨思维，1994，中国沿海港口城市，北京：科学出版社

[103] 胡俊，1995，中国城市：模式的演进，北京：中国建筑工业出版社：108～123
[104] 洪亮平，1996，创造明日的山水城市，城市规划（增刊）
[105] 何兴刚，1995，城市开发区的理论与实践，西安：陕西人民出版社
[106] 郝娟，1997，西欧城市规划理论与实践，天津：天津大学出版社：180～246
[107] 韩佑燮，1998，关于新城市类型的分类研究——以韩国为例，城市规划汇刊（4）
[108] 韩佑燮，1999，韩国新城建设的时期划分以及与英国的比较，国外城市规划（2）
[109] 何流、崔功豪，2000，南京城市空间扩展的特征与机制，城市规划汇刊（6）
[110] 黄光宇、陈勇，1997，生态城市概念及其规划设计方法研究，城市规划（6）
[111] 黄肇义，杨东援，2001，国内外生态城市理论研究综述，城市规划（1）
[112] 华东建筑设计院，2002，天津经济技术开发区总体规划修编
[113] 金笠铭，1996，城市产业结构调整与土地利用规划，中国土地科学（6）
[114] 金笠铭，2001，浅论新城市文化与新城市规划理念，城市规划（4）
[115] [加] City Formation International The Kirklond. Partnership，2000，天津经济开发区中心城区总体规划和规范方案修编
[116] 李路之、聂汤谷，1948，天津的经济地位，天津：协合印刷股份有限公司
[117] 李林山主编，1993，开放之窗——天津，天津：天津社会科学院出版社
[118] 李芳、高春茂，1994，持续性规划——加拿大的伯班顿新城，城市规划汇刊（6）
[119] 李凤玲发言稿，2002，在新的竞争环境下 开发区发展定位的思考
[120] 罗竹风主编，1986，汉语大词典，上海：汉语大词典出版社
[121] 罗澍伟主编，1993，近代天津城市史，北京：中国社会科学出版社
[122] 林华、龙宁，1998，西欧的新城规划，城市研究（4）
[123] 路甬祥，发言稿，2000，科技百年的回眸与新世纪的展望
[124] 吕斌，1999，可持续社区的规划理念与实践，国外城市规划（3）
[125] 吕斌，2000，城市、区域与国土规划讲义
[126] 刘卫东，1999，大城市郊区土地非农开发及其合理利用模式，城市规划（4）
[127] 刘增荣、王淑华，2001，经济发达地区开发区对内开放问题的思考，经济地理（1）
[128] 刘健，2002，马恩拉瓦莱：从新城到欧洲中心——巴黎地区新城建设回顾，国外城市规划（1）
[129] 刘贵利，2002，城市生态规划理论与方法，南京：东南大学出版社
[130] 联合国人居中心（生境）编著，1999，沈建国等译，城市化的世界，北京：中国建筑工业出版社
[131] 龙花楼，2001，开发区土地可持续利用系统的结构研究，干旱地理（2）
[132] 陆军，2001，城市外部空间运动与区域经济，中国城市出版社：72～73，203～225
[133] 卢为民，2002，大城市郊区住宅的组织与发展——以上海为例，南京：东南大学出版社：25

[134] 马玫，1997，天津城市发展研究，天津：天津人民出版社：124～129
[135] [美] 福雷斯特（Forrester，Jay W.）著，王洪斌译，1986，系统原理，北京：清华大学出版社
[136] [美] 刘易斯·芒福德（Lewis Mamford），倪文彦、宋俊岭译，1989，城市发展史——起源、演变和前景，北京：中国建筑工业出版社：378~386
[137] [美] Gred Albers，2000，城市规划理论与实践概论，北京：科学出版社：208～217，310～315
[138] [美] Kevin Lynch 著，林庆怡等译，2001，城市形态，北京：华夏出版社：108～132
[139] [美] Envico Gualini & Willem G. M. Salet 著，袁媛译，2002，多样化集约式土地使用政策的制度构建——在大都市高度分化环境中的协调行动，国外城市规划（6）
[140] [美] 里查德·雷吉斯著，王如松译，2002，生态城市——建设与自然平衡的人居环境，北京：社会科学文献出版社
[141] 牛文元，1994，可持续发展导论，北京：科学出版社
[142] 皮黔生，2001，中国开发区的发展阶段与世界出口加工区生命周期的比较，南开学报（1）
[143] 曲大义等，1999，城市土地利用与交通规划系统分析，城市规划汇刊（6）
[144] 清华大学人居环境研究中心，2002，京津冀北（大北京地区）城乡空间发展规划研究
[145] 潘云官、周志方编，1999，苏州工业园区借鉴新加坡经验初探，南京：南京大学出版社
[146] 苏州工业园管委会，1995，苏州工业园二、三期总体规划报告
[147] 沙振镇，1995，开发区规划管理之我见，城市规划（5）
[148] 史津，2000，城市规划管理的三种模式，天津城市建设学院学报（3）
[149] 石忆邵，2000，开发区可持续发展断想，城市研究（1）
[150] 盛兴良，2001，生态城市建设的基本思路及其指标体系的评价标准，环境导报（1）
[151] 沈小峰编著，1987，耗散结构论，上海：上海人民出版社
[152] 沈清基，2001，生态城市及其规划方法的探索——Franco Archibugi 的《生态城市和城市影响》一书的评介，城市规划汇刊（2）
[153] 天津市规划设计管理局，1984，天津开发区总体规划方案
[154] 天津简史，1987，天津：天津人民出版社
[155] 天津建设 40 年编委会，1989，天津建设 40 年（1949—1989），天津：天津科学技术出版社
[156] 天津城市化进程与城镇体系课题组，1993，天津城市化进程与城镇体系问题研究报告

[157] 天津市人民政府，2000，天津市城市总体规划（1996—2010）
[158] 天津经济开发区管委会，1996，天津经济技术开发区行政管理服务手册
[159] 天津经济开发区管委会，1996，天津经济开发区总体规划（1996—2010）
[160] 天津经济开发区管委会，1992—2002，天津经济技术开发区发展报告
[161] 天津经济开发区管委会，2000，群策群力——共创泰达明天，天津：天津人民出版社：140～152
[162] 天津滨海快速交通发展有限公司，2001，天津市区至滨海新区轻轨交通项目简介
[163] 天津滨海新区管委会，1993—1998，天津滨海新区统计年鉴
[164] 天津滨海新区管委会.，2001，天津滨海新区发展报告
[165] 天津滨海新区管委会，2000，2001，天津滨海新区统计年鉴
[166] 天津滨海新区管委会，2002，天津滨海新区总体规划
[167] 天津大学城市规划设计研究院，2000，天津经济技术开发区土地利用规划
[168] 天津大学城市规划设计研究院，2003，天津经济开发区总体规划
[169] 天津市规划局，2000，建立控制性详细规划体系、为城市规划管理提高依据，城乡建设（2）
[170] 唐承丽、周国华，1999，中国开发区与城市边缘区协调发展研究，湖南师范大学社会科学学报（2）
[171] 唐忠新，2000，中国城市社区建设概论，天津：天津人民出版社：278～287
[172] 同济大学主编，2001，城市规划原理（第三版），北京：中国建筑工业出版社：23～25
[173] 同济大学交通运输学院，2002，天津经济开发区交通组织设计及交通设施规划
[174] 王如松、欧阳志云，1994，天城合一：山水城市建设的人类生态学原理，引自鲍世行、顾孟潮主编，城市学与山水城市，北京：中国建筑工业出版社：285～295
[175] 王佐，1997，有机生长理论及思考——从有机生长理论到可持续发展理论，清华大学学报（哲学）（2）
[176] 王文滋，1999，再论中国经济开发区城市化功能开发，城市开发（1）
[177] 王德，1999，日本城市空间演变过程理论与实践研究——评介石水照雄主编的《城市空间体系》一书，城市规划汇刊（5）
[178] 王祥荣，2000，生态与环境——城市可持续发展与生态环境协调理论，南京：东南大学出版社：86～112
[179] 王祥荣，2001，论生态城市建设的理论、途径与措施——以上海为例，复旦学报（自然、科学版）（4）
[180] 王辑慈等著，2001，创新的空间——企业集群与区域发展，北京：北京大学出版社：2～10
[181] 王慧，2002，新城市主义的理念与实践、理想与现实，国外城市规划（3）

[182] 王振亮，2001，论上海市松江新城突进式发展模式的典型意义，城市理论汇刊（6）
[183] 王雷，2003，日本大规模新城开发对周边地区的影响——以神户市西区为例，城市规划（4）
[184] 吴良镛，1989，广义建筑学，北京：清华大学出版社
[185] 吴良镛，1996a，吴良镛城市研究论文集——迎接新世纪的来临（1986—1996），北京：中国建筑工业出版社
[186] 吴良镛，1996b，走向可持续发展的未来，城市规划（5）
[187] 吴良镛，2001，人居环境科学导论．北京：中国建筑工业出版社：121～147，293～296，332～339
[188] 邬沧萍主编，1995，中国经济技术开发区外来人口研究
[189] 武廷海，1997，追寻城市的灵魂，城市规划（3）
[190] 徐巨洲，1998，理性看待中国21世纪城市的发展——关于三个发展阶段目标的战略思考，城市规划（2）
[191] 徐巨洲，1999，现实主义的城市土地利用与发展观，城市规划（1）
[192] 邢海峰，2003a，新城用地有机生长的规划设想，城市问题（2）
[193] 邢海峰，2003b，天津滨海新区地域空间结构变化分析，城市（2）
[194] 邢海峰，2003c，开发区空间演变特征和发展趋势研究，开发研究（4）
[195] 邢海峰、柴彦威，2003，大城市边缘新兴城区地域空间结构的形成与演变趋势，地域研究与开发（2）
[196] 邢海峰、马玫，2003，城市开发区空间有机生长的规划研究——以天津经济技术开发区为例，城市开发（6）
[197] 杨吾杨，1984，区位论原理，兰州：甘肃人民出版社：24.
[198] 杨吾杨等，1986，论城市的地域结构，地理研究（3）
[199] 杨吾杨、梁进社，1997，高等经济地理学，北京：北京大学出版社
[200] 杨秀珠，1999，城市规划管理新机制的研究与探索，城市规划（1）
[201] ［英］霍华德（Benezer. Howard）著．金经元译，1987，明日的田园城市，北京：中国城市规划设计研究院情报所
[202] 姚士谋、帅江平，1995，城市用地与城市生长，合肥：中国科技大学出版社：26～53
[203] 姚士谋主编，1997，中国大都市空间扩展，合肥：中国科学技术大学出版社：209～233
[204] 余庆康，1995，1991年汉城大都市区建设的5座新城，国外城市规划（4）
[205] 袁瑞娟、宁越敏，1995，全球化与发展中国家城市研究，城市规划汇刊（5）
[206] 袁中全、王勇编著，2001，小城镇发展规划，南京：东南大学出版社：28～31
[207] 中国经济特区与沿海经济技术开发区年鉴（1985—1993），北京：中国统计出版社

[208] 中国经济特区开放地区年鉴（1994—1996），北京：中国统计出版社
[209] 中国经济特区开发区年鉴（1997—2002），北京：中国统计出版社
[210] 中国城市规划学会，1998，资源短缺条件下的城市规划探索，上海：同济大学出版社：126
[211] 中国华北市政设计院、同济大学，2001，天津经济开发区交通规划
[212] 朱铁臻，1996，城市发展研究，北京：中国统计出版社：70～75
[213] 朱仲羽、刘伯高，1998，开发区“二次创业”探讨，铁道师范学院学报（3）
[214] 周岚，1996，走向新秩序——转轨时期中国城市规划的现实与展望，城市规划（增刊）
[215] 周岚等编著，2001，城市空间美学．南京：东南大学出版社
[216] 周干峙，1997，城市及其区域——一个开放的特殊复杂的区域系统，城市规划（2）
[217] 周一星，1999a，城市地理学，北京：商务印书馆
[218] 周一星，1999b，对城市郊区化要因势利导．城市规划（4）
[219] 周一星、孟延春，2000，北京郊区化及其对策，北京：科学出版社
[220] 张京祥，1998，城市土地集约使用条件下的规划思维变革，城市规划（2）
[221] 张京祥，2000，城镇群体空间组合，南京：东南大学出版社 62～64
[222] 张宇星，2000，城镇生态空间论，北京：中国建筑工业出版社：5～9
[223] 张兵，2000，城市规划实效论，北京：中国人民大学出版社：27
[224] 张尚武、王雅娟，2000，大城市地区的新城发展战略及其空间形态，城市规划汇刊（6）
[225] 张庭伟，2001，1990 年代中国城市空间结构的变化及其动力机制，城市规划（2）
[226] 张弘，2001，开发区带动区域整体发展的城市化模式——以长江三角洲地区为例，城市规划汇刊（6）
[227] 赵树枫主编，1998，世界乡村城市化与城乡一体化，北京：城市问题杂志社
[228] 赵和生，1999，城市规划与城市发展，南京：东南大学出版社：9～21
[229] 赵燕青，2001，高速发展条件下的城市增长模式，国外城市规划（1）